自然辩证法概论专题讲义

主编 孟 伟 唐明贵 王昭风

副主编 赵 磊 刘 晋 马晓辉 徐艳梅

东南大学出版社
SOUTHEAST UNIVERSITY PRESS
·南京·

图书在版编目（CIP）数据

自然辩证法概论：专题讲义 / 孟伟，唐明贵，王昭风主编.
—南京：东南大学出版社，2017.4
ISBN 978 - 7 - 5641 - 7113 - 1

Ⅰ.①自… Ⅱ.①孟… ②唐… ③王… Ⅲ.①自然辩证法－
概论 Ⅳ.① N031

中国版本图书馆 CIP 数据核字（2017）第 081207 号

自然辩证法概论 专题讲义

主　　编	孟　伟　唐明贵　王昭风
出版发行	东南大学出版社
社　　址	南京市四牌楼 2 号（邮编：210096）
出 版 人	江建中
责任编辑	唐　允
印　　刷	常州市武进第三印刷有限公司
开　　本	700 mm × 1000 mm　1/16
印　　张	16.25
字　　数	319 千字
版　　次	2017 年 4 月第 1 版
印　　次	2017 年 4 月第 1 次印刷
书　　号	ISBN 978-7-5641-7113-1
定　　价	38.00 元

＊ 东大版图书若有印装质量问题，请直接向营销部调换。电话：025-83791830。

山东省研究生教育创新计划项目"《自然辩证法概论》课程内容改革与提升理工科研究生科研创新能力的研究"（SDYY15013）、聊城大学研究生精品课程项目《自然辩证法概论》资助成果

P 前 言
PREFACE
自然辩证法概论专题讲义

　　教育部于 1981 年发布《关于开设自然辩证法方面课程的意见》，"自然辩证法"被明确列为理工科硕士研究生的思想政治理论必修课。经过 20 多年的教学与研究改革探索，2004 年教育部社会科学研究与思想政治工作司组编《自然辩证法概论》（高等教育出版社 2004 年版），"自然辩证法概论"课程开始形成比较成熟的教学内容体系（即绪论、辩证唯物主义自然观、科学观与科学方法论、技术观与技术方法论、科学技术与社会）。[①] 2010 年，中共中央宣传部、教育部发布《关于高等学校研究生思想政治理论课课程设置调整的意见》（以下简称《意见》），要求全国高校 2012 年开始按照新的课程调整来实施"自然辩证法概论"课程教学。在这一新的历史背景下，高校自然辩证法概论课程也随着开启了新一轮教学改革的探索，编写能够反映《意见》要求且具有特色的"自然辩证法概论"课程教材也随之成为课程教学改革的重要构成。

　　按照《意见》所提出的课程调整要求，"自然辩证法概论"课程原有的 3 学分、54 学时调整为 1 学分、18 学时。基于这一变化，"自然辩证法概论"编写组于 2012 年主编并出版了《硕士研究生思想政治理论课教学大纲：自然辩证法概论》（以下简称《大纲》）。《大纲》保持了原有的自然观、科学技术观、科学技术方法论和科学技术社会论等模块的教学内容，强调了自然辩证法作为马克思主义基本理论的性质以及增加了当代马克思主义科技观的内容。在根据《意见》和《大纲》所开展的后续课程教学实践中，不少高校任课教师感受到，课程丰富的教学内容与过于短少的课时之间的矛盾较难协调，尽管《大纲》中也指出"本大纲注意兼顾不同

---

① 《自然辩证法概论》教学大纲编写组："《自然辩证法概论》教学大纲的总体思路、基本框架及主要特点和教学重点"，载《思想理论教育导刊》2013 年第 11 期。

学科学生特点,力求普遍适用。各高校在遵循教学基本要求的同时,可根据学生特点有针对性地开展教学"①,但在实际教学实践中教师在教学内容的选择上往往难免出现顾此失彼的现象,可见开展具有特色的教学内容改革有其必要性。此外,在"自然辩证法概论"课程教学改革实施中,不少教师也容易产生重思想导向轻专业实效性的片面倾向。而《意见》在"自然辩证法概论"课程性质上不仅强调课程"主要进行马克思主义自然辩证法理论的教育",而且强调"培养硕士生的创新精神和创新能力"。②可见,课程教学内容的改革应当体现出《意见》兼具思想导向性和专业实效性的共同要求。

作为面向理工科研究生的一门公共基础课,"自然辩证法概论"课程内容改革应当充分反映并服务于理工科研究生所从事的学习和研究活动。研究生处于科研创新的初级阶段,因此教学改革不仅在思想导向性上使其科研创新活动立足辩证唯物主义世界观、方法论,而且在课程实效性上更有利于推动其科研活动的创新,防止使课程成为一门学生疲于应付的政治课。研究生的科研创新能力是一个多元素养结构,是围绕独立思考和判断能力而形成的一个包含人文素养、科学史素养、社会素养和方法论素养在内的多元素养结构,而作为一门文理交叉性课程的"自然辩证法概论"在培育研究生科研创新能力方面具有天然的优势。具体来说,在教学内容设计上突出培养研究生科研创新能力,可以在自然观部分突出当代科技革命的新成果,在科学观方面可以选取伪科学案例,在方法论方面引入选题实例等;在教学方法上,则重点采用案例法等多种教学方法,这也得到众多学者的认可。例如,有学者指出"自然辩证法原理与科学史实相结合"可以克服自然辩证概论课程教学中创造性能力培养弱化的缺陷③,还有学者指出,自然辩证法在实现研究生知识—能力—素质整体培养目标中起着其他任何学科不可替代的作用。而综合案例教学法的成功运用可起到催化剂的作用。④

课程教学内容改革是一项系统性的长期工作,在具体实施过程中应将理论反思与教学实践有效结合起来,从而最大限度地提升理工科研究生的综合素养。

① 《自然辩证法概论》编写组:《硕士研究生思想政治理论课教学大纲:自然辩证法概论》,高等教育出版社 2012 年版,编写说明。

② 中共中央宣传部、教育部:《中共中央宣传部、教育部关于高等学校研究生思想政治理论课课程设置调整的意见》[R],2010。

③ 王德彦:《改进自然辩证法教学、加强创造能力的培养》,载《学位与研究生教育》1999 年第 5 期。

④ 梁立明、祝青山:《综合案例分析教学法在自然辩证法教学中的运用》,载《自然辩证法研究》,1998 年第 4 期。

例如,辩证对待课程实效性与思想导向性之间的关系,协调处理好各种教学方式以形成系统的教学模式,反思和推进课程教学与学科建设之间的有效互动,保持自然辩证法教学内容面向自然科学知识、马克思主义以及哲学变革的开放性等等,这些做法将推动课程教学改革的长效性。当然,理想与现实之间总是有着差距,希望本教材在推进课程改革的同时,也得到同行的赐教,从而继续深化对课程改革的探索。

C目 录
CONTENTS
自然辩证法概论专题讲义

第讲　自然辩证法的创立与发展

　　自然辩证法（Dialectics of Nature）是马克思主义理论的重要构成部分，是主要由恩格斯所开创的对自然界及其自然科学研究成果的一种哲学总结，是马克思、恩格斯所处时代科学、技术与哲学发展的产物。马克思、恩格斯之后的一百多年来，自然辩证法的研究内容拓展至自然观、科学观与科学方法论、技术观与技术方法论、科学技术与社会互动等方方面面，不过，马克思、恩格斯所确立和宣扬的辩证唯物论和唯物辩证法的哲学理念始终是自然辩证法这一学科和课程的核心生命力。

一、自然辩证法的创立

　　自然辩证法的创立是恩格斯的卓越理论贡献，是西方自然哲学长期发展的产物，也是 19 世纪哲学与科学技术双重进步的客观结果。恩格斯的自然辩证法是在以能量守恒定律为代表的近代自然科学成果和以黑格尔的辩证法为代表的德国古典哲学的思想基础上产生的。

（一）古代自然哲学

　　自然哲学是以猜测和思辨的特点对自然界现象与规律进行哲学思考的一种理论形态。例如，古希腊自然哲学家们提出了"水""火"和"原子"等来作为自然万物统一性之所在，而且诸如赫拉克利特的自然哲学家还总结了体现万物生成变化的朴素辩证法。古希腊自然哲学是现代自然科学的最初形态，并且它始终也是现代科学发展的动力之一。尽管这些古代自然哲学理论普遍被视为自然科学的早期形态，并且推动了近代自然科学的发展，但它们无一例外都缺乏实证自然科学的基础。恩格斯这样描绘了古希腊自然哲学思想："于是我们又回到了希腊哲学的伟大创立者的观点：整个自然界，从最小的东西到最大的东西，从沙粒到太阳，从原生生物到人,都是处在永恒的产生与消灭中,处于不断的流动中,处于不息的运动和变化中。只有这样的一个本质的差别:在希腊人那里是天才的直觉的东西,在我们则是严格科学的以实验为依据的研究的结果,因而其形式更加明确得多。的确,从经验上证明这种循环并不是完全没有缺陷的,但是这些缺陷与已经确立的东西相比是无足轻重的,而且会一年一年地弥补起来。"[1]

>>>>知识链接

阴阳五行说——中国古代的自然哲学

"五行说"最早见于《尚书》,"五行"指金、木、水、火、土五物,相当于古希腊自然哲学中的本原,即认为世界万物是由金、木、水、火、土五种物质元素构成的。阴阳是对自然状态的一种描述,用于解释世界变化的规律。例如,周人用两种不同性质的阳气和阴气来解释四季的变化和万物的繁茂与凋衰,阴气的性质是沉滞下降的,阳气的性质是蒸发上升的,阴阳二气相互协调,配合有序,就风调雨顺,否则就要发生灾难,周幽王时的伯阳父曾用阴阳二气的失调来解释当时发生的地震现象。《道德经》说"万物负阴而抱阳",就是说,阴阳的矛盾势力是事物本身所固有的。《易传》则提出"一阴一阳之谓道",把阴阳交替看作宇宙的根本规律。战国末期,以齐国人邹衍为代表的阴阳家提出"五德终始"说,把五行的属性称为"五德"用来附会王朝兴替。

(二)黑格尔的辩证法

对恩格斯产生直接影响的是黑格尔的辩证法和自然哲学。黑格尔的自然哲学运用辩证法的思维来理解自然,这一做法虽然在一定程度上克服了片面、静止的形而上学自然观,但其过于注重辩证法的模式而同样轻视了自然科学的实证支撑。正如恩格斯所说,黑格尔在他的自然哲学中展现了对自然界的辩证思考,但是在许多自然科学没有揭示的地方却"用理想的、幻想的联系来代替尚未知道的现实的联系,用臆想补充缺少的事实,用纯粹的想象来填补现实的空白","在黑格尔的辩证法中,正像在他的体系的所有其他分支中一样,一切真实的联系都是颠倒着的。但是,正如马克思所说的,'辩证法在黑格尔手中神秘化了,但这绝

---

[1] 《马克思恩格斯选集》第4卷,人民出版社1995年版,第270-271页。

不妨碍他第一个全面地有意识地叙述了辩证法的一般运动形式。在他那里,辩证法是倒立着的。必须把它倒立来,以便发现神秘外壳中的合理内核'"。[1]恩格斯同马克思一样,他们批判了黑格尔自然哲学中的唯心主义外壳,保留和吸收了其中辩证法的合理内核。恩格斯说:"然而对于现今的自然科学来说,辩证法恰好是最重要的思维形式,因为只有辩证法才为自然界中出现的发展过程,为各种普遍的联系,为从一个研究领域向另一个研究领域过渡,提供了模式,从而提供了说明方法。"[2]

可见,黑格尔的自然哲学主张自然界是辩证法的表现,这是其客观唯心主义思想的必然结论,同时,也是近代自然科学发展局限性的表现。直到19世纪依次出现反映辩证法精神的自然科学革命成果,在黑格尔辩证法和自然哲学的基础上,恩格斯才创立了自然辩证法。

(三)19世纪的自然科学革命

在19世纪之前,以天文学领域为突破产生的机械力学是最具影响的自然科学成果。19世纪以来,自然科学领域发生了深刻的变革,产生了一系列反映辩证法精神的科学成果。例如:德国科学家韦勒完成了尿素的人工合成,实现了无机物向有机物的转化;英国物理学家法拉第发现电磁感应现象;麦克斯韦建立电磁理论,揭示了电与磁等不同自然现象之间的联系;迈尔等人概括出能量守恒和转化定律,揭示了各种能量之间的联系;俄国化学家门捷列夫提出元素周期律,揭示了各种化学元素之间的联系;德国科学家施旺和施莱登提出细胞学说,揭示了植物、动物等各种生物之间的联系;康德-拉普拉斯星云假说,说明了宇宙不是一成不变,而是演化而来的;英国地质学家赖尔提出了地质演变论,说明地质并非原来如此,而是有一个演变过程;生物学家达尔文提出生物进化论,揭示了生物种类的演变过程。这些重大科学发现揭示了自然界的联系性和发展性,印证了普遍联系和永恒发展的辩证思维。这些成果引起了恩格斯的充分重视,推动了自然辩证法的创立。恩格斯说:"由于这三大发现(细胞学说、能量守恒和转化定律、生物进化论)和自然科学的其他巨大进步,我们现在不仅能够说明自然界中各个领域内的过程之间的联系,而且总的说来也能说明各个领域之间的联系了,这样,我们就能够依靠经验自然科学本身所提供的事实,以近乎系统的形式描绘出一幅自然界联系的清晰图画。描绘这样一幅总的图画,在以前是所谓自然哲学的任务。而自然

---

① 《马克思恩格斯选集》第4卷,人民出版社1995年版,第289页。
② 《马克思恩格斯选集》第4卷,人民出版社1995年版,第287页。

哲学只能这样来描绘：用观念的、幻想的联系来代替尚未知道的现实的联系，用想象来补充缺少的事实，用纯粹的臆想来填补现实的空白。它在这样做的时候提出了一些天才的思想，预测到一些后来的发现，但是也发表了十分荒唐的见解，这在当时是不可能不这样的。今天，当人们对自然研究的结果只要辩证地即从它们自身的联系进行考察，就可以制成一个在我们这个时代是令人满意的'自然体系'的时候，当这种联系的辩证性质，甚至违背自然研究者的意志，使他们受过形而上学训练的头脑不得不承认的时候，自然哲学就最终被排除了。"①

二、自然辩证法的内容

基于以黑格尔辩证法等为代表的德国古典哲学成就，尤其着重考察了能量守恒和转化定律、细胞学说和生物进化论等三大科学发现后，恩格斯在 19 世纪后期撰写了《自然辩证法》一书。该书主要包括以下几部分内容：自然科学的历史发展，尤其是从科学发展史中揭示科学进步的辩证性质；自然科学和哲学的关系；自然界的辩证法，也就是辩证法的规律和范畴对自然界的解释；自然科学的认识论与方法论，也就是认识自然所体现的辩证法；物质的运动形式；数学和其他各门自然科学中的辩证法；等等。

恩格斯的《自然辩证法》一书奠定了自然辩证法这门学科的理论基础。总体上看，恩格斯在《自然辩证法》中确立了自然辩证法的两大研究主题：一是通过自然科学成就对自然界的辩证法解释；二是对自然科学及其发展的辩证法解释。例如，恩格斯在《自然辩证法》一书中明确指出："我们在这里不打算写辩证法的手册，而只想表明辩证法的规律是自然界的实在的发展的规律，因而对于理论自然科学也是有效的。因为，我们不能详细地考察这些规律的相互的内部联系。"②我国学者吴国盛进一步对《自然辩证法》的基本思想做了如下总结：①辩证法是在自然科学的对象世界即自然界中普遍存在的客观规律；②辩证法是科学研究中普遍有效唯一正确的方法；③自然科学家必须自觉地学习辩证哲学，否则是不能不受惩罚的。③ 这就表明了自然辩证法的基本性质：①自然辩证法首先是指自然界的辩证法，即指自然界各种事物发展变化的一般规律，它与自然哲学有着根本区别，它是以自然科学为中介研究自然界发展变化的辩证法。②自然辩证法又是自然科学

---

① 《马克思恩格斯选集》第 4 卷，人民出版社 1995 年版，第 246 页。
② 恩格斯：《自然辩证法》，人民出版社 1971 年版，第 52 页。
③ 吴国盛：《论恩格斯〈自然辩证法〉》，http://blog.sina.com.cn/s/blog_51fdc0620100a5a3.html。

与技术发展的辩证法,自然辩证法是关于科学技术发展的一般规律以及人类认识和变革自然的一般方法的科学。

随着时代的发展,《自然辩证法》已经有了更加丰富和系统的内容。教育部社会科学研究与思想政治工作司组编《自然辩证法概论》中对自然辩证法的内容作了如下表述:"自然辩证法是马克思主义的重要组成部分,其研究对象是自然界发展和科学技术发展的一般规律、人类认识和改造自然的一般方法以及科学技术在社会发展中的作用。自然辩证法的创立与发展同哲学与科学技术的进步密切相关,是马克思主义关于科学、技术及其与社会的关系的已有成果的概括和总结。""在现代,自然辩证法已经成为一门自然科学、社会科学与思维科学相交叉的哲学性质的学科,它从辩证唯物主义的自然观、认识论、方法论与价值观方面,研究科学观与科学方法论、技术观与技术方法论、科学技术与人类社会发展的关系,是科学技术研究的思想理论基础。"①《自然辩证法概论》新版教学大纲中则将其表述为:"自然辩证法是马克思主义关于自然和科学技术发展的一般规律、人类认识和改造自然的一般方法以及科学技术与人类社会相互作用的理论体系,是对以科学技术为中介和手段的人与自然、社会的相互关系的概括、总结。自然辩证法是马克思主义理论的重要组成部分。"②总之,自然辩证法内容形成了以四大部分组成的一个完整科学体系,即辩证唯物主义自然观、科学观与科学方法论、技术观与技术方法论、科学技术与社会。或者如大纲中的表述:马克思主义自然观、马克思主义科学技术观、马克思主义科学技术方法论、马克思主义科学技术社会论、中国马克思主义科学技术观。

目前,从学科方面看,自然辩证法有逐渐成为哲学的一个分支学科的趋势,例如,有学者主张自然辩证法应当改称科学技术哲学。不过,目前对自然辩证法的对象、内容和性质尚未取得完全一致的看法,也有学者采取更加开放的立场,即主张自然辩证法介于哲学与科学的交叉学科地位,其内容应当非常丰富,其中既有自然观、认识论与方法论等哲学内容,也有科学技术史以及专门学科史等内容,还有科学社会学、科学知识社会学等社会学内容。鉴于自然辩证法兼有哲学、史学、社会学等学科性质,我们也可以说,自然辩证法是一个以科学技术为核心问题,兼有哲学、史学和社会学等学科特征的综合与交叉学科。

---

① 教育部社会科学研究与思想政治工作司组编:《自然辩证法概论》,高等教育出版社2004年版,绪论。
② 《自然辩证法概论》编写组:《硕士研究生思想政治理论课教学大纲:自然辩证法概论》,高等教育出版社2012年版,编写说明。

**【思考题】**

如何理解自然辩证法？自然辩证法对你的专业学习有何作用？

三、自然辩证法的理论发展

恩格斯生前并没有出版《自然辩证法》一书。在恩格斯去世后，《自然辩证法》手稿中的《劳动在从猿到人转变过程中的作用》和《神灵世界中的自然科学》这两部分内容分别以论文形式发表。俄国十月革命成功后，俄共中央派马克思恩格斯研究院院长梁赞诺夫前往德国柏林搜集马克思和恩格斯遗稿，梁赞诺夫在档案中发现了恩格斯的《自然辩证法》手稿。他发现这是一部未完成著作，内容是关于自然界、自然科学的哲学论述，并且这部手稿没有总标题，写作年代大致在1873年至1883年间，这部《1873—1883年自然哲学手稿》也就是日后广为人知的《自然辩证法》。1925年，恩格斯的这部手稿在苏联公开出版，此后，自然辩证法的思想逐渐在世界范围内传播开来，并引起了科学和哲学工作者的广泛注意，并逐渐发展成一个科学与哲学交叉的专门研究领域和学科。

在19世纪末20世纪初自然科学新发展的背景下，列宁于1908年撰写了论战性的哲学著作《唯物主义与经验批判主义》，他在书中着重考察了以X射线、电子和元素转化等新发现为契机的物理学革命，批判了由此导致的马赫主义等主观唯心主义倾向，提出了以客观实在性为主旨的新的物质观，强调了"随着自然科学领域中的每一个划时代的发现，唯物主义也必然改变自己的形式"这一恩格斯的著名论断，进一步辩护了辩证唯物主义或者自然辩证法的重要性。此外，列宁在十月革命以后发表的论文《论战斗唯物主义的意义》中，明确要求唯物主义哲学家同自然科学家结成联盟，用唯物主义的辩证法去研究自然科学革命所提出的种种哲学问题，这一度成为社会主义国家中开展自然辩证法研究工作的纲领性文件。

在20世纪三四十年代，在以苏联为代表的世界范围内出现了一批自然辩证法的研究成果。例如，出版了德波林的《唯物辩证法与自然科学》、果林斯坦的《自然科学新论》等著作，在1931年伦敦召开的第二届国际科学史大会上，物理学家盖森的论文《牛顿力学的社会经济根源》从牛顿所处的经济、技术、政治和思想等背景角度来分析牛顿力学的产生、发展、哲学特征及其局限性等，这篇论文深刻影响了后来的科学社会学研究。此外，英国出版了物理学家和科学学创始人贝尔纳的《科学的社会功能》、哲学家康福斯的《辩证唯物主义与科学》等著作，美国则有斯帕克斯的《马克思主义与科学》,日本则出版了板田昌一的《理论物理学和自然辩证法》等著作。

20世纪40年代以来现代科学技术革命不断深入发展,分子生物学揭示了生命和遗传的秘密,电子计算机与人工智能的探索开辟了对人类思维研究的新天地,控制论、信息论、系统论、耗散结构论等新兴理论展现了自然界的辩证新观念,此外,现代科学研究事业的社会化程度愈益加深,科学与社会之间的互动愈益明显,自然辩证法研究中也出现了科学、技术与社会(STS, Science, Technology and Society)这一跨领域的交叉学科研究。总之,自然辩证法的开放性是其生命力,这是一门自然科学、社会科学与思维科学相交叉的哲学性质的学科,它涉及自然观、认识论、方法论、价值论以及社会学等诸多领域的研究,并且在其发展中也不断地催生着许多新的研究领域和交叉学科。

四、自然辩证法在中国

作为马克思主义哲学的重要组成部分,自然辩证法的传播与研究与中国现代化进程基本同步并且在此过程中取得了不菲的成就。

《自然辩证法》一书于1932年出版了第一个中译本,[①] 我国也开始了对自然辩证法的学习、讨论和研究。1938年,延安成立新哲学会,毛泽东就曾经与高士其等探讨了恩格斯的自然辩证法等问题。1940年2月,毛泽东在陕甘宁边区自然科学研究会成立大会上还明确指出"自然科学是人们争取自由的一种武器,马克思主义包含有自然科学,大家要来研究自然科学"。1939年,于光远发起组织了自然辩证法讨论会(又叫《反杜林论》读书会),读书会主要是讨论恩格斯德文原著译文的校对等内容。1941年,由于光远负责分别校译了《反杜林论》和《自然辩证法》,并油印了其中的部分内容。

1949年新中国成立以后,作为马克思主义意识形态学习的一个重要构成,辩证法成为广大哲学工作者和自然科学工作者进行马克思主义教育与启蒙的重要内

---

① 第一个《自然辩证法》译本1932年8月由上海神州国光社出版,杜畏之译,根据1925年德俄对照本译的;第二个中译本1950年9月北京三联书店出版,郑易里译,根据1935年俄译本、1930年日译本转译;第三个中译本1955年2月人民出版社出版,曹葆华、于光远、谢宁译,根据1935年德文版和1953年俄译本,编排秩序完全按照1941年俄文新版;第四个中译本是1971年3月人民出版社出版,由中央编译局对1955年版作了校订而成;第五个中译本1984年10月由人民出版社出版,是在于光远主持下"根据恩格斯的计划草案编排的顺序"而完成的。(参见曾国屏、王妍:《自然辩证法:从恩格斯的一本书到马克思主义中国化的一门学科》,载《自然辩证法研究》2014年第9期。)

容。初期,科学技术工作者主要是学习自然辩证法,其主要目的就是明确科学技术工作中的世界观与方法论问题。1950 年至 1952 年,当时的科学技术工作者主要阅读的是《社会发展史》《自然辩证法》《反杜林论》《哲学笔记》《唯物主义和经验批判主义》等。当时,印行了大量《自然辩证法》和《劳动在从猿到人转变过程中的作用》等单行本作为学习材料。其中,地质学家李四光、古生物学家裴文中、数学家华罗庚、物理学家钱学森等都还在刊物上发表自己的学习心得,并且产生了很大的影响。

在工业化时期,自然辩证法发展规划成为国家科学规划的一个重要组成部分,自然辩证法成为制定科技政策的理论基础。1956 年拟定《自然辩证法(数学和自然科学中的哲学问题)十二年(1956—1967)研究规划草案》,一方面体现了我国有计划有系统地进行自然辩证法研究工作,另一方面也体现了自然辩证法作为一个学术领域正式出现。作为哲学社会科学研究规划的一个组成部分,自然辩证法规划草案把自然辩证法定位"在哲学和自然科学之间"。草案说:"在哲学和自然科学之间是存在着这样一门科学,正像在哲学和社会科学之间存在着一门历史唯物主义一样。这门学科,我们暂定为'自然辩证法',因为它是直接继承着恩格斯在《自然辩证法》一书中曾进行过的研究。"① 与此同时,高校也正式将自然辩证法纳入课程教学和人才培养体系中,例如,1953 年北大哲学系最先招收自然辩证法研究生,导师为苏联专家;1955 年又招收六名研究生,冯定、于光远、汪子嵩等为哲学导师,周培源、王竹溪、徐光宪、沈同等分任自然科学导师;1955 年北京大学哲学系开设《自然和自然发展史》,于光远、周培源、王竹溪、沈同等参加了课程讲授。

经历了十年"文革"的萧条之后,自然辩证法在改革开放时期迎来了新的春天。1977 年 12 月,北京召开的全国自然辩证法规划会议制定了《1978—1985 自然辩证法发展规划纲要草案》。这份重要文件标志着自然辩证法在现代科学技术哲学中作为一个具有中国特色的科学哲学学派从中国走向世界,承担起时代向它提出的新课题,在理论观点上重新强调了自然辩证法学科在马克思主义哲学中的地位和作用,进一步明确了这门学科研究的主要内容;在组织机构上批准创办《自然辩证法通讯》,批准成立了"中国自然辩证法研究会";在发展规划方面,提出了科学方法论、自然科学中的哲学问题、科学技术史、外国科学哲学等主要研究课题;在组织领导方面成立了各级自然辩证法研究会,加强哲学工作者与自然科学工作者的联盟等。1978 年 1 月 6 日,《自然辩证法规划纲要(草案)》正式成文下发;

---

① 龚育之:《自然辩证法在中国》,北京大学出版社 1996 年版,第 12 页。

同年 7 月，中国自然辩证法研究会筹委会在北京举办"全国自然辩证法夏季讲习会"，全国共 1500 余人参加会议并听取了 3 位科学家和学者的专题报告，其影响经年不衰；中国科学院研究生院、中国人民大学和复旦大学自然辩证法教研室在这一年招收了"文革"后的第一届自然辩证法研究生（前者招生 14 人，专业定名为"科学哲学和科学思想史"；后二者分别招收 7 人和 10 人）；1978 年 1 月，《中国自然辩证法研究会通信》创刊，10 月《自然辩证法通讯》出版试刊。①

在学术研究方面，1978 年前后商务印书馆出版了三卷本的《爱因斯坦文集》（许良英、李宝恒、赵中立、范岱年、张宣三编译），此外，诸如库恩的《科学革命的结构》、波普尔的《猜想与反驳》、瓦托夫斯基的《科学思想的概念基础》、查尔默斯的《科学究竟是什么？》、费耶阿本德的《反对方法》、劳丹的《科学与价值》等西方科学哲学名著也相继翻译出版。总体来说，按照李醒民先生的理解，大陆的科学哲学研究，并没有局限于狭义的科学哲学，它具有以下几个特色：①对各门自然科学哲学问题的研究一直持续地进行着，每年都有为数不少的研究成果发表。尤其对物理学哲学和数学哲学的研究比较深入，比如对互补原理和物理学理论结构的研究就颇有新意。②对信息论、控制论、系统论、耗散结构、突变理论、混沌、生态学等综合学科的哲学研究也逐步深化，取得了引人注目的成果。③对作为科学家的哲学家或哲人科学家的思想研究始终是研究重点之一，十余年来取得了丰硕的成果。④在对科学史的哲学分析和科学思想史的研究方面也有不同凡响的成果。⑤对一些传统的哲学问题，如时空、物质、实在、感觉、知觉、记忆等，也从科学和科学哲学的角度进行了新的深入的研究，展示了别具一格的视野。这实际上反映了我国自然辩证法研究的特点，即没有局限于西方科学哲学的范畴，而是在科学与哲学的交叉领域进行了广泛研究，这种状况从 20 世纪 80 年代一直延续至今。在改革开放新时期，伴随着中国现代化建设的需要，伴随着现代科学技术诸多问题的出现，伴随着科学技术与社会联系的不断密切，自然辩证法的前景也将更加开放和广阔。

---

① 李醒民：《一九七八年以来的大陆科学哲学》，载《深圳大学学报》1993 年第 1 期。

第二讲 辩证唯物主义自然观

　　广义的自然界是指宇宙万物的总体,即心与物的整体,精神与物质的总体。狭义的自然界则是指人类生活的自然环境。自然观是人们对自然界的根本看法或总观点,它也涵盖着对人类心智的理解。例如,机械唯物主义的自然观,不仅包含着对物质世界的机械解释,而且包含着对心灵的机械唯物主义解释。自然观是对自然科学重大成果的概括和总结,它随着自然科学领域中每一次划时代的发现而改变自己的形式。历史上的唯物主义自然观的主要形式有:古希腊朴素辩证唯物主义自然观,17、18世纪近代机械唯物主义自然观,以及19世纪马克思和恩格斯创立的经典的辩证唯物主义自然观。在辩证唯物主义自然观的基础上,总结概括20世纪现代科学技术新成就的系统自然观是辩证唯物主义自然观的发展。

一、传统的唯物主义自然观

（一）古代朴素辩证唯物主义自然观

　　古希腊哲学孕育了西方后来提出的各种自然观。古希腊时代还没有形成系统的、以实验为基础的、近代意义上的自然科学,它的朴素辩证法的自然观是人类历史上唯物主义自然观的最初形态。古希腊朴素辩证唯物主义自然观主张:自然界万物的本原总体上是物质性的,自然界是普遍联系和发展变化的。

　　第一,自然界的本原总体上是物质性的,即自然界统一于具体物质形态。古希腊朴素辩证唯物主义自然观普遍用"本原"概念说明自然万物的初始状态和整体联系。"本原"亦称"始基",即世界万物的来源和存在的根据。"本原"概念的提出是希腊人对纷呈杂多的现象世界进行整体性把握的开端。回答万物本原和运动原因的第一人是米利都学派的创始人泰勒斯。这个学派用某种单一或具体的有形物体作为万物的本原,例如,泰勒斯提出水本原观,阿那克西曼德提出无限者本原观,阿那克西米尼提出气本原观。此后,爱菲斯学派的赫拉克利特提出了火本原说,元素派哲学家恩培多克勒提出了"四根说",另一位元素派哲学家阿那克萨哥拉则提出了种子说。古希腊唯物主义集大成者德谟克利特提出了原子论本原观。原子论思想在近代自然科学中得到复活,伽利略曾试图以原子论为基础重建物理学,而拉瓦锡则通过测量原子质量而成为现代化学之父。

与此同时,中国古代的哲人对世界本原问题也做过许多类似于古希腊哲人的探讨。例如,老子认为世界的本原是道,五行学说试图用人们日常所见的金、木、水、火、土五种物质来说明世界物质多样性的统一,元气学说则认为世界万物的本原是原始的气,主张气聚物生,物死气散。这些都是中国古代的唯物主义自然观。

第二,自然界是普遍联系和处于永恒变化发展中的。古希腊朴素辩证唯物主义自然观认为,自然界是一幅由种种联系和相互作用而无穷无尽交织起来的画面,其中没有任何东西是不动和不变的,一切都在运动、变化、产生和消失。例如,阿那克西曼德就提出了万物都从"无限者"产生又复归于它的演化过程,并且提出人是从鱼演变而来的猜想,因而被认为是"宇宙演化学的始祖"。恩培多克勒则利用"爱"和"恨"两种对立的力量来描绘水、火、土、气四种元素的分离与结合。德谟克利特提出了机械决定论的宇宙演化观。古代自然哲学关于宇宙起源和演化的思想,虽然有不少想象和虚构成分,但是它将整个自然界看作是由物质元素在宇宙中逐渐形成的,并且把事物运动变化的原因归于某种力量,这蕴含着丰富的朴素辩证法的思想。中国古代的《周易》也蕴含着丰富的辩证思想。例如,《周易·系辞传上》提出了"一阴一阳之谓道"等命题,《周易》试图用阴阳两个对立性质的符号以及它们之间的排列组合来概括自然界和人类社会的种种现象,以此说明天地万物由阴阳矛盾对立面而生出无穷的变化。所谓"易有太极,是生两仪""有天地然后万物生焉"。《周易》认为天地间一切事物都是变化的,提出了"生生之谓易""穷则变,变则通,通则久"等命题。所谓"穷"就是事物发展到顶点,"变"就是由顶点向反面变化,"通"就是变为反面之后又开始新的发展,"久"就是说明有这些变化过程之后才能长期存在下去。这就是以《周易》为代表的中国传统哲学以朴素辩证思维的理论思维方式对世界的理解。

古希腊的朴素辩证唯物主义自然观既具有积极意义,同时也具有历史的局限性。从积极的方面说:第一,古希腊的朴素辩证唯物主义自然观是对神话和原始宗教自然观的突破。一方面,古希腊朴素唯物主义自然观普遍用物质性"本原"概念而非神秘的力量来说明自然万物的初始状态和整体联系;另一方面,古希腊自然观还通过理性求知而不是非理性的顺从来适应人所处的自然环境。第二,古希腊自然观不仅构成了辩证唯物主义自然观的历史渊源,在哲学上成为马克思和恩格斯创立辩证唯物主义的思想渊源,而且在科学上孕育了许多在以后得到发展和证实的天才预见。所以恩格斯会说:"在希腊哲学的多种多样的形式中,差不多可以找到以后各种观点的胚胎、萌芽。因此,如果理论自然科学想要追溯自己今天的一般原理发生和发展的历史,它也不得不回到希腊人那里去。"①

古希腊的朴素辩证法自然观具有明显的历史局限性。以古希腊为代表的这种自然观正确地把握了自然界总画面的一般性质,但是这种对自然界的研究与探索,尚未建立在科学与分析的基础上,因而这种自然观带有直观、思辨和猜测的性质。由于这种自然观缺乏足够的经验知识,对部分和细节不清楚,因此,它不得不进行哲学思辨和猜测,从而来填补知识的空白和编制自洽的理论。

>>>>知识链接

赫拉克利特的朴素辩证唯物主义自然观

※ "这个世界对一切存在物都是同一的,它不是任何神所创造的,也不是任何人所创造的;它过去、现在和未来永远是一团永恒的活火,在一定的分寸上燃烧,在一定的分寸上熄灭。"

※ "一切事物都换成火,火也换成一切事物,正像货物换成黄金,黄金换成货物一样。"

※ "互相排斥的东西结合在一起,不同的音调造成最美的和谐:一切都是斗争所产生的。"

※ "人不能两次踏入同一条河流"。

※ "我们存在又不存在。"

※ "走下同一条河流的人,经常遇到新的水流。"

(二)近代机械唯物主义自然观

近代机械唯物主义自然观的产生源于近代自然科学的发展。16、17 世纪,以实验和数学方法相结合为特征的近代自然科学得到迅速发展,特别是表现在

---

① 《马克思恩格斯全集》第 20 卷,人民出版社 1971 年版,第 386 页。

牛顿基于伽利略、开普勒等人的研究而建立的经典力学体系。牛顿力学正确地反映了宏观物体的机械运动规律，对于机械唯物主义自然观的产生奠定了重要的自然科学基础。18世纪，法国唯物主义者提出了机械唯物主义自然观的完整形态。

近代自然科学的兴起源于哥白尼的日心说，其理论确定了观察、实验、假说和数学在科学认识自然中的地位。此后，伽利略通过落体实验、斜面试验和各种天文观察初步奠定了力学基础，开普勒则用清晰的数学方程描述了天体运动的规律，哈维把观察实验和定量分析应用于生理学研究，认为人的心脏不过是一个机械水泵。笛卡儿把广延性视为物体的本质属性，并将其与以思维为特征的心灵严格区分开来，在自然观上还进而提出了动物就是一部精制机器的命题。霍布斯、拉美特利、霍尔巴赫等人则系统完成了17、18世纪占统治地位的机械唯物主义自然观。

>>>>知识链接

拉美特利的"人是机器"

※ "动物和人之间并没有根本的区别，人比最完善的动物再多几个齿轮、再多几条弹簧，脑子和心脏的距离在比例上更接近一些，所接受的血液更充分一些，因而就产生了理性。"

※ "没有独立的心理实体存在。心灵只是一个毫无意义的空洞的名词。"

※ "自然界只有一个唯一的物体，那就是物质。"

概括而言，机械唯物主义自然观的基本观点是：①整个自然界由具有广延本质属性的惰性物质组成；②一切物质的运动都是物质在绝对空间和时间中的机械位移；③物质运动是由于外力的推动；④宇宙间的万物包括人都处在普遍必然的因果联系之中，一切都遵循机械决定论的因果关系，自然界被设想成一架庞大机器。

机械唯物主义自然观在历史上具有重大贡献：①机械唯物主义自然观摒弃了古代朴素自然观的直观性、思辨性和猜测性；②机械唯物主义自然观强调自然的外在独立性，是对上帝创世说的否定；③机械唯物主义自然观强调经验和实证的研究方法，主张用分析还原的方法去研究对象，这种研究方法适应了自然科学的发展，推动了近代自然科学的巨大进步。

机械唯物主义自然观也具有明显的局限性：①机械性。机械唯物主义自然观承认自然界是物质的并且是按规律运动的，但是它用纯粹力学的观点来考察和解释自然界的一切现象，把自然界的各种运动形式都归结为机械运动形式，否认了无机界和有机界、自然界和人类社会之间的联系。②形而上学性。近代自然科学的研究方法被移植到哲学中后，就造成了近代自然观所特有的形而上学的思维方法。这种方法孤立地考察自然界的事物和过程，撇开它的广泛的联系，不是把自然界看作运动的，而是看作静止的，不是看作变化的，而是看作永恒不变的。③不彻底性。机械唯物主义自然观割裂了自然界与人类社会历史发展的关系，认为自然界是孤立于人的实践领域之外的自然存在物。这种观点必然导致自然观与历史观的割裂，最终陷入唯心主义和神学目的论。

（三）19 世纪的辩证唯物主义自然观

辩证唯物主义自然观是以马克思、恩格斯为代表的实践唯物主义自然观。它是 19 世纪自然科学成就与实践唯物主义相结合的产物，是对古代素朴辩证自然观和近代机械唯物主义自然观的扬弃。

辩证唯物主义自然观的产生具有其自然科学与哲学的前提。① 18 世纪下半叶至 19 世纪，自然科学出现了大综合的趋势。自然科学从搜集经验材料的阶段进入系统整理这些材料和理论概括的阶段，在天文学、地质学、物理学、化学、生物学等各个领域涌现出一系列重大成果。例如，物理学中出现了两次重大的理论综合（能量守恒与转化定律和电磁转化理论的建立），生物学中也出现了两次重大的理论综合（细胞学说和达尔文进化论的建立）。这些科学成就深刻地揭示了自然界的普遍联系和发展的辩证性质，从而使辩证唯物主义自然观取代机械唯物主义自然观成为历史的必然。②马克思和恩格斯不但科学地总结了当时自然科学的最新成就，而且还批判地汲取了德国古典自然哲学思想特别是黑格尔的辩证法思想以及费尔巴哈的唯物主义思想，从而最终扬弃了古希腊自然观中的素朴辩证法的观点，克服了机械唯物主义自然观的形而上学等片面性质，最终创立了辩证唯物主义的自然观。

概括而言，辩证唯物主义自然观的基本观点主要体现在自然观问题上的辩证的唯物论和唯物辩证法的思想。①辩证唯物主义自然观是唯物主义的自然观。它认为，自然界是客观存在的；它是我们人类及自然界的产物本身赖以生存的基础；在自然界和人以外，不存在任何东西。列宁继承和发展了马克思主义的物质观，在物理学革命的背景下给物质下了这样的定义："物质是标志客观实在的哲学范畴，这种客观实在是人通过感觉感知的，它不依赖于我们的感觉而存在，为我们的感觉所复写、摄影、反映。"[1]列宁给物质下的这个定义从物质与精神何者是第一性的根本问题上把握物质的本质,强调客观实在性是物质最根本的属性,坚持了物质是世界本原、物质不依赖于意识而独立存在的唯物主义观点。爱因斯坦也说:"相信有一个离开知觉主体而独立存在的外在世界,是一切自然科学的基础。"[2]其次,这个定义强调了物质是可知的,反对了一切不可知论。这个定义是对一切物质形态共同本质的高度概括,克服了形而上学唯物主义物质观的局限性,这一定义不仅适用于已知的物质形态,而且也适用于未来可能发现的新物质形态。例如,按列宁的物质定义,可以判定"场"也是物质,现代科学也证明了实物和场的统一性,它们是物质的两大基本形态。②辩证唯物主义自然观认为,人类意识和思维是大脑和人类物质生产实践高度发展的产物,而不是某种独立的东西。③在人类社会的问题上,辩证唯物主义自然观主张,人类社会是在自然界特定的发展阶段上产生的,由于人类社会的产生,从而出现了具有新质的人化自然。④辩证唯物主义自然观是辩证的自然观。它认为,整个自然界是一个普遍联系和相互作用的整体,它处于永恒的流动和循环过程中,物质与运动都是不灭的;自然界的一切现象都是矛盾的统一体,它们既是对立的,又能够在一定条件下相互转化;自然界各种运动形式之间存在着相互转化的关系,没有孤立的运动;自然界的运动是有规律的。

辩证唯物主义自然观的创立具有重大意义。辩证唯物主义自然观的创立,意味着凌驾于自然科学之上的思辨自然哲学的终结,从而实现了自然观发展史上的革命性变革。辩证唯物主义自然观的创立,为马克思主义的科学观、科学方法论奠定了理论基础,为科学技术提供了世界观、认识论、方法论和价值论的理论前提。

>>>>知识链接

玻尔和爱因斯坦有关量子理论的争论

爱因斯坦和玻尔(Niles Bohr, 1885—1962)都是伟大的物理学家,分别因为解决光电效应问题和量子化原子模型而获得1921年、1922年的诺贝尔物理学奖。爱因斯坦和玻尔的争论主要是有关量子力学的理论基础及哲学思想方面。

---

[1]《列宁选集》第2卷,人民出版社1972年版,第128页。
[2]［德］爱因斯坦:《爱因斯坦文集》(第一卷),许良英、范岱年等译,商务印书馆1976年版,第292页。

　　爱因斯坦对量子论的质疑要点有三个方面,也就是爱因斯坦始终坚持的经典哲学思想和因果观念:一个完备的物理理论应该具有确定性、实在性和局域性。爱因斯坦认为,量子论中的海森堡原理违背了确定性。根据海森堡的测不准原理,一对共轭变量(比如:动量和位置,能量和时间)是不能同时准确测量的:当准确测定一个粒子在此刻的速度时,就无法测准其在此刻的位置。或者是,当准确测定一个粒子的能量时,就无法测准此刻的时间。因此海森堡说:"上帝掷骰子!""上帝掷骰子"不同于人掷骰子。应用概率的规律,是由于人们掌握的信息不够。如果我们对硬币飞出时的受力情况知道得一清二楚,就完全可以预知它掉下来时的方向。而量子论不同于此,量子论中的随机性是本质的。换句话说:人掷骰子,是外表的或然;上帝掷骰子,是本质的或然。

　　爱因斯坦早在 1926 年 12 月 4 日,在量子力学形式体系建立的时候,他在致玻恩(Max Born)的信中就指出:量子力学固然是堂皇的。可是有一种内在的声音告诉我,它还不是那真实的东西。⋯⋯我无论如何相信上帝不是在掷骰子。虽然他也承认"统计的处理有相当程度的有效性"。直到他的晚年,于 1952 年 10 月 24 日同 R. 香克兰的谈话中还坚持说:"你知道,我在这里是一个异端,但是我相信,有朝一日会发现我的看法是正确的。你知道,上帝不会发明出几率科学。"(《爱因斯坦文集》第一卷,第 564 页。)

　　爱因斯坦和玻尔两人的第一次交锋是 1927 年的第五届索尔维会议。那可能算是一场前无古人后无来者的物理学界群英会。在那次与会的 29 人中,有 17 人获得了诺贝尔物理学奖。1927 年 10 月,在布鲁塞尔的第五届索尔维会议上,玻尔掌门的哥本哈根派对量子论的解释大获全胜。闭幕式上,爱因斯坦突然发动攻势:"很抱歉,我没有深入研究过量子力学,不过,我还是愿意谈谈一般性的看法。"然后,爱因斯坦用一个关于 α 射线粒子的例子表示了对玻尔等学者发言的质疑,最后,谁也没有说服谁。

　　爱因斯坦和玻尔争论的直接对象是专门的物理学问题,正如上述引文所说,争论的核心、焦点是关于物理实在的本性问题,即如何从哲学上理解物理实在的概念本身和关于微观物理实在的图景究竟是什么的问题。爱因斯坦始终坚持对于物理实在的自发的唯物主义信念。在他1931 年纪念麦克斯韦的文章中,第一句话就写着:" 相信有一个离开知觉主体而独立的外在世界,是一切自然科学的基础。"(《爱因斯坦文集》第一卷,第292页。)但是,玻尔由此出发,进一步把物理实在完全归结为"现象",认为这才是量子力学要把握的"最终实在",否认或怀疑现象背后的微观客体的存在,从而得出实证主义的结论。

爱因斯坦的主要缺点就在于只是从客体的或直观的角度去理解微观物理实在,不理解微观过程的宏观显现虽是人的活动的结果,也是客观的,因而错误地把量子力学的哥本哈根解释一概说成是唯心主义;另一方面,发展了认识的能动方面的唯心主义,当然也包括玻尔他们所标榜的唯心主义在内,他们发展了关于观测仪器在变革和认识微观客体中的能动作用的思想。这种发展也带有抽象性,因而不可避免地在这个或那个问题上陷入了唯心主义。不过,在现代物理学的这两位大师身上,自然科学的唯物主义精神和辩证法思想日益紧密地结合起来了。爱因斯坦不仅是前者的最卓越的代表,而且他的创造活动中具有丰富的辩证法,否则就难以理解他何以能有现代最高的智力,发明了唯一能同量子理论并驾齐驱的相对论;玻尔不仅是后者的最卓越的代表,而且坚如磐石的自然科学唯物主义精神也影响到他。否则他也不可能在把人类对物质的认识向微观领域推向前进中做出那么大的贡献。

(参见柳树滋:《两位科学巨人的论战及其哲学意义——爱因斯坦和玻尔关于量子力学解释问题的争论》,载《中国社会科学》1983年05期。)

二、系统自然观:现代辩证唯物主义自然观

系统自然观是在系统论、信息论、控制论、耗散结构论等现代自然科学的基础上形成的一种辩证唯物主义自然观的发展形态。系统自然观的基本主张有:系统是自然界物质的普遍存在方式;自然界是过程的集合体以及渐变和突变是自然界演化的基本方式;自然界演化具有自组织的机制;等等。

(一)自然界的系统存在方式

系统自然观植根于相对论、量子力学、分子生物学和以系统论、控制论、信息论、耗散结构轮、协同论、突变论、混沌理论等为代表的现代系统科学的基础上。相对论否定了牛顿的绝对时空观,科学揭示了空间与时间、空间时间与物质及其运动、质量与能量之间存在的辩证联系;量子力学标志着对微观世界认识的深入,揭示了连续性与间断性、波动性与粒子性的辩证统一,突现了量子现象的整体性,深刻打破了机械决定论的观念;分子生物学由细胞水平深入到分子水平,

在生物大分子层次上揭示了生物界基本结构和生命活动的高度一致性；系统论以"系统"的观点看自然界，提出了系统与要素、结构与功能等新的范畴，揭示了自然界物质系统的整体性、层次性、动态性和开放性；普里高津等人提出的非平衡系统的自组织理论不仅指出了自然界的演化是自组织的、自己运动的，而且揭示了自然演化的自组织机制；混沌理论则提供了一种关于系统演化的分叉与混沌方式，它把简单性与复杂性、有序性与无序性、确定性与随机性、必然性与偶然性等统一在新的更为深广的自然图景中。这些新的科学成果丰富和深化了我们对自然界的辩证认识。

所谓系统，是由若干相互联系、相互作用的要素构成的具有特定结构与功能的有机整体。系统是自然界物质的普遍存在方式。不仅整个自然界是一个系统，而且自然界的任何一个具体事物都是一个系统，或者是某个系统的组成部分。自然界的万事万物以系统方式联系成为一个整体。

系统具有这样一些特征：①整体性。系统的整体性是指系统的功能是在系统整体中的相互联系中体现出来的，其功能往往超过各要素孤立时性质总和产生的效果。系统的整体性具体指由若干要素组成的系统存在加和性与非加和性两种关系。所谓加和性关系，是指各个部分可以用简单相加的办法逐渐建立整体的特性，即我们通常所说的"1＋1＝2"；而所谓非加和性关系，则是指整体的特征是各独立部分所不具有的，部分无法以简单相加的方法建立整体的特征，我们通常将这种关系描述为"1＋1≠2"。非加和性关系是系统的本质特征。②开放性。自然系统具有物质、能量和信息"三要素"，根据系统与外部环境是否交换物质、能量和信息，一般可以将其区分为开放系统和封闭系统。开放系统与环境不断进行着物质和能量交换，封闭系统则没有这种交换，封闭系统随着自身熵的不断增加，会越来越趋向无序，开放系统则通过交换而有可能抵制自身的熵增而扩大自身有序的程度。自然界中只有相对封闭的系统，不存在绝对封闭的系统，现实的自然界是一个开放系统。③动态性。自然系统的动态性是指系统及其要素以及它们之间的关联性，都会随时间的变化而变化。系统的动态性表现之一，是任何系统都普遍存在着涨落现象，也就是指系统整体状态会随着时间而呈现出起伏状态。系统的动态性表现之二，是系统客观上存在着新旧结构更替的可能。④层次性。自然系统的层次性是指物质系统之间存在一定层次关系的性质。依据系统内部要素之间结合的牢固程度，所有系统均呈现出"层次越高，结合度越弱"的结合度递减规律。

自然界的普遍联系与相互作用构成自然界物质系统的层次结构。整个自然界可以划分为非生命世界和生命世界。非生命世界又可以划分为基本粒子、原子核、原子、分子、凝聚态物体、行星系、恒星系、星系、星系团、超星系团、总星系等层次；生命世界又可以划分为生物大分子、细胞、组织、器官、个体、种群、生命系统、生物圈等层次。不同层次之间具有不同的质的规定性和量的规定性，是部分和整体、间断性和连续性的统一，自然界物质系统之间呈现了一种立体网络结构图景。拉兹洛说："自然界的组织结构就像一座复杂的、多层的金字塔——在它的底部是相对简单的系统，在它的顶部是几个（极顶是一个）复杂的系统。"[①]物质系统层次具有无限性。19世纪时，恩格斯就已经指出："原子决不能被看作简单的东西或已知的最小的实物粒子。"[②]随着现代科学的发展，人们意识到原子是可分的，现代物理学家更是揭示了质子、中子、电子等物质粒子还不是物质结构的最基本单元，基本粒子可能是夸克或者更小的结构。这些现代科学发现证实了恩格斯的观点。

自然界任何物质形态都是一个系统，或一个系统的组成要素，所以，一个系统的各个组成要素，其本身往往就是一个系统。基于对不同物质系统的研究，形成了不同的学科及其分支或交叉学科。例如，原子物理学、原子核物理学、基本粒子物理学的诞生，是认识向微观层次不断深入的结果，生物学主要是研究生物个体，认识到细胞之后才诞生了细胞生理学、细胞遗传学等分支学科，而生物学与物理学的交叉则发展出了分子生物学。可见，物质系统的不同层次决定了研究不同物质系统层次的不同学科或学科分支是不可截然分开的。学科又分化又综合，这是当代科学发展的大趋势之一。

物质系统的层次性对还原论的批判。还原论是19世纪以来科学家广泛接受的一种观点，它认为各种生命过程甚至人的思维等高级过程，本质上都可还原为物理和化学过程。20世纪以来，分子生物学的诞生和发展更使还原论观点的影响大为增强。从物质系统层次性的角度来看，还原论实质上是认为从对低层次系统的研究可以知道高层次系统的性质。从系统的观点来看，还原论是不对的。因为整体性是系统的本质特征，低层次系统作为要素加入高层次系统，由于要素之间的相互联系和作用，它的属性和功能就会受到某些约束，相反，新的物质系统层次出现之后，新质也随之出现，因此，还原论本质上是错误的。但是，这并不否认，对低层次物质系统的研究可以帮助探讨高层次物质系统的性质。

① ［美］拉兹洛：《用系统论的观点看世界》，闵家胤译，中国社会科学出版社1985年版，第61页。
② 　恩格斯：《自然辩证法》，人民出版社1971年版，第247页。

（二）自然界的系统演化

演化和进化在英语词汇中都可以称为"Evolution"，但实际上二者是有区别的。所谓进化，是指事物的上升的、从无序到有序、从低序到高序的不可逆过程或复杂性和多样性的增长。演化比进化具有更宽泛的含义，演化除了进化之意义以外，还包括了事物的下降的、从有序到无序的过程。

自然界的演化主要是由宇宙的起源、地球的起源、生命的起源和人类的起源这"四大起源"构成的。自然界的演化具有如下特征。

1. 对称破缺导致丰富多彩的自然现象。自然界不仅存在着，而且演化着。自然界的系统演化，既有有序和进化，又有无序和退化。对称和对称破缺是自然界极为普遍的现象，也是自然界演化机制的基本特征。对称最初是几何学用语，通常认为，一个图形经过转动、平移、左右交换等操作后保持不变形，这个图形就是对称的。随着对自然界认识的深化，人类发现自然界的各种运动规律也都具有一定的对称性。几何图形的对称性是可以破坏的，自然规律的对称性在一定条件下也会被破坏。对称性的被破坏被称为对称破缺，有序性就是对称破缺，对称破缺导致了丰富多彩的自然现象。

2. 自然界系统演化的不可逆性。自然界不仅在空间上展开其多样性，而且有时间上的历史，时间是与不可逆过程相联系的。现实的自然过程是不可逆的。局部的、暂时的、相对的可逆过程，并不否认自然界系统演化的不可逆性。可逆和不可逆是自然科学中的两个重要概念。热力学主张，如果一个物质系统从状态甲变到状态乙，同时，让该系统从状态乙回复到状态甲，而且到达状态甲时系统的周围环境能够恢复原状，那么这个过程是可逆过程，反之就是不可逆过程。热传导过程就是一个不可逆过程。热量总是从高温物体流向低温物体，绝不会自发地从低温物体流向高温物体。热力学第二定律主张，"不可能把热量从低温物体传到高温物体而不产生其他影响"，这是对不可逆现象的高度概括。还比如扩散过程，即一滴蓝墨水掉在一杯清水中会自发地慢慢扩散使清水变得蔚蓝，但这杯蔚蓝色的水不可能自动变清并凝聚出一滴蓝墨水，这表明自然界中一切实际过程事实上都是不可逆的。

3. 自然界的演化体现了复杂性和多样性增长的进化。自然界的系统进化，大体上是由宇宙的起源、地球的起源、生命的起源、人类的起源所构成的，是微观系统与宏观系统的共济进化。分叉、突现是自然系统演化的基本方式，体现了稳定性与不稳定性、连续性与间断性、确定性与随机性的统一。一般认为，非线性、不稳定性、不确定性是复杂性的根源。

4. 自然界的演化具有自组织特征,即自然界物质系统能够自行有序化、组织化和系统化。自组织是指在没有外界的特定干预的开放背景下,自然界物质系统自发地形成一定结构和功能的过程和现象。自组织一般包含着三类过程:由非组织到组织的过程演化;由组织程度低到组织程度高的过程演化;在相同组织层次上由简单到复杂的过程演化。一个远离平衡态的开放系统通过其与外部环境进行物质能量和信息的交换,能够形成有序的结构,或从低序向高序的方向演化。开放性、远离平衡态、非线性相互作用和涨落,是自然系统演化的自组织机制。

5. 自然界的演化,既不是单调地走向有序和进化,也不是单调地走向无序和退化。有序与无序的不断进化,进化与退化的不断交替,使自然界处于永恒的物质循环中。自然界的任何物质系统都要经历产生、成长、衰落、毁灭的历史过程,所有这些演化均可以归为两大类:进化与退化。进化指物质体系由无序到有序、由低级到高级的演化过程和趋势,即熵减过程。退化指物质体系由有序到无序、由高级到低级的演化过程和趋势,即熵增过程。进化与退化是不可分割、辩证统一的。单纯强调退化就导致了著名的热寂说:德国物理学家克劳修斯曾将热力学第二定律推广到宇宙的演化,他认为整个宇宙必然遵循熵增原理,随着熵的不断增大,宇宙中一切机械的、物理的、化学的、生命的等运动形式都将转化为热运动形式,而热又总是自发地由高温部分流向低温部分,直到温度处处相等的热平衡状态,此时宇宙的熵趋于极大值,于是宇宙就进入到一个热平衡的死一样寂静的永恒状态。恩格斯曾经这样批判宇宙"热寂论":第一,"热寂论"必定导致神秘的"第一推动";第二,宇宙的运动在质上与量上都具有无限转化的能力。英国物理学家麦克斯韦、德国物理学家普朗克和玻恩则指出,"热寂论"是对孤立系统的认识中导出的热力学第二定律不加限制地推广到全宇宙的结果。德国物理学家薛定谔在《生命是什么》一书中也指出,如果一个开放系统能够不断地从外界获得能量,它就可以产生"负熵",他提出了"有机体就是以负熵为生的"的著名论断。现在,人们已经意识到,进化的系统不是封闭系统,宇宙的演化并不指向宇宙热寂状态,自然界的演化既有进化也有退化。

系统自然观的确立具有重大意义。①它丰富和发展了辩证唯物主义自然观。系统自然观揭示了自然界的系统性、整体性和层次性;揭示了自然界物质系统的开放性、动态性和自组织性;揭示了时间的不可逆性,丰富了辩证唯物主义的时空观;揭示了自然界在循环中有序与无序、进化与退化的辩证关系,论证了辩证唯物主义关于运动、发展的大循环思想。②它提供了系统思维方式。所谓系统思维方式,是把对象当作一个系统的整体加以思考的思维方式,它根据系统的性质、关系、结构,把对象的各个组成要素有机地组织起来构成模型,研究系统的功能和行为,这对于人类认识和改造自然具有重要意义。

三、认知科学与现代心灵观

（一）认知科学的历史

认知科学是研究人类心灵和智能的交叉学科。认知科学的智力起源主要包括1956年以来人工智能研究的兴起、心灵哲学中的"功能主义"理论、认知心理学和语言学中反对激进行为主义的"认知革命"等。认知科学学科的建制化则开始于20世纪70年代认知科学学会和认知科学专业杂志的诞生。以"认知科学"为名的书刊杂志正以加速度在这一巨大交叉领域中产出成果。认知科学正在成为21世纪最具前沿性的科学研究领域。

人类对于心灵和智能的探索可以追溯到古希腊时代哲学家柏拉图和亚里士多德解释人类心灵、认识和知识本质的尝试。19世纪德国心理学家冯特（Wilhelm Wundt）和学生在实验室对心理表征做了受控条件下的实验,实验心理学的创立和发展为心灵的哲学研究拓展了地盘。20世纪早期,美国心理学家华生（J. B. Watson）的行为主义心理学否定了内在心灵的存在,意识和心理表征被逐出了心理学科学研究领域。20世纪50年代中期以来,控制论、信息论和计算机科学的发展使得意识和心理表征以信息加工的理解方式重新回到科学研究领域。在计算机科学推动下对认知科学产生与发展做出贡献的还有麦卡锡（John McCarthy）、明斯基（Marvin Minsky）、纽维尔（Allen Newell）和西蒙（Herbert Simon）等几位先驱者,他们开拓了人工智能研究领域;而乔姆斯基（Noam Chomsky）则鲜明地挑战行为主义心理学,主张用遵循规则的心理语法来解释语言,这对认知科学的产生与发展做出了巨大贡献。

（二）认知科学研究的理论假设

认知科学研究依赖于许多理论假设,例如表征和计算的核心假设主张,人类思维应被理解为心灵中的表征结构和这些结构运作的计算程序。当然,在认知科学理论假设上也存在着许多争论。

1. 功能主义假说。功能主义是认知科学的最基本的假定,它与心理学"认知革命"密切相关。心理学"认知革命"的结果是诞生了认知心理学,即心理学的信息处理理论。这一理论把智能有机体视作接收、存储和处理信息的信息处理系统,而认知则是信息加工的过程或计算过程。功能主义的标准表述是:人类心理状态就是大脑的计算状态,要理解心理状态就必须对神经学进行抽象,就像我们在编程或使用计算机时对硬件进行的抽象一样,心理状态就像软件,计算机隐喻是功能主义的基本隐喻。

2. 物理系统符号假设。物理系统符号假设是纽维尔和西蒙 1976 年提出的理解人类认知行为的计算主义形式化认知模型,乔姆斯基、明斯基等人也对此提供了进一步的理论阐释。在纽维尔和西蒙看来:物理符号包括印刷文字、光波、声波符号、计算机的构造系统、人的神经系统、大脑的神经元等,所有人类认知和智能活动经编码成为符号都可以通过计算机进行模拟。一个物理符号系统有两个特点:遵从物理定律,可以由任何可能的物理机体——如人脑或计算机——来实现的系统;不局限于人的符号系统,任何可以为认知器官或认知功能分辨的有意义的模式都可以归入符号系统。他们指出:作为一般的智能行为,物理符号系统具有的计算手段既是必要的也是充分的。在物理系统符号假设下诞生了认知科学中的符号主义研究范式,至今这一研究范式仍然具有生命力。

3. 联结主义假设。联结主义的产生受到大脑神经网络科学研究的启发。人们普遍认为,大脑的功能和特征主要表现在,大脑是一个神经元联接的巨型复杂系统。大脑中的信息处理建立在大规模并行计算的基础上。大脑还具有很强的容错能力和联想能力,善于概括、类比、推广等活动。大脑功能虽然受先天因素制约,但后天的经历、学习、训练和文化环境影响等也发挥着重要作用。大脑具有很强的自组织和自适应的特性。从 1943 年麦克洛克(Warren McCulloch)和皮兹(Walter Pitts)的《神经活动中内在观念的逻辑运算》到 1986 年鲁梅哈特(David Rumelhart)和麦克莱兰德(James McClelland)的《并行分布处理:认知的微观结构》出版,在经历 40 多年的曲折之后,随着不依赖于大脑研究认知和心智的功能主义在理论困境上的加深,联结主义在 20 世纪 80 年代重新复兴,成为继符号主义之后真正有竞争力的认知科学研究范式。人们开始重新重视认知神经科学研究,并以人工神经网络、计算神经科学、神经计算等名义推了联结主义思想的实践。联结主义的核心假设是,认知和智能是从大量单一处理单元的相互作用中产生的;其核心概念是"并行分布式信息处理";其特征是自下而上的内在并行性、分布式信息存储、容错性以及自适应性等。

4. 行为主义假设。1925 年左右华生发展了"行为主义心理学",建立了"刺激—反应"的心智解释模式,从而否定人类内在心灵的存在。后来的新行为主义者引入"中介变量"概念,将"刺激—反应"模式发展为"刺激—中介变量—反应"模式,用行为与刺激、行为与环境之间的函数关系来体现和解释心智的内在存在。新行为主义更为激进,更强调行为、环境、心智三者互动的解释原则。认知科学中的行为主义吸收了新行为主义思想,认为心智可以通过信息加工来解释,心智可以表现为认知行为,而行为不是有机体对刺激的单一的反应,而是表现为高度整合的功能,心智是在与环境的作用中得到进化的。行为主义在人工智能中的体现是控制论、自动机理论模型、遗传算法、人工生命和自主机器人等研究。行为主义更适合解决环境交互型运动控制问题。例如,布鲁克斯(R.Brooks)基于行为的机器人研究认为,人工智能应当强调现场化、实体化、智能化和突现性,机器人在进行认知活动时,一种行为结构可以包容或控制另一种行为的结构。布鲁克斯宣称将建造一种完全自动的、能动的行为者,它们将会与人类共存于世界上,并被人类认可是有自己权利的智能存在。布鲁克斯的设计成果有这样一些:早期的机器人艾仑(Allen)会沿墙走、识别门口;后来的赫伯特(Herbert)可躲避障碍物,拾起饮料罐;再后来的格根斯(Genghis)有 6 条可独立控制的腿,它可以利用感应器监控信息来产生新行为,当遇到障碍物时,还表现出自主学习和适应的能力;还有更强功能的阿提拉(Attila)和有类似人的外貌的机器人考格(Cog);等等。

5. 动力系统理论(Dynamical System Theory)假设。动力系统理论运用复杂性思想将人类认知过程和智能行为看作复杂的动力系统。动力系统理论期望为认知功能提供一种不同于符号主义和联结主义的新解释。其理论家认为这种解释是对人类认知的最好的描述,并主张它有可能代替符号主义和联结主义范式而成为一种新的认知科学研究范式。

(三)认知科学的基本理论问题

认知科学研究人类认知过程、智能和智能系统、大脑和心灵内在运行机制,它是在 20 世纪中期兴起的一门由心理学、语言学、神经生理学、计算机科学、哲学和人类学等构成的交叉学科。认知科学依据不同的问题领域和研究方法可以划分为不同的研究进路,其中包括心理学进路、语言学进路、生物物理学进路、神经生理学进路、人工智能进路、广义进化论进路以及复杂性科学进路等。认知科学所引发的一些基础问题已经成为 20 世纪末至 21 世纪初涉及领域广泛、争论最为激烈的世界性的科学和哲学的热点问题。

1. 心身关系问题。心身关系问题是一个古老的哲学问题,当代心灵哲学主要涉及心灵的本体论和心身因果作用等方面的研究。

第一,关于心的本体论问题。以笛卡尔为代表的传统观点表现为心身实体二元论。与心身二元论不同,当代心灵哲学家大多持有实体唯物主义立场,并试图在自然主义的框架之内对心的本体论地位和心身因果作用问题做出回答。心身类型同一论到功能主义的发展反映了由还原的强物理主义到非还原的弱物理主义的转变。在这一转变过程中,普特南(H. Putnam)基于功能主义提出了心理状态多重实现的论题,而戴维森(Donald Davidson)则提出了作为非还原物理主义基础的心身附随关系的思想。20世纪末,拉克夫和约翰逊(G. Lakoff & M. Johnson)在《体验哲学》一书中总结30年来认知科学成就对传统哲学的挑战时说,当代认知科学的三大发现是:心灵本质上是涉身的(Embodied);思想大部分是无意识的;抽象概念大多是隐喻的。这似乎是要改变基于理性主义的符号运算或计算—表征的认知科学传统。尤其是在心灵问题上进一步强调了心灵对于身体生理结构的依赖,主张心灵是由人的身体的特殊性质、人脑的神经结构的特殊细节以及我们在世界中的日常行为的特殊情境塑造的,进而,理性绝不是宇宙的先验特征,不是与身体无关的人类心灵的先验特征理性,心灵、概念、推理、思维等都是涉身的。

第二,心身因果作用问题。心身因果作用有三个方向:身→心、心→身、心→心,主要内容是讨论在因果闭合的物理世界中心理现象如何具有因果效力的问题。对心身因果作用问题的理解有这样几种:以杰克逊(Frank Jackson)为代表的副现象主义将心理现象看作是完全没有因果效力的,是附加在大脑的某些物理过程之上的一种“副现象”;以福多(John Fodor)和皮利欣(Zenon Pylyshyn)为代表的符号计算主义,强调具有语义内容、同时又得到物理实现的表征(或符号)计算的因果解释理论;还有以金在权(Jaegwon Kim)为代表的心身局域还原论等。

2. 意向性问题。意向性问题与意识问题是当代心灵哲学最为困难的两个问题。现象学家布伦塔诺(Franz Brentano)将意向性看作是心理现象与物理现象区分的标志,“意向使心灵指向某个对象”,他同时认为唯物主义是不能解释意向性的。当代心灵哲学谈论的心灵意向性主要涉及三方面问题:意向心理状态的实在性问题;意向内容的关系性质问题;意向性的自然化问题。

第一,意向心理状态的实在性问题。对于信念、愿望等意向心理状态是否是实在的,它们是否与我们的常识心理学的概括相一致,目前有三种不同的解决方向。以福多(Fodor)为代表的意向实在论认为,命题态度等意向心理状态是在物理系统中得到实现的,具有语义性质和因果效力的状态。以丘奇兰德夫妇(Paul Churchland & Patricia Churchland)和斯蒂奇(S. Stich)为代表的取消主义认为,我们关于心的常识看法是错误的,常识看法对信念、愿望等意向心理状态的错误预设,终将随着神经科学或认知科学的发展而被取消。以丹尼特(D. C. Dennett)为代表的“拟人化的意向立场”是工具主义的:一方面肯定意向心理状态在行为解释与预测中的重要作用,另一方面又认为它们并非真实的内部状态。丹尼特认为,意向性立场把一个实体(人、动物、人造物等)看作似乎是一个理性的自主体,通过考虑自己的信念、愿望来对行动加以选择,这是一种拟人化的立场,例如对下国际象棋的计算机采取意向性立场就可以是有效的。

第二,意向内容的关系性质问题。塞尔(John Searle)认为,意向状态具有内在的表达能力,即有"所指内容",它们总能把心灵同这个世界或种种可能世界联系起来。以布洛克(N. Block)、戴维特(M. Devitt)和利康(W. Lycan)等人为代表的内在论主张,外部世界的存在与变化对于意向内容的确定不具有实质性意义。以普特南和伯格(T. Burge)为代表的外在论主张,心与世界的关系对于意向内容的确定具有实质性意义。福多一方面主张方法论的个体主义,认为在对行为的心理学解释上,真正具有因果相关性的是不同个体心理状态的内在性质;另一方面他也试图将语义学的外在论与个体主义结合起来。

第三,意向性的自然化问题。意向性自然化问题目前主要有两种解决方案:一是以德瑞斯克(F. Dretske)和福多为代表的因果论,即将意向关系自然化为因果关系;一是以米利肯(R. Millikan)和博格丹(R. Bogdan)等人为代表的目的论,即将意向关系归结为以生物进化机制为基础的目的相关性(环境与心灵或生物有机体的目的相关性)。

3. 意识问题。意识问题是心灵哲学研究中最为困难的一个问题。科学和哲学研究中的意识主要是觉知意识,即指与感知、认识、相信、想象、记忆和体验等相伴的有意识的心脑活动及其表现特征。列文(J. Levine)曾于20世纪80年代提出过"解释的鸿沟"的概念,主张关于大脑的物理的或功能的解释和理解与我们关于意识的经验和体验之间存在一条难以填平的鸿沟,或指意识经验不能通过我们对大脑的物理的或功能解释而得到理解。有些哲学家认为,之所以存在这一鸿沟,是因为自然科学的发展还没有给予我们解释意识现象所需的概念,而随着科学的发展,这一鸿沟有望填平。也有哲学家认为这一鸿沟是根本不可能填平的,并对此做出了两种不同的解释。一是以麦金(C. McGinn)为代表的哲学家将鸿沟的存在归因于我们心灵自身的认识能力的限度。一是以杰克逊、列文和查尔默斯(D. Charlmes)等人为代表的哲学家则认为,对一个现象的科学解释依赖于对这一现象进行物理的或功能的概念分析,而无论我们对意识做出怎样的物理的或功能的解释,我们都没有解释意识或感觉本身,因此这条鸿沟不可填平。其中,列文主张意识现象与物理现象之间解释上的鸿沟是知识论上的,而不是形而上学的;而杰克逊和查尔默斯则持有对意识的性质二元论看法,认为意识现象与物理现象之间的解释鸿沟具有形而上学的意义,意识现象具有并非附随于物理现象的独立地位。

认知科学的发展与哲学的关系越来越密切,尤其是当代认知科学的发展引发了人们对心灵问题的极大兴趣的思考。除了英美心灵哲学讨论之外,当代认知科学哲学中也非常重视海德格尔、梅洛—庞蒂等现象学家的思想,尤其是当代涉身认知、情境认知、延展认知等理论研究拓展了心灵的哲学讨论。例如,延展认知理论主张人类认知过程不仅局限在大脑中,而且可以延展到身体之外并且与外部物理设备和文化环境构成一种耦合系统。与之相应的一种延展心灵的观念主张,心灵不仅局限在头脑和身体中,而且完全可以延展到外部环境中。总之,这些新的理论展现了一幅新的生动图景:认知是依赖于我们的有机体的"在世的存在",依赖于我们不同的经验种类,依赖于认知主体的语言、意向性行为和社会—文化—历史情境。它们也对人类的智能和心灵的本质提供了新的理解。

【思考题】

如何理解辩证唯物主义自然观和心灵观?

第三讲 现代生态自然观的形成与发展

生态自然观是在反思生态危机以及基于现代生态科学发展的基础上形成的一种辩证唯物主义现代自然观形式。生态自然观立足马克思主义关于人与自然关系的辩证思考，主张在辩证看待人与自然关系的基础上重新审视自然界，改变近代以来自然界纯粹隶属并服务于人类的"人类中心主义"极端观点，强调人依赖于自然、又反作用于自然的"天人合一"的现代和谐立场。

一、生态危机

生态危机（Ecological Crisis）本是历史上早已存在的事实，只是在近代自然科学兴盛以来，尤其是与科学技术相伴随的现代大工业蓬勃发展以来，生态危机的危害在 20 世纪逐渐严重，并且演变成一场全球应对的普遍危机。

（一）什么是生态危机

生态危机是指由于人类不合理的活动，在全球规模或局部区域导致生态过程即生态系统的结构和功能的损害、生命维持系统瓦解，从而危害人的利益、威胁人类生存和发展的现象。全球性生态危机是当代国际社会面临的一系列超越国家和地区界限，由人类活动作用于环境而引发的关系到整个人类生存和发展的问题。生态危机是与生态失衡相联系的。1949 年，美国学者福格特（W. Vogt）在《生存之路》一书中首次提出"生态平衡"的概念，他把由于人类对自然环境的过度开发而引起生态条件的恶化所导致的不利于人的生存与发展的现象，概括为"生态失衡"，并由此强调保持生态平衡的重要性。生态平衡（Ecological Equilibrium）指生态系统的一种相对稳定状态。当处于这一状态时，生态系统内生物之间和生物与环境之间相互高度适应，种群结构和数量比例长久保持相对稳定，生产与消费和分解之间相互协调,系统能量和物质的输入与输出之间接近平衡。生态系统平衡是一种动态平衡,因为能量流动和物质循环仍在不间断地进行,生物个体也在不断地进行更新。现实中生态系统常受到外界的干扰,但干扰造成的损坏一般都可通过负反馈机制的自我调节作用使系统得到修复,维持其稳定与平衡。不过生态系统的调节能力是有一定限度的。当外界干扰压力很大,使系统的变化超出其自我调节能力限度即生态阈限(Ecological Threshold)时,系统的自我调节能力随之丧失。此时,系统结构遭到破坏,功能受阻,整个系统受到严重伤害乃至崩溃,此即生态平衡失调。

严重的生态平衡失调,从而威胁到人类的生存时,称为生态危机,即由于人类盲目的生产和生活活动而导致的局部甚至整个生物圈结构和功能的失调。生态平衡失调起初往往不易被人们觉察,但一旦出现生态危机就很难在短期内恢复平衡。也就是说,生态危机并不是指一般意义上的自然灾害问题,而是指由于人的活动所引起的环境质量下降、生态秩序紊乱、生命维持系统瓦解,从而危害人的利益、威胁人类生存和发展的现象。

人类要生存,就离不开一定的生态环境。福格特在其《生存之路》一书中指出:人类是依靠破坏其生存所必不可少的环境而生活的唯一有机体。寄生虫也有同一趋向,但是它们的破坏由于缺乏智力而受限制。人类用其智力来存在于环境。从地理学或历史学来看,人类学会稳定或恢复环境的时候绝少,人类越进步,其对环境的破坏性可能越大。

人类文明的产生就意味着人对生存环境约束的突破,农业文明时代产生的生存问题并未使人类的生存受到全局性的影响。随着以科学技术来改造和驾驭自然过程并创造出在自然状态下不可能出现产品为特征的工业时代的来临,人口的增长,城市的崛起,交通的发达,消费社会和依赖矿物燃料为主的能源体系的形成,资源短缺和环境污染成为西方工业化国家普遍面临的社会问题。"文明若是自发地发展,而不是在自觉地发展,则留给自己的是荒漠。"这是马克思在100多年前对人类突飞猛进的工业文明发出的忠告。经济的全球化和生态殖民主义的加剧,使20世纪50、60年代发生在西方工业化国家的生态问题进一步向全球蔓延,全球生态系统遭到全面破坏,土地荒漠化,物种灭绝、温室效应、臭氧空洞加剧,这些对作为人类文明生存母体的地球构成了威胁,生态危机呈现出全球性的特征。

(二)生态危机的表现

当代全球性生态危机具有复杂的表现形式,大体上可以分为以下三类。第一类是由于人类活动对环境资源过度开发,造成了水土流失、土地荒漠化、森林面积减少、能源紧张、淡水短缺、野生动植物灭绝等现象；第二类是由于人类活动将污染物过度排放，造成了空气污染、水体污染、土壤污染，还有化学、物理污染，乃至气候变化等；第三类是由技术失控或滥用引起的负效应，典型的如核技术污染，包括现在获得准确评估的转基因技术、电子技术、空间技术都可能带来始料未及的后果。

与人类社会早期遇到的生态问题相比，当代全球性生态危机呈现出以下新特点。一是从局部性、区域性的环境污染和环境破坏扩展到包括气候异常变化、水资源匮乏和水体污染、能源紧缺、土地荒漠化、森林锐减、大气污染、有毒废弃物越境转移等全球性的生态环境危机；二是从"第一代环境问题"，即明显的表观环境破坏发展到"第二代环境问题"，即长期积累的生化污染，如生物多样性的消失、温室效应、臭氧层破坏等，危及全人类的生存状况；三是从发达国家越来越快地向发展中国家蔓延，这里既有发达国家转移污染产业的因素，也有发展中国家开发过度与环境退化的双重困境，例如中国等规模较大、速度较快的国家，就集聚了前工业化时代、工业化时代甚至后工业化时代的各种环境问题，产生了严重的叠加效应。

随着生态危机的不断扩大，人们开始反思人类自身的活动，认识到生态危机首先是人与自然的关系的危机。它要求人们树立一种更加理性的自然观。同时，生态危机也与社会问题息息相关，是社会异化的产物，要求人们变革不合理的社会制度。生态危机的产生也由于传统的发展观把发展等同于经济增长、单纯地追求经济增长所致，这也催生了可持续发展的观念。

>>>>知识链接

寂静的春天

蕾切尔·卡逊（Rachel Carson, 1907—1964），美国海洋生物学家，她的作品《寂静的春天》（*Silent Spring*）引发了美国以至于全世界的环境保护运动。

20世纪40年代，许多国家对农药DDT的使用量不断增加，人们也把DDT作为减少或消除虫害的突破性成果。这种由德国人在1874年发明的价格便宜的农药非常有效，能够杀灭蚊子、科罗拉多甲虫等多种害虫。1955年卡逊读到有关DDT的最新研究成果后，她确信DDT对整个生态网造成的危害被人们忽视得太久了。在以后的几年中，她陆续发现了随意喷洒DDT等其他杀虫剂和除草剂危害各种生物以及人类的大量证据,一些证据还表明人类的癌症与一些杀虫剂有关。1962年,《纽约人》(The New Yorker)杂志发表了她基于这项研究的首篇文章,即《寂静的春天》前言。文章一经发表就引发了巨大的反响,公众对政府纵容一些农药公司危害生态环境而义愤填膺。而农药公司的第一反应,是企图通过起诉《纽约人》杂志而封住卡逊的口,一场为保护生态环境的博弈揭开了序幕。当《寂静的春天》于1962年开始在书店出售后,农药制造商雇用了一些失去良知的学者污蔑歪曲卡逊的论断,赞扬杀虫剂的好处。同时,对卡逊进行无耻的人身攻击。

但公众并没有被这种伎俩所愚弄。随着《寂静的春天》的出版,杀虫剂开始引起全社会的广泛关注。肯尼迪总统的科学顾问就要求有关人员开展调查,立即拿出一份有关杀虫剂危害生态环境的最权威报告。事实证明了卡逊的正确论断,致命的化学品确实在污染生态环境的情况下大规模使用,政府的一些委员会邀请她作证,并接受了她关于生命是相互联系的观点。此后,许多公司杀虫剂的生产、销售和使用受到严格的控制乃至禁用。1972年,在美国全面禁止DDT的生产和使用,美国厂家开始向国外转移,其后世界各国纷纷效法。目前几乎全世界已经没有DDT的生产厂了。《寂静的春天》的出版被看成是现代环境运动的肇始。

罗马俱乐部

罗马俱乐部(Club of Rome)是西方一个非官方的国际学术协会。1968年4月由意大利的A.佩切伊和英国的亚历山大•金建议成立。它的宗旨是"忠实和深刻地阐明人类面临的主要困难","为人类在与现实状况进行搏斗中采取和实施新的战略和措施提供帮助"。该俱乐部拥有40多个国家和近一百名成员。罗马俱乐部主要从事人类处境研究,试图解决全球性时代人—社会—自然协调发展前景的问题。自其建立以来,先后发表十余篇研究报告。最著名、影响最大的研究报告《增长的极限》着重研究人口、工农业生产、自然资源和环境污染等问题,对西方经济增长的限度提出了每况愈下的预言。这个研究由D.米都斯教授领导,参加研究的有普林斯顿大学和斯坦福大学的17位教授,目的是促进公众对当今全球的各种相互依存的现象的了解,推测它们在未来的演变,供各国决策和参考。1981年,罗马俱乐部的主席 A. 佩切伊出版了《未来一百页——罗马俱乐部主席的思考》(*100 pages pour l'avenir Réflexions du président du Club de Rome*)一书,书中指出,只要人类合理地利用资源,特别是人力资源,就有可能走出危机,按照自己的愿望建设未来。

大干旱:玛雅文明的衰落

长期以来,考古学家为了一千多年以前玛雅文明的迅速衰落而争论不休。究竟是什么促成了这个文明的衰落? 来自古气候学的研究成果或许至少能够提供部分的答案。每一个站在蒂卡尔遗迹面前的人也许都会提出同样一个问题,为什么大约1100年以前,玛雅人放弃了这个拥有宏伟的广场、纪念碑和神庙的城市? 这个现在位于危地马拉的名胜曾经是玛雅人最强大的城邦之一,拥有大约6万名居民,它代表了玛雅文明成就的顶点。

1. 逝去的文明。残垣断壁不会主动说话,但是通过考察散落于中美洲各地的玛雅文明废墟,考古学家还是理出了玛雅文明发展的一些脉络。玛雅人是中美洲的土著居民,主要居住在今天的墨西哥、危地马拉、洪都拉斯和萨尔瓦多等地。他们曾经拥有与大河流域的文明古国同样高度发达的文明:玛雅人最早种植了玉米(今天,墨西哥仍然被称为玉米的故乡);他们的天文、历法也达到了相当精确的程度。从大约公元300年开始,玛雅文明进入了一个考古学家称之为古典期的鼎盛时期。神庙和纪念碑如雨后春笋般在这个时期建立起来,玛雅文明的人口也急剧膨胀,整个文明似乎呈现出一派欣欣向荣的景象。大约在公元800年,古典期玛雅文明到达了它的顶峰,然而随之而来的是一场崩溃:在随后的一百多年时间里,南部低地的玛雅人放弃了他们繁华的城市,神庙变成了野兽出没的废墟。北部高地的玛雅文明继续延续下去,但是再也没有重现辉煌。直到16世纪,来自欧洲的殖民者在发现新大陆的同时也发现了玛雅文明。在殖民者的杀戮和掠夺中,玛雅文明终于完全衰落了。

如果把首先解开了古埃及象形文字之谜的法国考古学家商博良带到玛雅文明的废墟前,他恐怕也会一筹莫展。欧洲殖民者销毁了绝大部分的玛雅文明资料,只有残存的只言片语可供研究。用于解释低地玛雅文明衰落的理论不计其数，例如有人认为，地震、瘟疫等天灾造成了玛雅文明人口的急剧减少；也有人认为，战争或者玛雅农民起义让文明陷入了混乱。还有人提出了玛雅文明的"生态危机"论，认为玛雅人过度开垦土地、人口严重膨胀，最终导致生态环境被破坏，文明消亡。在这些理论中，气候巨变——具体地说，大干旱——导致文明衰落也是引人注目的假说之一。吉尔（Richardson B. Gill）或许可以算作最早提出这个假说的人。吉尔曾经是德克萨斯州的一位银行家，后来因为银行不景气，就改行研究他喜爱的考古学。数十年以来吉尔对干旱假说的狂热追求的灵感来自于 20 世纪 50 年代德克萨斯州的大干旱，以及考古学家瓦尔德兹（Fred Valdez）在伯利兹玛雅文明废墟的发现。瓦尔德兹发现，成千上万的玛雅人似乎在短时间里灭亡了。吉尔认为，这很可能是一场空前的旱灾造成的。

2. 干旱的周期。人口锐减的原因可能是大干旱，吉尔拼命寻找支持这种理论的证据，他也确实找到了一些。20 世纪初，尤卡坦半岛发生了一次持续时间为 3 年的旱灾，这表明玛雅人曾经生活过的地区确实有发生干旱的可能性。通过考察当时西班牙殖民者的记录，他发现 1795 年也发生过让庄稼几乎颗粒无收的大干旱。但是为了证明他的理论，还需要公元 9、10 世纪的古气候学记录作为证据。2001 年，一份直接的证据终于出现了。佛罗里达大学的科学家侯德尔（David Hodell）领导的研究小组在 2001 年《科学》杂志上报告说，他们在墨西哥找到了一份玛雅文明时代的气候记录。

寻找过去气候的详细记录是一件麻烦事。玛雅人没有现代意义上的气象台，即便曾经有过气候记录，恐怕也已经遗失了。侯德尔等人找到的是自然地质记录，而不是一份玛雅语或者任何其他语言写成的书。随着岁月的流逝，气候变化的证据——各种化学物质一层层地沉淀在湖底，等待有一天科学家仔细地阅读，而这一天终于到来了。科学家使用氧的同位素和石膏（硫酸钙）作为指示气候变化的物质。如果气候干燥、降雨量减少，那么湖水的蒸发就会大大超过降水的补充作用。这样，这个时期沉积在湖底的石膏等物质的含量就会增加。只要一层层地测量石膏的浓度，科学家就能"读"出过去年代降雨量的变化。侯德尔等人挖出了尤卡坦半岛中央的 Chichancanab 湖底的沉积物作为分析对象。这个地区物质的沉积速度很快，通过测量一个长 1.9 米的沉积物样本，可以得到 2 千多年以来气候的大致变化趋势。侯德尔发现，在这个地区每隔大约 206 年就会发生干旱。考察玛雅人的历史,就会发现在一些"世纪干旱"来临的时候,玛雅文明就会发生一定程度的衰退——例如停止建造纪念碑、城市被遗弃等等。这表明气候的变化很有可能影响到玛雅文明的发展。在测量了另外一块精确程度比较低的沉积物样品之后,侯德尔等人还发现,公元 750 年到 800 年发生了这个地区 7 千年中最严重的干旱。每当太阳活动变得剧烈的时候,产生的宇宙射线就会改变地球上碳 14(碳的放射性同位素)的含量。侯德尔等人通过研究记录在树木年轮中的碳 14 含量变化,发现太阳活动的周期——大约是 206 年——与尤卡坦半岛发生干旱的周期基本上是同步的。太阳是玛雅人的崇拜物之一,然而侯德尔等人的研究成果让这种崇拜显得有点讽刺:很可能是因为太阳的活动带来了干旱这种严重的灾难,不过没有证据表明玛雅人曾经意识到这一点。

3. 危机的边缘。如果说侯德尔的研究表明气候变化有可能影响到玛雅文明的发展,那么豪格(Gerald H. Haug)等人于 2003 年 3 月发表在《科学》杂志上的研究成果则进一步为我们呈现了一幅气候变化如何促使玛雅文明衰落的图景。豪格是一位瑞士科学家,在德国波茨坦大学进行研究工作。他领导的研究小组同样使用地质沉积物这本无字的气候记录研究玛雅文明的衰落,但是地点与方式都与侯德尔不同。

豪格等人使用了在委内瑞拉北部 Cariaco 盆地挖出的沉积物。这个盆地在加勒比海的南部,而玛雅人居住的尤卡坦半岛在加勒比海的西北方向,两地有一定的距离。但是豪格等人发现,两地的气候变化规律大致相同,Cariaco 盆地的气候也就代表了玛雅人居住地的气候。这次,豪格等人选择了沉积物中的钛元素而不是石膏作为气候变化的指示器。与以前的研究相比,钛元素反映气候变化的分辨率能够达到几个月而不是几年。根据钛元素含量的变化,研究者发现公元 200 年发生的一次干旱造成了前古典期玛雅文明的一次衰退。然后,从公元 9 世纪——也是玛雅文明的顶峰——开始,一场持续 100 多年的干旱控制了加勒比海地区。

玛雅人的社会结构在干旱面前显得十分脆弱。他们的农业——主要是种植玉米——依赖水资源,而他们能获得的水资源有限。专家估计,玛雅人贮存的雨水、湖泊、河流的水以及地下水只能维持 18 个月的时间。更详细的研究表明,在这干旱的 100 年中,公元 810 年、860 年和 910 年附近发生了三次最严重的旱灾,持续时间分别为 9 年、3 年、6 年。这三次最严重旱灾发生的时间与考古学家发现的玛雅人的主要城市被废弃的时间相一致。我们或许可以想象这样一幕情景:从公元 9 世纪初开始降雨量就变得稀少。在基本上滴雨未落的大旱之年,玛雅人依靠着有限的水资源生活,玉米的收成变得非常糟糕,对食物资源的争夺加剧……社会开始崩溃。玛雅人聚集的城市规模越大,对水资源的依赖也就越大,于是大城市首先被玛雅人放弃了,随后是中小城市。

屋漏偏逢连夜雨,持续一百多年的干旱,再加上公元 810 年、860 年的大旱灾,把整个玛雅文明推向了危机的边缘,而 910 年的大旱灾则可能给了玛雅文明致命的一击。据《国家地理》网站报道,豪格认为:"如果他们多捱上两年,说不定就会幸存下来,但是他们如何才能知道干旱什么时候结束呢?"每一次大旱灾都会造成一部分玛雅社会的崩溃。能够获得更多的地下水资源的玛雅人或许勉强度过了前两次危机,但是他们无论如何也逃不过第三次大旱灾。

4. 继续争论。亚利桑那大学的玛雅学专家库伯特(T. Patrick Culbert)认为,豪格等人的研究成果给玛雅文明的衰落提供了一个看上去可信的解释。但是正如一些考古学家所认为的,气候的变化并不是造成玛雅文明衰落的唯一因素,在他们眼中,玛雅文明衰退的原因或许更复杂。就在去年 10 月,《国家地理》杂志上刊登了一篇破译玛雅文字的文章。这篇文章认为,当时玛雅的两个大城邦之间的战争可能引起了后来玛雅文明的衰退。

气候变化在某种意义上可以被形容成玛雅文明衰退的"主要因素"。"气候(变化)不会对生活在森林中的人产生太大的影响,"豪格在给笔者的一封电子邮件里说,"然而,玛雅人已经造就的环境(环境退化、土壤侵蚀等等)让过度繁衍的人口非常容易受到气候和干旱的威胁。无论如何,你需要的不仅仅是能解释崩溃的因素,气候是一个催化剂。"

古气候学家利用自己的知识和技能跨入了考古学领域,在考古学家眼里这似乎有点管闲事的嫌疑。但是古气候学确实为重建一个更清晰的人类文明发展史提供了机会。近几年对古气候的一些研究已经初步揭示出了一些历史事件的真相,例如 2200 年前美索不达米亚平原上阿卡德帝国的迁徙、16 世纪末美洲新大陆第一块永久殖民地被放弃的原因,等等。毫无疑问,玛雅文明也是古气候学家目前研究的对象之一。

没有一个考古学模型能够描述像玛雅文明衰退这样复杂的现象。豪格认为,这场古气候学家对考古学家的竞赛中,赢家应该是综合各方面观点,进行科学讨论的学者。蒂卡尔——以及其他玛雅文明的遗迹——正在等待着人们用科学去重新认识。"秘密还没有解开,"豪格说,"但是我们迈出了一大步。"

(参见柯南:《大干旱:玛雅文明的衰落》,载《南方周末》2006年10月7日。)

二、马克思主义生态思想

马克思主义经典作家很早就意识到生态危机现象,恩格斯在经典著作《自然辩证法》一书中曾经说过这样一段关于生态文明的话:"但是我们不要过分陶醉于我们人类对自然界的胜利。对于每一次这样的胜利,自然界都对我们进行报复。每一次胜利,起初确实取得了我们预想的结果,但是往后和再往后却发生完全不同的、出乎预料的影响,常常把最初的结果又消除了。美索不达米亚、希腊、小亚细亚以及其他各地的居民,为了得到耕地,毁灭了森林,但是他们做梦也想不到,这些地方今天竟因此而成为不毛之地,因为他们使这些地方失去了森林,也失去了水分的积聚中心和贮藏库。阿尔卑斯山的意大利人,当他们在山南坡把在山北坡得到精心保护的那同一种枞树林砍光用尽时,没有预料到,这样一来,他们就把本地区的高山畜牧业的根基毁掉了;他们更没有预料到,他们这样做,竟使山泉在一年中的大部分时间内枯竭了,同时在雨季又使更加凶猛的洪水倾泻到平原上。在欧洲传播栽种马铃薯的人,并不知道他们随同这种含粉的块茎一起把瘰疬症也传播进来了。因此我们每走一步都要记住:我们统治自然界,绝不像征服者统治异族一样,绝不是像站在自然界之外的人似的,——相反地,我们连同我们的肉、血和头脑都是属于自然界和存在于自然界之中的;我们对自然界的全部统治力量,就在于我们比其他一切生物强,能够正确认识和运用客观规律。"[①]

纵观马克思主义经典作家的著述,他们较为全面和系统地表述了人与自然的关系,另一方面也揭示和批判了资本主义生产方式对自然条件的破坏,蕴含着丰富的生态思想,对于当代的生态文明建设依然具有指导意义。

(一)马克思主义关于人与自然关系的思想

第一,自然界存在的优先性。自然界是人类赖以生存和发展的基础,人是自

---

① 恩格斯:《自然辩证法》,人民出版社1971年版,第383-384页。

然界发展的产物;人是自然界的构成部分,人存在于自然界之中,人类的生存与发展依赖自然界;自然生产力是社会生产力的基础,它制约着社会生产力的发展。自然生产力是未经人类加工就已经存在的生产要素,例如气候、水分、土壤、森林、矿藏;而社会生产力则是在自然生产力的基础上通过人的劳动制造出来的新生产要素。

第二,劳动是联结人与自然的中介。马克思强调人和自然的现实统一,不是像动物那样直接生存在自然界中,而是以社会和自然之间特殊的联系形式——劳动作为基础。在《资本论》中,马克思用"人与自然之间的物质变换""人和土地之间的物质变换"来定义人的生存活动。"劳动作为使用价值的创造者,作为有用劳动,是不以一切社会形式为转移的人类生存条件,是人与自然之间的物质变换,即人类生活得以实现的永恒的自然必然性。"[1] "劳动首先是人和自然之间的过程,是人以自身的活动来中介、调整和控制人与自然之间的物质变换的过程。"[2]

在《德意志意识形态》中,马克思集中批判了以费尔巴哈为代表的旧唯物主义的抽象自然观,强调了自然概念的社会历史中介性,看到了人类生产对自然界的加工与改造作用。在《关于费尔巴哈的提纲》中,马克思批判了所有旧唯物主义对自然界,对事物、现实和感性所给予的直观的理解,而没有从实践活动和主观能动的角度去理解自然界,这是机械自然唯物主义的通病。因为,"正像人的对象不是直接呈现出来的自然对象一样,直接地客观地存在着的人的感觉,也不是人的感性、人的对象性。自然界,无论是客观的还是主观的,都不是直接地同人的存在物相适应的"。人必须根据自己的需要,在改造对象世界的过程中让自然以适合于人的需要的方式提供给人。通过创造对象世界,改造物质世界的劳动,自然界表现为人的劳动对象,表现为人类生活的对象。由此看来,整个人类的历史不过是自然界对人来说的形成过程,不过是自然界通过人的劳动而产生的过程。这就是马克思所说的"自然界的人化"过程。也就是说马克思强调的自然不是脱离人的实践活动的纯粹自然,而是进入人的活动领域的人化自然。

第三,人与自然应和谐存在。马克思站在实践的立场上,看到了环境与人的生存发展的辩证关系,明确了人创造环境,环境也创造人的思想,并主张依赖积极的、能动的实践活动来实现"环境的改变与人的活动的一致"的社会理想。人与自然的和谐共存不是互不侵犯,而是通过人的实践活动完成的。人们通过其最基本、

---

[1] 《马克思恩格斯全集》第 23 卷,人民出版社 1979 年版,第 56 页。
[2] 《马克思恩格斯选集》第 2 卷,人民出版社 1995 年版,第 177 页。

最普遍的存在形式——劳动,实现着人与自然的对象化与非对象化、主体的客体化与客体的主体化、自然的人化和人的自然化。在这一过程中,发生着两个方向的运动,即人向自然、主体向客体的运动;自然向人、客体向主体的运动。前者是人对自然的认识和改造;后者是自然对人的生成,也即人的自我意识和自我实现。因此,人与自然的和谐共存、共同进化只有在人类的社会实践活动中,才能得以实现和理解。

第四,人与自然的协调发展离不开改革不合理的社会制度。马克思提出,劳动实现人与自然物质变换的前提条件即要在最无愧于人类本性因而也是最无愧于自然的本性前提下进行。但在资本主义制度下,劳动、人和自然都是异化的。工人劳动得愈多,就愈来愈背离人类本性和自然的本性,马克思揭示了"资本的逻辑"是造成人、自然与社会相互关系对立的制度原因,提出要真正解决人与自然之间的矛盾、协调人与自然的关系,"需要对我们的直到目前为止的生产方式,以及同这种生产方式一起对我们的现今的整个社会制度实行完全的变革"①。只有改变人和人之间的不合理的关系,才能使人和自然的关系得到健康和谐的发展,才能实现自然主义和人道主义的统一。"共产主义是私有财产即人的自我异化的积极扬弃,因而是通过人并且为了人而对人的本质的真正占有;因此,它是人向自身、向社会人的复归,这种复归是完全的、自觉的而且保存了以往发展的全部财富的。这种共产主义,作为完成了的自然主义,等于人道主义,而作为完成了的人道主义,等于自然主义,它是人和自然界之间、人和人之间的矛盾的真正解决,是存在和本质、对象化和自我确证、自由和必然、个体和类之间的斗争的真正解决。"②只有在消灭了剥削和压迫的共产主义社会,才能实现人和人、人和自然关系的和谐统一。

马克思主义关于人与自然关系的理论,充分肯定了自然的实践本质及其社会的历史性等特征,表明人与自然之间存在不可分割的密切联系,人与自然之间是能动性与受动性的统一、合目的性与合规律性的统一。这对我们按照自然的生态规律办事,保持人与自然的和谐发展,对生态文明建设具有重要的理论价值。

(二)马克思主义自然观的特点

与旧唯物主义自然观不同,马克思主义的自然观具有以下新特点。

第一,历史性。马克思始终是从人类社会历史的角度去理解自然。"我们仅仅知道一门唯一的科学,即历史科学。历史可以从两方面来考察,可以把它划分为自

---

① 《马克思恩格斯选集》第 4 卷,人民出版社 1995 年版,第 385 页。
② 《马克思恩格斯全集》第 42 卷,人民出版社 1979 年版,第 120 页。

然史和人类史。但这两方面是不可分割的,只要有人存在,自然史和人类史就彼此相互制约。"[1]在马克思看来,自然史与人类史是不可分割的,撇开二者的联系,孤立地研究自然史是错误的。因此,马克思主义始终在社会历史的演替中阐明人与自然的依赖关系。

第二,对象性。在马克思主义视野中,任何存在物的存在,只能是对象性的存在,"因为不仅五官感觉,而且所谓精神感觉、实践感觉(意志、爱等等),一句话,人的感觉、感觉的人性,都只是由于它的对象的存在,由于人化的世界,才产生出来的,五官感觉的形成是以往全部世界历史的产物"[2]。所以,"从理论领域来说,植物、动物、石头、空气、光等等,一方面作为自然科学的对象,一方面作为艺术的对象,都是人的意识的一部分,是人的精神的无机界"[3]。在马克思主义看来,现实的人和自然是通过对象性活动在人类活动中存在的。与此同时,马克思还指出:"只要我有一个对象,这个对象就以我作为对象。"[4]从实践领域来说,人同他之外的自然物都成为相互作用与互为中介的对象,它作为在劳动中生成的现实的自然界,是人的本质力量的进一步确证和展现。

第三,实践性。马克思认为,人与自然的对象性关系本质上是一个实践的问题。人与自然是通过实践作为纽带而联结起来并消除了两者对立。在这种对象性的活动中,实现与自然界物质和能量的交换,以满足人类日益增长的生存和发展的需要。马克思主义从实践论角度来揭示人与自然的现实关系,为我们指明了人类的生产活动与保护自然环境的统一和结合点。

第四,辩证性。恩格斯在科学新成果基础上提出了自然辩证法。恩格斯对人与自然关系的哲学认识包括两个方面:一是自然辩证法,即自然界自身的普遍联系与运动发展;二是实践辩证法,即人类与自然间的相互作用、相互影响。马克思也认为,用辩证思维方法分析整理自然科学各学科的材料,对于深化他和恩格斯早期的唯物辩证的自然观具有重大的意义。

(三)马克思主义的生态思想

在合理地阐发人和自然的辩证关系同时,马克思恩格斯还在调查研究的基础上分析了资本主义生产方式给环境带来的危害,揭露和批判了资本主义生产条件下对自然的破坏,体现了其丰富的生态思想。

---

① 《马克思恩格斯选集》第1卷,人民出版社1995年版,第66页。
② 《马克思恩格斯全集》第42卷,人民出版社1979年版,第126页。
③ 马克思:《1844年经济学哲学手稿》,人民出版社2000年版,第56页。
④ 马克思:《1844年经济学哲学手稿》,人民出版社2000年版,第106页。

马克思和恩格斯首先揭示了资本主义生产方式导致的一系列生态问题。一是自然资源的过度消耗问题。马克思指出,在资本主义条件下,社会生产的盲目性对人与自然之间的物质变换造成了不可避免的破坏。为了追求最大利润,必然以掠夺自然资源为生产前提。"资本主义农业的任何进步,都不仅是掠夺劳动者的技巧的进步,而且是掠夺土地的技巧的进步。在一定时期内提高土地肥力的任何进步,同时也是破坏土地肥力持久资源的进步。一个国家,例如北美合众国,越是以大工业作为自己发展的基础,这个破坏过程就越迅速。"[①]二是环境的污染问题。当资本主义工业化大生产才刚刚步入飞速发展的时期,环境问题还没有凸现时,马克思和恩格斯就已经敏锐地注意到资本主义大生产和城市发展给生态环境带来的一系列问题。他们看到了破坏植被、水土流失、空气污染、水污染、垃圾问题以及恶劣的劳动环境给工人健康带来的危害。在《英国工人阶级状况》里,恩格斯描述了像伦敦这样的大城市的严重污染情况:"伦敦的空气永远不会像乡间那样清新而且充满氧气。250万人的肺和25万个火炉集中在三四平方德里的地面上,消耗着大量的氧气,要补充这些氧气是很困难的,因为城市建筑本身就阻碍着通风。呼吸和燃烧所产生的碳酸气,由于本身比重大,都滞留在房屋之间……大城市的工人区里的脏东西和死水洼对公共卫生总要引起最恶劣的后果,因为正是这些东西散发出制造疾病的毒气;被污染了的河流冒出来的水蒸汽也是一样。"[②]城市化带来的生态问题。马克思在分析资本主义生产方式时指出:"资本主义生产使它汇集在各大中心的城市人口越来越占优势。"[③]随着工业的发展,大量的农村人口转移到了城市,城市生活割断了大量的人同土地的联系,一方面,使原本平衡的农业生态出现了问题,导致土地肥力减退;另一方面,城市化速度的加快,超出了城市的环境容纳能力,给城市生态造成了压力。

马克思和恩格斯还提出了资源节约和循环利用的生态观点。马克思在很多的论述中都说到了节约,反对资本主义高消费高浪费的生产方式。比如说到生产资料公有制带来的好处时,就说到它能消除生产力和产品的明显的浪费和破坏,"生产资料的社会占有,不仅会消除生产的现成的人为障碍,而且还会消除生产力和产品的明显的浪费和破坏,这种浪费和破坏在目前是生产的不可分离的伴侣,而且在

① 《马克思恩格斯全集》第 23 卷,人民出版社 1972 年版,第 552-553 页。
② 《马克思恩格斯全集》第 2 卷,人民出版社 1957 年版,第 380-382 页。
③ 《马克思恩格斯全集》第 23 卷,人民出版社 1972 年版,第 552-553 页。

危机时期达到顶点。此外,这种占有还由于消除了现在的统治阶级及其政治代表的穷奢极欲的浪费而为全社会节省出大量的生产资料和产品。"[①] 马克思还提出了节约原材料的一些具体方式,"废料的减少,部分地要取决于所使用机器的质量。机器零件加工得越精确,抛光越好,机油、肥皂等物就越节省"[②]。马克思在《资本论》第三卷里则强调了资源的循环利用:"所谓的废料,几乎在每一种产业中都起着重要的作用。"[③] 他在废弃物的循环利用上提出两种循环:一种是资源在同一领域里的循环利用。比如制造机车的车间里的铁屑,数量很大,可以收集起来重新铸造成铁块,再次利用起来。另一种是资源在不同领域里的循环利用,比如对生产和消费过程中产生的废弃物的利用:纺织业的飞花可以用作农业肥料,破碎的布片可以用来造纸,等等。从而使"一个生产部门的一部分不变资本,就可以直接同另一个生产部门的不变资本相交换"[④]。而且他还说:"进入直接消费的产品,在离开消费本身时重新成为生产的原料,如自然过程中的肥料等。"[⑤]

此外,马克思、恩格斯主张,依靠科学技术对生产和消费产生的废物进行"再加工"和"再利用",可以达到减少环境污染的目的。[⑥] 比如,化学工艺的发展可以"把以前几乎毫无用处的煤焦油,变为苯胺燃料,茜红燃料(茜素),近来甚至把它变成药品"[⑦]。马克思还提到代际公平问题。马克思说:"甚至整个社会,一个民族,以至一切同时存在的社会加在一起,都不是土地的所有者。他们只是土地的占有者,土地的利用者,并且他们必须像好家长那样,把土地改良后传给后代。"[⑧]

梳理马克思、恩格斯的生态思想、生态观点,不难发现其中许多都超越了时代局限,具有深远的前瞻性,对于当代人类解决生态问题、生态危机有重要指导意义。无论现在的生态环境与马克思当时所处的情况多么不同,马克思对这个问题的理解、他的方法、他的解决社会和自然相互作用问题的观点,在今天仍然是非常现实而有效的。

---

① 《马克思恩格斯全集》第 20 卷,人民出版社 1971 年版,第 307-308 页。
② 《马克思恩格斯全集》第 25 卷,人民出版社 1974 年版,第 118-119 页。
③ 《马克思恩格斯全集》第 25 卷,人民出版社 1974 年版,第 117 页。
④ 《马克思恩格斯全集》第 26 卷,人民出版社 1972 年版,第 134 页。
⑤ 《马克思恩格斯全集》第 46 卷(下册),人民出版社 1980 年版,第 230-231 页。
⑥ 《马克思恩格斯全集》第 25 卷,人民出版社 1974 年版,第 117-119 页。
⑦ 《马克思恩格斯全集》第 25 卷,人民出版社 1974 年版,第 117 页。
⑧ 《马克思恩格斯全集》第 25 卷,人民出版社 1974 年版,第 875 页。

>>>>知识链接

马克思主义是生态的还是反生态的?

西方生态学马克思主义在马克思主义和生态学的关系问题上展开争论,存在三派意见:一派是马克思主义的反生态观点,认为在马克思主义现有理论框架中无法解释和解决生态学提出的新问题,主张抛弃马克思主义理论的中心成分,代之以新的理论体系;一派认为马克思是生态学的先驱;第三派的观点处于前两派之间,承认生态学事实上已对马克思主义提出了严重的挑战,同时也相信马克思的思想中存在着既有的答案,即马克思思想中本来就包含环境保护的思想,马克思的思想本身就是"绿"的。

第一,马克思理论的反生态学论证及其评价。

该派学者倾向于认为马克思没有自己的系统的生态学思想;或者认为马克思虽然有些许生态学思想,但它们根本不是马克思所关注的内容。如克拉克(Clark,1989)认为在马克思那里确实有一种内在含蓄的生态学因素,但他并没有在发展那些"生态辩证法思想萌芽"方面走多远,"恰恰相反,他的思想中保留了许多彻底非生态学的'二元论'。在艾克丝丽看来,环境退化不是马克思主义传统所关注的内容;马克思是在他不能预料我们现在所面对的全球生态退化的程度的时候形成他的思想的,他只是捎带地注意他那个时代的环境退化,没有提供人与自然关系的系统理论。

生态学马克思主义的创始人本·阿格尔认为,在马克思的思想中,只有关于资本主义经济危机的理论,而没有关于资本主义生态危机的理论。所以,阿格尔认为,在今天生态危机已经取代了经济危机的情况下,"马克思主义关于只属于工业资本主义生产领域的危机理论已经失去了效用"①。詹姆斯·奥康纳在《自然的理由》一书中着重从经济理论的层面上来评判马克思生态思想的缺失。奥康纳认为在劳动价值论中,马克思虽然在理论上明确地分析了消费中的价值内涵,深刻地思考了资本主义发展中交换价值与使用价值之间的对立关系,但是他却没有对构成他那个

---

① [加]本·阿格尔:《西方马克思主义概论》,中国人民大学出版社1991年版,第486页。

时代的消费中的特定的使用价值进行系统的说明。也就是说,在马克思的资本主义理论中,具体劳动和使用价值是从属于抽象劳动和交换价值的。奥康纳认为,马克思和恩格斯的有些话语的确显示出他们已经以一种环境主义的意识预见到了生态科学的出现,但他们的观点只是有关自然资源保护方面的伦理主张,它强调的是人类控制自然界的能力,而不是自然界自身系统自主性和不可预料性。

以上几位生态学马克思主义者没有从马克思和恩格斯的历史唯物主义理论的内在逻辑出发来把握他们的思想与生态学的关系,作为一种对资本主义的社会批判,马克思不可能把自然的重要性作为主要的理论出发点。但是,即使是这样,他仍然提出了很多具有生态意义的问题。

我们应该看到,在马克思的批判视野中,生态视角的批判与他的社会视角的批判是一贯内在统一的。环境问题始终是他所批判的社会问题中的重要内容,只不过这种批判是在最"显化"的社会视角的技术批判的"遮蔽"下进行的,因而处于从属地位。

第二,马克思是生态学的先驱。

该派学者认为,马克思、恩格斯是最早的生态主义者。豪沃德·帕森斯在他所编辑的影响颇大的《马克思和恩格斯论生态学》(1977)一书中认为,马克思、恩格斯有自己明确的生态学,主要体现为马克思、恩格斯关于社会与自然的辩证关系的观点,即通过劳动与技术实现的人与自然的相互转换,必将经历前资本主义的人与自然关系、资本主义的人与自然异化关系和共产主义条件下的人与自然统一关系,自然的压迫也将随着阶级关系的消除而消除。佩珀也认为,马克思主义的观点不仅是对资本主义的一种深刻分析,它也能为绿色分子提供更多的、更重要的东西。"马克思主义显示了社会—自然关系的辩证观点,它不像生态中心主义或技术中心主义的观点,它向它们发起挑战,它有一种分析社会变迁的历史唯物主义方法,应该对绿色战略有启示。"[1]

美国俄勒冈大学社会学教授约翰·贝拉米·福斯特于2000年在其《马克思的生态学》中第一次明确提出了马克思的生态学概念,并从人类与自然的关系开始,将马克思的生态学思想史沿着马克思的生命历程和马克思主义的理论逻辑发展而全面展开。福斯特是迄今为止最系统地论

---

[1]　David Pepper, *The Roots of Modern Environmentalism*, London: Routledge, 1984, p.129.

述马克思的生态学思想的思想家,其结论就是:马克思是一位生态学家,或者说马克思主义本身包含着系统的生态学思想,从马克思的唯物主义、政治经济学和科学社会主义体系中为解决资本主义的生态危机提供全面而系统的理论。保尔·伯格特在《马克思与自然:红绿对话》中对自然在历史唯物主义中的地位做了考察,他也认为马克思对自然条件的论述具有内在的一致的逻辑,因此具有生态学意义。

第三,绿色的普罗米修斯:一个折中的评价。

德国左翼学者,哲学家瑞尼尔·格仑德曼指出,马克思的自然概念属于培根、黑格尔、尼采的思想传统。这种具有现代意义的自然观近来受到了攻击。然而,马克思并不仅仅是追随培根和黑格尔,而是在此基础上确立了一种独特的现代自然概念。

瑞尼尔·格仑德曼在《马克思主义与生态学》一书中提出,马克思不是一个生态中心主义者,而是明显具有一种人类中心主义的世界观。在马克思的视野中,生态危机的产生与解决是社会问题,是人与人关系问题,而不是纯技术问题和纯人与自然关系问题。所以,其批判实质仍然是批判资本主义的技术应用,批判资本主义生产方式,批判资本主义制度,憧憬在未来的共产主义社会——它同时也一定是绿色社会或生态社会——中,生态问题得到最终的解决。"这种共产主义,作为完成了的自然主义,等于人道主义,而作为完成了的人道主义,等于自然主义,它是人与自然界之间、人和人之间的矛盾的真正解决,是存在和本质、对象化和自我确证、自由和必然、个体和类之间的斗争的真正解决。"从格仑德曼那里,我们看到了对马克思的普罗米修斯精神的赞扬。但这种精神并不违反生态,因为在格仑德曼那里生态概念已不同于生态中心主义的生态概念。

(四)生态马克思主义的观点

生态马克思主义是 20 世纪 70 年代在西方出现的试图用马克思主义观点分析生态危机、探讨解决生态危机的途径,并用生态学观点对马克思主义进行补充、重建、超越的西方马克思主义思潮。当代生态马克思主义主要代表人物有美国新马克思主义经济学家詹姆斯·奥康纳,其代表作为《自然的理由:生态学马克思主义研究》。美国著名的左翼学者,俄勒冈大学社会学教授约翰·贝拉米·福斯特是当代另一位最杰出的生态马克思主义者,著有《马克思的生态学》《生态危机与资本主义》《生态革命》等著作。

生态马克思主义的主要观点为：

第一，由资本主义社会的基本矛盾引起的危机表现形式已从经济危机转变为生态危机。生态危机延缓并取代经济危机成为资本主义社会的主要危机。

第二，资本主义的过度生产和过度消费这两大问题，不仅加剧了人的异化，而且造成了生态危机。"过度生产"是资本追求利润的动机所导致的生产和技术规模越来越大，能源的需求越来越多，生产和人口越来越集中。与"过度生产"相伴随的是"过度消费"。"过度消费"表现为人们只是根据消费的多少和品种的多样来作为幸福程度的标准。"过度生产"和"过度消费"加在一起，不仅加剧了人的异化，而且破坏了大自然的生态系统，造成了生态危机，这成为当代资本主义主要矛盾之一。

第三，异化消费推动了异化生产，不消灭异化消费就不能消灭异化生产和异化劳动，也就不能消灭生态危机。在生态马克思主义看来，当代资本主义为了缓解经济危机而诱使人们在市场机制的作用下把追求消费当作真正的满足，从而导致"异化消费"。"异化消费"理论揭示了资本主义社会由于生产扩张导致"自然萎缩"和独裁主义协调导致的感情依附商品的原因。人们不是出于真正的需要而追求商品的，而是在资本主义的市场机制如广告操纵、商品包装的刺激下去疯狂追逐高消费的。不消灭"异化消费"，就不可能消灭异化劳动，也就不可能有效地制止生态危机。

第四，必须用"小规模技术"取代高度集中的大规模的技术，使生产过程分散化、民主化，建立生态社会主义社会模式。针对资本主义危机形式的转变和异化消费，早期的生态学马克思主义者提出建立"稳态经济模式"。主张通过消灭异化消费、限制增长来解决生态危机，建构新型的社会主义。"稳态经济模式"即实行经济的零增长以保护生态环境。稳态的经济模式不符合 20 世纪人类社会发展的客观实际和需要，所以 20 世纪 90 年代以后的生态学马克思主义逐渐放弃稳态经济的主张，而主张经济以满足人的需要为目的的适度增长，并且反对生态中心主义，提出"重返人类中心主义"的口号。

总之，生态学马克思主义注重对资本主义制度的反生态本质的揭示和批判，认为资本主义制度和生产方式的非正义，以及由此带来的科学技术的非理性运用和消费主义价值观与生存方式是当代生态危机产生的根源。提出解决生态危机的途径在于通过激进的生态政治变革，实现向生态社会主义社会的过渡。

生态学马克思主义强调社会发展与生态问题的内在联系，要求从人与自然关系的角度重新把握社会主义的内涵。它认为,作为一个整体历史进程的社会发展,必须要与自然生态系统相协调,并试图把人与自然、社会发展与自然生态系统相协调的社会发展观作为新的社会主义——生态社会主义的理论基础,具有一定的时代意义。

三、生态自然观

(一)生态自然观确立的科学基础:生态学

生态自然观是对马克思、恩格斯生态思想的继承与发展,是在人类反思全球性"生态危机"的过程中和总结现代生态科学的最新思想成果的基础上形成的。

生态学原本是一门研究动植物与其生活环境相互关系的科学,是生物学主要分科之一。20世纪中叶以来,由于世界范围的人口、资源和环境问题日益尖锐,以及系统科学和环境科学的发展,生态学扩展到人类生活和社会活动方面,把人类这一生物物种也列入生态系统中,研究人与环境(包括自然环境和社会环境)关系及其相互作用的规律。这样,生态学就变成了一门关于人类"生存之科学"(Science of Survival)。

现代生态科学的发展,特别是人类生态学的研究彰显了人在生态系统中的位置,具体而生动地体现了人与自然的关系。

第一,人在生态系统中处于杂食性消费者的生态位上。人作为大自然链条中的重要一环,在由动物、植物和微生物所组成的金字塔形的食物链中,人类同其他动物一起共同消费自然界的水、空气、阳光等生活资料,但作为有能动性的人类的消费与其他动物的消费有着本质的区别。人类的消费是建立在一定社会关系中以改造自然为目的的高级消费。人类的消费方式、方法、范围和质量与其改造自然的方式、方法和结果有着直接的联系。

第二,人还是生态系统的调控者和协同进化者。在人类产生以前,生态系统是靠自然调节机制来调节的,因而当生态系统陷入无序时会经过自我调节达到新的有序状态。但是人类社会对自然资源大规模地无限度的滥用,尤其是工业社会对自然的污染,使大自然应接不暇,单靠生态系统的自我调节机制便难以恢复正常状态了。人作为生态系统的调控者,其调控的现实对象是人类与自然界的相互影响,即人以自身的活动来引起、调整和控制人与自然的物质变换的过程。所谓人与自然的协同进化,即是说在人与自然的相互作用中,两者都必须对这种相互作用发生特定的进化变化。也就是说,两者通过相互依赖的合作关系,通过相互之间的适应性选择和制约,在人类创造自己社会历史的同时,维护地球健全的生态系统,不断提高生态系统维持生命的能力。

生态学家马世骏认为,包括人类在内的生物与环境之间的基本生态规律大致可归纳为四个方面。①作用与反作用,即物质输出与输入的平衡规律。按此规律,取之于环境的物质必须给予相应的补偿,方能使环境保持永续的再生潜力。反之,过多地取之于环境必然受到环境制约,至于作用与反作用之间的强度差异以及其时间分布,则视整个系统结构的复杂程度、原来具有的物质贮备及其转化效率而异。一般说来,物质贮备多和生活力强的系统,对外界环境变化的适应性亦较大。②排斥与结合,即对立统一规律,这是存在于自然界生物群落中的普遍现象。运用此规律,可以保持生物群落结构的数量平衡,或促使其定向发展。弄清楚人与生物以及生物科学间排斥与结合的关系,可作为定向修补生态系统或建立新系统成分的依据。③相互依赖与制约,即反馈转化规律,又可称为数量极限律。构成食物链的物种成分是相互依赖和相互制约的,环环相扣,构成物种间的平衡关系。一个物种在有限空间或有限资源的约束下,不能无限增长,反馈作用使其达到一定数量水平后,降低增长速度,所以数量极限律亦是说明一个物种与环境之间保持相对平衡的机理。④物质生生不已和循环不息的再生,即互生规律,亦可称为物质循环代谢律。自然系统之所以能保持活力,不停地产生新的生命,则是基于物质在系统内不同层次之间所进行的代谢循环,不停地使死亡的旧物质转化为新物质的再生原料。此种功能正常进行的机理,则依赖于系统结构与功能的相互适应和亚系统之间的协调。[①] 这些生态规律揭示了构成自然系统各成分之间相生相克的复杂关系。

生态学中的整体的观念、循环的观念、平衡的观念和多样性的观念,以及它所揭示的生态规律,构成了生态自然观的重要理念和科学根据。整体的观念,是说生物(包括人在内)与其环境构成一个不可分割的整体,任何生物均不能脱离环境而单独存在。循环的观念,是指作为生产者的植物、消费者的动物、分解者的微生物,它们互相耦合,形成由生产、消费和分解三个环节构成的无废弃物的物质循环。平衡的观念,认为生物之间的食物链关系、金字塔结构和循环体系处在一种动态的平衡之中。多样性的观念,即"多样性导致稳定性"的生态原理,它强调保护生物物种的多样性,认为生物多样性的丧失,直接威胁着生态系统的稳定性。

---

① 马世骏:《生态规律在环境管理中的作用——略论现代环境管理的发展趋势》,载《环境科学学报》1981年第1期。

（二）生态自然观的基本思想

生态自然观的基本思想表现在以下几个方面：

第一，生态系统是生命系统。生态系统是生物系统和环境系统共同组成的自然整体，是以生命的维持、生长、发育和演替为主要内容的活生生的系统。

第二，生态系统具有显著的整体性。生态系统就是各个相互关联的部分有机构成的一张生命之网，无论哪一个环节出现了问题，都会对整个系统产生重大的影响。生态系统的整体性主要表现在两个方面：一是生物与非生物之间构成了一个有机的整体，离开了非生物各种因素所构成的环境，生物就不能生存，就无所谓生态系统；二是每一种生物物种都占据着特定的生态位，各种生物之间以食物关系构成了相互依赖的食物链或食物网，其中任何一个环节出现了问题，就会影响整个生命系统的生存。

第三，生态系统是自组织的开放系统。生物系统和环境系统的相互关联、相互作用，由外来能量（主要是太阳辐射能）的输入维持。外来能量的输入及其在系统内的流动、消耗、转化，形成了生态系统复杂的反馈联系，使系统具有自我调控、保持平衡的能力。

第四，生态系统是动态平衡系统。生态系统的动态过程由系统内的物质运动决定。

第五，生态平衡是稳定性与变化性相统一的平衡。维护生态平衡不只是保持其原来的稳定状态，不是单纯的消极适应和回归自然，而是遵循生态规律，自觉地积极保护自然。

生态自然观主张把人的角色从大地共同体的征服者改变成共同体的普通成员与公民，强调生态系统是一个由相互依赖的各部分组成的共同体，人则是这个共同体的平等一员和公民，人类和大自然其他构成者在生态上是平等的；人类不仅要尊重生命共同体中的其他伙伴，而且要尊重共同体本身；任何一种行为，只有当它有助于保护生命共同体和谐、稳定和美丽时，才是正确的；人与自然之间要协调发展、共同进化。

从辩证唯物主义发展的角度看，生态自然观不是对辩证唯物主义自然观的否定，而是在生态科学的基础上对辩证唯物主义自然观的补充发展，是辩证唯物主义自然观的一种现代发展形式。生态自然观的核心是强调人与自然的协调，关注人类与自然生态系统的整体稳定与协调发展。生态自然观不仅揭示了人与自然之间的系统性存在与发展关系，揭示了生态系统是一种整体性、自组织和动态平衡的系统，而且揭示了维持生态平衡不只是保持其原来的稳定状态，从而肯定了人类在利用自然科学干预条件下对自然的积极和协调的适应、保护和改造。

>>>>知识链接

人类中心主义与非人类中心主义的争论

第一，人类中心主义的生态伦理观。近代以来主流生态伦理观是人类中心主义的，这种观点将人类的利益作为价值和道德评价的依据，主张在人与自然的价值关系中，人是主体和目的，自然是客体和手段。康德提出的"人是目的"这一命题被认为是人类中心主义的标志性理论。人类中心主义又可以分为强人类中心主义和弱人类中心主义。强人类中心主义主张，人是一种自在的目的，是最高级的存在物，因而他的一切需要都是合理的，可以为了满足自己的任何需要而利用甚至毁坏任何自然存在物，人可以依据其意愿和需要全然不顾自然界的内在目的性。只有人才具有内在价值，其他自然存在物只有在它们能满足人的兴趣或利益的意义上才具有工具价值。弱人类中心主义认为，应该对人的需要作某些限制，在承认人的利益的同时又肯定自然存在物有内在价值。人类根据理性来调节感性的意愿，有选择性地满足自身的需要，虽然其理论落脚点和归宿点也是人类的生存和发展的需要，但是它主张对人的利益和需要进行理性的把握和权衡，反对将人的利益和需要绝对化。

"如果人类对自然的行为只能从人类的利益出发，或人类整体的长远利益出发，人类利益是人类行为的唯一尺度。这里'只能'的含义是表示人类利益的唯一性。这是很难以人类中心主义划清界限的。正是在这一点生态伦理学与传统伦理学有区别。生态伦理学的理论要求是确立自然界的价值和自然界权利的理论，它的实践要求是保护地球上的生命和自然界。传统伦理学只关心一个物种——人的福利；生态伦理学除了关心人的福利，还关心地球上千百万物种和生态系统的福利。因而生态伦理学实际上是非人类中心主义的伦理学。"(参见余谋昌：《走出人类中心主义》，载《自然辩证法研究》1994 年第 7 期，第 11-12 页。)

第二，非人类中心主义的生态伦理观。非人类中心主义肯定自然价值与自然权利的合理性，即承认大自然拥有独立于人类利益的"内在价值"，同时人类必须尊重"自然的权利"。非人类中心主义主张，自然界具有主体价值，自然界自身的存在就是目的，在人与自然的关系中，人与自然是完全平等的。例如,澳大利亚伦理学家辛格(P.Singer)、美国的雷根(T.Regan)等伦理学家提出动物解放论和动物权利论就是非人类中心主义的代表。辛格主张动物也具有感受痛苦和愉快的能力,因此动物应有从人那里获得"平等的关心"的道德权利。雷根认为,动物与人一样也是生命的主体,因此也应当具有道德权利。此外,生物中心论则认为,自然界是一个相互依赖的系统,人只是其中的一个成员,因此人并非天生比其他生物优越,所有有机个体都是目的。"大地伦理学"认为,人类中心主义是环境问题产生的根源,应当突破仅仅强调人的传统道德观,将伦理学的范围扩展到人与包括动物或所有生物或生态系统等非人存在物之间的关系上来。

"这种议论是极其奇怪的。众所周知,事物的价值是相对于人或人的需要而言的,价值就是客体对主体需要的满足关系。我们说某一事物具有价值,就是也只是因为它能满足主体的需要,符合人的利益。离开人类的利益和需要,我们并不否认自然界的各种事物(如占据特定生态位的生物)对于维持生态系统的动态平衡具有重要作用,但绝不能说它们具有什么内在价值!换句话说,这些自然事物能够起到维持生态系统动态平衡的作用,因而被人们认为是有价值的,完全是因为生态系统的动态平衡符合人类的利益和需要。人类中心主义的反对者认为人类中心主义只从人类的利益出发必然不能克服当代的生态危机,是完全没有道理的。我们之所以要解决当代生态环境问题、克服生态危机,难道不正是出于对人类利益的确认和关心吗?其实,不仅作为现代生态伦理学中的一种基本主张的人类中心主义是从人类利益出发的,而且整个现代生态伦理学也是从人类利益出发的。人们通常说生态伦理学研究的是人与自然之间的伦理道德关系,这种说法至少是不准确的。所有的道德规范都是用来调整人与人的社会关系特别是经济关系的,而人们之间的经济关系又集中地表现为利益关系。在这一点上,现代生态伦理学与传统伦理学并无本质的区别,只不过生态伦理道德规范所调整的是被自然中介了的人与人之间的利益关系。从上述关于当代生态环境问题或生态危机的根源的分析看,当代的生态危机所反映出来的人与自然的尖锐对立实际上是历史上各种不同的利益主体拼命追逐自己的特殊利益、眼前利益所造成的恶果。而当代生态危机的出现客观上要求协调不同利益主体的特殊利益、眼前利益与人类的共同利益、长远利益之间的关系,以便使人类能够继续生存和发展。现代生态伦理学正是适应这一客观需要并为了捍卫人类的共同利益而产生的,它绝不是什么在人类利益之外'同时也确认自然界事物的内在价值,关心非人类事物的利益'的'非人类中心主义的伦理学'。"

（参见汪信砚:《人类中心主义与当代的生态环境问题——也为人类中心主义辩护》,载《自然辩证法研究》1996 年第 12 期。）

 【思考题】

结合上述材料,你如何理解人类中心主义与非人类中心主义的争论?

四、可持续发展战略

（一）可持续发展

可持续发展指既满足当代人的需要而又不削弱子孙后代满足其需要之能力的发展。"可持续发展"(Sustainable Development)一词最早出现于 1980 年出版的《世界自然资源保护大纲》,这部由国际自然与自然资源保护联盟、联合国环境规划署联合发表的大纲,提出了"必须研究自然的、社会的、生态的、经济的以及利用自然资源过程中的基本关系,以确保全球可持续发展"的思想。1981 年,世界观察研究所所长美国著名学者布朗(L. Brown)出版《建设一个可持续发展的社会》一书,阐述了可持续发展的观点,提出了控制人口增长、保护资源基础和开发再生能源来实现可持续发展的三大途径。1983 年,第 38 届联合国大会成立了由当时的联邦德国总理勃兰特、瑞典首相帕尔梅、挪威首相布伦特兰为首的高级专家委员会,分别发表了组织实施可持续发展战略的三个纲领性文件:勃兰特的《共同的危机》、帕尔梅的《共同的安全》、布伦特兰的《共同的未来》。他们不约而同地提出了为克服危机、保障安全和实现未来所必须组织实施的可持续发展的思想。1987 年,世界环境与发展委员会出版了《我们共同的未来》的报告,首次将可持续发展定义为"既能满足当代人的需要,又不对后代人满足需要的能力构成危害的发展"。1992 年,联合国在巴西里约热内卢召开了"环境与发展大会",有 183 个国家和地区参加, 102 位国家元首或政府首脑到会。会议提出了一个重要口号:"人类要生存,地球要拯救,环境与发展必须协调。"会议通过了《里约环境与发展宣言》《21 世纪议程》等重要文件,这些文件始终贯穿着一个核心,即可持续发展应当着眼于三个"实现",一是实现人类社会、经济与环境的协调发展;二是实现世界各国即不分发达国家、发展中国家的共同发展;三是实现人类世世代代的共同发展。

1994 年 3 月，中国政府编制发布了《中国 21 世纪议程——中国 21 世纪人口、资源、环境与发展白皮书》，首次把可持续发展列入我国经济和社会发展的长远规划，标志着中国政府对可持续发展理论和战略的确认和对全球可持续发展的参与。

可持续发展强调四项基本原则。

1. 突出发展的主题——发展原则。发展原则包括三个方面。①发展的必要性。可持续发展突出强调的是发展，把消除贫困当作实施可持续发展的一项不可缺少的条件。特别是对发展中国家来说，发展权尤为重要。②发展不纯粹是一个经济现象，发展是集社会、经济、文化、环境等多因素于一体的完整现象，可持续发展的最终立脚点是人类社会，即改善人类的生活质量、创造美好的生活环境。③发展是人类共同和普遍的权利，无论是发达国家还是发展中国家都享有平等的、不容剥夺的发展权利。

2. 发展的可持续性——可持续原则。可持续发展绝不是短期行为的发展，不是以今天的利益换取明天的利益，绝不能吃祖宗饭，断子孙路。在不超过地球生态系统的承载能力的情况下改善人类生活质量。

3. 根本利益和行动的共同性——共同性原则。地球是一个相互依存的整体，只有全世界范围的共同发展才是真正的发展。人类生活在同一个地球上，全球性的生态危机表现了人类所遇到的危机的共同性、安全的共同性和未来的共同性。实施可持续发展需要不同国家超越文化和意识形态的差异来采取联合的共同行动。

4. 人的公平性——公平性原则。所谓公平是指人与人之间的互利共生、协调发展，这里包含代际公平和代内公平两层含义。代际公平，强调当代人在发展与消费的同时，应承认并努力做到使后代人有同等的发展机会。当代人的发展不能以损害后代人的发展能力为代价。这里包含两个基本点：①当代人对后代人生存发展的可能性负有不可推卸的责任，必须加强对未来人负责的自律意识；②可持续发展要求当代人为后代人提供至少和自己从前辈人那儿继承下来一样多甚至更多的财富。当代人不能滥用自己的环境权利，不能因片面追求自身的发展和消费，而剥夺了后代人理应享有的发展与消费的机会。可持续发展要求"今天的人类不应牺牲今后几代人的幸福而满足其需要"。代内公平，就是同一代人中一部分人的发展不应当损害另一部分人的利益，就是在一个国家内，地区利益服从国家利益；在国际范围内，国家利益服从全球利益。它要求在区域内部和不同区域间从成本效益的角度实现资源利用和环境保护两者的公平分配和负担。为了实现代内公平，世界环境与发展委员会建议各国遵循这样一些关键原则：每一个国家有责任不损害其他国家的人民健康和环境；对任何由跨国界污染引起的危害都应承担责任并赔偿；所有有关各方享有获得补救措施的平等权利。显然，在人与人的关系中，代内矛盾占据主导地位，代内关系不协调，要想协调代际关系就是空话。体现公平原则的代内平等，要求任何地区和国家的发展不能以损害别的地区和国家发展为代价。

（二）生态文明是可持续发展的必然途径

生态文明包含着以下三个相互区别、相互联系的层面。

1. 物质生产层面。人类的存在依赖于人类自身的生产与相应维持人类生存的农业、工业等经济生产活动，因此，实现人与自然的协调发展，并不是要废弃生产，而是改变生产的方式，其中一条根本的途径是实现传统农业、工业等产业的生态化，或者说创造生态产业。生态产业是生态文明主导的产业，即以生态化为目标的农业、工业、信息业与服务业。其核心是维护"自然—社会—经济"生态系统平衡的基础产业——生态农业。生态产业是以生态学基本原理为指导，以生态系统中物质循环、能量流动、信息交换规律为依据，以"自然—社会—经济"生态系统的动态平衡为目标，以能减少污染、降低消耗、治理污染和改善生态的绿色技术体系等现代科学技术为劳动手段进行的经济活动。人类生产活动生态化是一场新的工业革命，其必将缓解甚至消除人与自然关系的紧张，这是解决人与自然矛盾的最佳选择。

2. 社会制度层面。生态文明是在上述物质生产基础上建立起来的新兴的社会制度。从政治、经济、法律、伦理、教育等方面规范人们的行为；为维护良好的自然生态环境建立相应的法规与机构，协调和解决在环境保护中的人与人的关系，如建立保护生态环境的机构与组织，制定保护生态环境的政策与法律，采取确立生态意识的教育措施，等等。

3. 思想观念层面。生态文明的思想观念的核心要素是思维方式与价值观念的生态化思想。在思维方式上要打破工业化的思维方式。

环境问题是一个多层面、多维度、多因素、非线性的复杂问题，是自然的问题，也是经济问题、社会问题、政治问题和技术问题，还是文化观念问题，当今的环境问题本身就是一个复合体。要解决这个复合体的环境问题，必须创新人类社会发展观和文化价值取向，改变传统的经济增长方式，调整和协调社会主体的利益关系，改革政治决策的机制和方向，革新传统的技术体系，并将这些经济、社会、政治、文化和技术等方面的变革融合到一个统一的发展观框架下，也就是需要一场人类环境革命。

>>>>**知识链接**

德国的生态治理经验

从19世纪初期到20世纪70年代,德国生态环境一直遭受工业和战争的双重污染和破坏,生态破坏程度和环境污染程度举世罕见。从20世纪70年代开始,德国政府相继关闭污染严重的煤炭和化工企业,并投入巨资对废弃厂区进行生态修复;同时,在世界领先的信息技术、生物技术和环保技术的直接推动下,德国从工业化社会进入信息化社会,进一步降低了社会经济对生态环境的污染和破坏。经过不懈的努力,德国目前已经成为世界上生态环境最好的国家之一。科学技术和生态民主在德国生态治理过程中起到了关键性作用。

☞ **发展环保科技**

科学技术造成的生态环境问题是人类在工业化过程中不期而遇的一个问题,德国在生态治理过程中探索出一条利用科学技术解决生态环境问题的科技之路。

第一,利用科学技术对遭受工业和军事污染的生态环境进行彻底修复。在一百多年的工业化进程中,特别是在第二次世界大战中,德国的生态环境遭到毁灭性破坏。经过30多年的生态修复,德国利用各种科学技术将渗透在德国土地上的各种重金属和化工有毒物质逐一清除。比如,洛伊纳(Leuna)化工园区在其一百多年的化工生产过程中,以及在二次世界大战期间化工园内的化工厂遭到轰炸导致化工原料和产品外泄,对当地以及周边土地和地下水造成了严重的化学和重金属污染,方圆几十公里内许多植物都无法生存,当地居民都得从百里之外汲取饮用水。德国统一之后,联邦政府不仅投入巨资拆迁园内落后化工企业,而且利用综合科学技术在洛伊纳化工园区周围修建地下大坝,从而对园区内土地和水源进行彻底修复。经过10多年的生态修复,经过园区的地下水虽然还不可以直接饮用,但是地表已经可以让植物存活。据哈勒—莱比锡(Halle-Leipzig)环境研究中心技术人员预计,大约还需近100年的时间才能够让洛伊纳化工园区的土壤和地下水恢复到正常水平。

第二,利用科学技术进行全民生态教育。德国的环境教育分为环保习惯养成教育和环境专业知识教育两个部分,家庭垃圾分类等习惯养成教育从幼儿就开始进行,环境专业知识教育则贯穿德国整个学历教育体系。除了高校的环境专业之外,德国政府还建立了许多环境教育机构对公民进行专门培训,以便政府官员、企业技术人员、环保NGO(非政府组织)成员以及普通市民及时了解并掌握各种环保技术和环保法规,比如,北威州政府于1983年创立的莱茵豪森教育培训中心(BEW),现在每年培训5万多名德国学员。

第三,利用科学技术对生态环境实行全程控制和监测。为了保证生态环境免遭再次破坏和污染,德国利用科学技术手段建立了比较完善的生态监控网络。德国通过卫星、飞机、雷达、地面和水下传感系统,建立了遍布全国的生态环境监测体系,对德国气候变化、土壤状况、空气质量、降水量、水域治理、污水处理和下水道系统等进行实时监测。比如,为了监测企业排污情况,在企业排污口设置传感器和实况录像系统,任何人都可以通过电脑或者手机等工具随时查看各种数据,参与生态环境监测和管理体系。鲁尔地区所在的北威州共设有70个空气监测站,检测结果即时公布,任何人都可以随时通过网络等工具查询大气中可吸入颗粒物和氧化物等含量。生态监控网络有效地保证了德国生态环境免遭再次破坏和污染,比如,2008年年初,科恩大学研究机构通过检测新技术检测到鲁尔河中出现欧盟法律中明文禁止的化学物质PFT,直接导致北威州环境部长辞职以及使用PFT的企业主入狱。

☞ 促进生态民主

科学技术不仅为德国的生态治理奠定了物质基础,而且有效地促进了德国生态民主建设。

第一,科学技术标准进入欧盟和联邦德国的环境立法体系,德国的生态治理过程因而具有科学性、实践性和可操作性。从20世纪70年代开始,德国开始将科学技术标准体系置于环境立法体系,比如,《核能法》《转基因法》《化学品使用法》《污水排放法》《电—烟雾法规》《放射线防护法》《自然保护法》《循环经济法》《可再生能源法》《环保行政法》等等,目前已经建立了8 000多部环保法律法规。这些法律法规不仅保证生命以及生存所必需的水、大气和土地的安全,而且保证生产过程和经济过程的生态化,避免废物产生或者对废物进行循环利用。同时,德国环保刑法则对环保犯罪行为进行法律制裁。

第二,通过政府与企业合作机制解决具体的生态环保问题。德国政府通过政府主导、企业参与的合作方式,充分发挥民间政治和经济力量在生态治理过程中的积极作用,取得一系列富有成效的治理结果。比如,在洛伊纳化工园区,联邦政府与基础洛伊纳(Infraleu-na)公司合作,首先利用科学技术对土地进行修复,然后再出售给来自世界各地的化工企业。目前,联邦政府拥有洛伊纳化工园区 13.25% 的股份,基础洛伊纳公司则负责具体经营,园内企业林德(Linde)公司占 24.5% 的股份,其他股份由园内企业共同参与控制。在莱茵河的治理过程中,政府与企业合作机制的优势也充分体现出来。德国政府充分发挥莱茵河两岸居民的知情权和收益权优势,将河两岸的居民和企业成员强制入股,成立股份制管理机构,对所属河段的大坝安全和附近生态环境负责。政府负责常规工程投资,股份管理机构负责日常维护,所属企业根据"谁污染谁负责"的原则支付治理费用。目前,德国莱茵河不仅重现勃勃生机,而且即使在 1993 年和 1995 年发生百年难遇的特大洪水,莱茵河大坝也不曾决堤。

第三,充分发挥大众媒体和环保 NGO 的独立性。大众媒体和环保 NGO 成为民众参与生态治理的有效途径。大众媒体不仅在普及环保知识方面起到关键作用,而且在发挥媒体监督方面也起到不可低估的作用。在鲁尔河 PFT 污染事件中,德国《西德意志报(WAZ)》能够独立地跟踪报道事实真相,直到污染行为停止、相关责任人受到制裁为止。同时,环保 NGO 具有代表当地居民的法定权力,参与政府和企业在当地有关环保的经济规划。德国环境与自然保护联合会是德国最大的环保 NGO,它不接受任何政府、党派以及与环境有关企业的捐款,从而保持自己民间组织的独立性。

(参见刘仁胜:《德国生态治理及其对中国的启示》,载《红旗文稿》2008 年第 20 期。)

环境友好型社会的建设

1992 年联合国里约环发大会通过的《21 世纪议程》中,其中多次提及包含环境友好涵义的"无害环境的"(Environmentally Sound)概念,并正式提出了"环境友好的"(Environmentally Friendly)理念。我国领导人在 2006 年 3 月的中央人口资源环境工作座谈会上首次提出了建设环境友好型社会的号召。在 10 月召开的中国共产党第十六届五中全会上,中央正式将建设资源节约型和环境友好型社会确定为国民经济与社会发展中长期规划的一项战略任务。

环境友好型社会是一种人与自然和谐共生的社会形态,其核心是环境友好型经济发展模式。它要求绿色的政治制度保障。它的价值基础是环境文化和生态文明。它的技术支撑是绿色科技。它的重要组成部分是资源节约型社会。

第一,环境友好型经济发展模式是环境友好型社会的核心。传统的经济发展模式是以对自然资源的过度索取和以牺牲环境容量为代价来获得财富数量的增长,表现出典型的高消耗、低效益和高污染排放特征。因此,环境友好型经济发展模式的首要任务是实现低资源能源消耗、低污染排放、低生态破坏、高经济效益,也就是说要大力发展循环经济。

第二,环境友好型社会要求绿色的政治制度保障。这里的绿色政治制度内容至少应包括全面协调和可持续的科学发展观、全面的政绩观和环境与经济综合决策机制等三个方面。它们是保证建设环境友好型社会的最高制度保障。只有这些基本制度建立和落实好了,政府才可能进一步制定和切实实施绿色国民经济核算体系、绿色政绩考核制度、绿色贸易政策和绿色财税金融政策等环境友好型的管理制度和政策。绿色政治制度既要依靠绿色的政治家及其政府,更要凭借公众的绿色力量,实行决策民主化和科学化。

第三,环境文化和生态文明是环境友好型社会的价值基础。要建设环境友好型社会,必须建立超越传统工业文明的生态文明,使人类在经济、科技、法律、伦理以及政治等领域建立起一种追求人与自然以及人与人之间和谐的对环境友好的价值观和道德观,并以生态规律来改革人类的生产和生活方式。

第四,绿色科技是环境友好型社会的技术支撑。人类科技发展史充满了对抗自然和征服自然的思维,已有的科技极大地延伸和丰富了人类占有和掠夺自然的能力,加剧了人类对自然的不合理利用,导致了自然界对人类报复性的反应。环境友好型社会需要突破传统的科技进步的逻辑思维方式,科技进步的新思维应着眼和立足于人与自然的共生和共存,而不是对抗和征服。传统工业文明科技指向了稀缺、污染、不可持续的资源范围,而绿色科技应该是指向丰裕、清洁、可持续利用的资源范围。

第五,资源节约型社会是环境友好型社会的重要组成部分。资源节约型社会理念强调在社会经济活动的生产、流通、消费等领域促进资源的节约，杜绝资源的浪费，降低资源的消耗，提高资源的利用率、生产率和单位资源的人口承载力，以最少的资源消耗获得最大的经济和社会收益，以缓解资源的供需矛盾，保障经济社会可持续发展。环境友好型社会既关注资源能源效率，也强调最终废弃物的无害化，以确保社会经济活动不给环境造成危害。

党的十八大报告关于"大力推进生态文明建设"的相关论述

建设生态文明，是关系人民福祉、关乎民族未来的长远大计。面对资源约束趋紧、环境污染严重、生态系统退化的严峻形势，必须树立尊重自然、顺应自然、保护自然的生态文明理念，把生态文明建设放在突出地位，融入经济建设、政治建设、文化建设、社会建设各方面和全过程，努力建设美丽中国，实现中华民族永续发展。

坚持节约资源和保护环境的基本国策，坚持节约优先、保护优先、自然恢复为主的方针，着力推进绿色发展、循环发展、低碳发展，形成节约资源和保护环境的空间格局、产业结构、生产方式、生活方式，从源头上扭转生态环境恶化趋势，为人民创造良好生产生活环境，为全球生态安全作出贡献。

（一）优化国土空间开发格局。国土是生态文明建设的空间载体，必须珍惜每一寸国土。要按照人口资源环境相均衡、经济社会生态效益相统一的原则，控制开发强度，调整空间结构，促进生产空间集约高效、生活空间宜居适度、生态空间山清水秀，给自然留下更多修复空间，给农业留下更多良田，给子孙后代留下天蓝、地绿、水净的美好家园。加快实施主体功能区战略，推动各地区严格按照主体功能定位发展，构建科学合理的城市化格局、农业发展格局、生态安全格局。提高海洋资源开发能力，发展海洋经济，保护海洋生态环境，坚决维护国家海洋权益，建设海洋强国。

（二）全面促进资源节约。节约资源是保护生态环境的根本之策。要节约集约利用资源，推动资源利用方式根本转变，加强全过程节约管理，大幅降低能源、水、土地消耗强度，提高利用效率和效益。推动能源生产和消费革命，控制能源消费总量，加强节能降耗，支持节能低碳产业和新能源、可再生能源发展，确保国家能源安全。加强水源地保护和用水总量管理,推进水循环利用,建设节水型社会。严守耕地保护红线,严格土地用途管制。加强矿产资源勘查、保护、合理开发。发展循环经济,促进生产、流通、消费过程的减量化、再利用、资源化。

(三)加大自然生态系统和环境保护力度。良好生态环境是人和社会持续发展的根本基础。要实施重大生态修复工程,增强生态产品生产能力,推进荒漠化、石漠化、水土流失综合治理,扩大森林、湖泊、湿地面积,保护生物多样性。加快水利建设,增强城乡防洪抗旱排涝能力。加强防灾减灾体系建设,提高气象、地质、地震灾害防御能力。坚持预防为主、综合治理,以解决损害群众健康突出环境问题为重点,强化水、大气、土壤等污染防治。坚持共同但有区别的责任原则、公平原则、各自能力原则,同国际社会一道积极应对全球气候变化。

(四)加强生态文明制度建设。保护生态环境必须依靠制度。要把资源消耗、环境损害、生态效益纳入经济社会发展评价体系,建立体现生态文明要求的目标体系、考核办法、奖惩机制。建立国土空间开发保护制度,完善最严格的耕地保护制度、水资源管理制度、环境保护制度。深化资源性产品价格和税费改革,建立反映市场供求和资源稀缺程度、体现生态价值和代际补偿的资源有偿使用制度和生态补偿制度。积极开展节能量、碳排放权、排污权、水权交易试点。加强环境监管,健全生态环境保护责任追究制度和环境损害赔偿制度。加强生态文明宣传教育,增强全民节约意识、环保意识、生态意识,形成合理消费的社会风尚,营造爱护生态环境的良好风气。

我们一定要更加自觉地珍爱自然,更加积极地保护生态,努力走向社会主义生态文明新时代。

【思考题】

结合上述材料,谈谈你对生态危机、可持续发展以及建设环境友好型社会的理解。

第四讲　科学是什么？

科学是什么？这是我们对科学进行研究时首先需要提出的一个基本问题。科学与技术不同，科学在现代社会具有了更为丰富的内涵。西方科学哲学对科学的内涵提供了较为深刻的探讨。

一、"科学"的内涵

（一）科学的概念

从词源上说，"科学"（Science）一词源于拉丁文 Scientia，意指系统化的知识和学问，包括自然学、社会学和人类学、道德学等。例如，18 世纪的德国哲学家黑格尔等认为科学是系统化的知识，他指出，"一堆知识的集聚，并不能构成科学"。[①]总之，科学属于知识范畴，科学是组织起来的系统化知识，科学是一种知识体系的观念也得到了广泛的传播。19 世纪以来，西方科学开始进入了专门化、专业化和职业化时代，自然科学开始与人文科学逐渐分离，Science 一词逐渐被默认为"自然科学"（Natural Science）。

汉语中的"科学"一词源于日本。日本著名科学启蒙大师福泽瑜吉把"Science"译为科学。有学者也指出，"科学"一词是日本人从中国经典借来用以翻译"Science"的二手汉语，宋代人陈亮（1134—1194）最早使用了"科学"作为"科举之学"的简称。[②] 19 世纪末，康有为从日本引进并使用"科学"一词二字，此后严复也使用"科学"一词。20 世纪初，"科学"曾与中国传统文化中

---

① ［德］黑格尔：《哲学史讲演录》第 1 卷，贺麟、王太庆译，商务印书馆 1981 年版，第 35 页。
② Benjamin Elman：《为什么 Mr.Science 中文叫"科学"》，载《浙江社会科学》2012 年第 5 期。

的"格致"概念并存。1912年,时任中华民国教育总长的蔡元培取消"格致科",1915年,美国康乃尔大学的中国留学生任鸿隽等人创办了影响深远的杂志《科学》。自此,"格致"退出历史舞台,"科学"成为Science的定译。[①] 在新文化运动中,"Science"以英语译音"赛因斯"流行于中国报刊,并被亲切地冠上性别,尊称为赛先生(Mr.Science),作为该运动的两个基本口号之一,为人所广泛认识和认同。[②]

19世纪上半叶,马克思在唯物主义的立场上对科学进行了宏观的、动态的哲学分析,提出了有关科学本质的一些经典论述。①马克思把科学看作"人对自然界的理论关系"。[③] 马克思主义是从人和自然的关系来考察科学的本质,科学体现了人对自然的能动的认识和改造关系。人类正是在改造自然的过程中获得了对自然界的认识,随着实践的发展,这种认识不断地从初级的经验形态发展到高级的理论形态,这就出现了作为科学认识活动最终成果的科学,以及进一步认识和改造自然的武器。②科学是一种社会实践活动。马克思曾明确指出科学活动是一种社会劳动,是社会总劳动中的一项基本内容,揭示出科学是一种社会实践活动的本质特征。③科学是生产力。马克思在考察了劳动生产力的发展状况后指出,大工业把巨大的自然力和自然科学并入生产过程,必然大大提高劳动生产率,他最先提出了"生产力里面也包括科学在内"的观点。马克思指出:"资本是以生产力的一定的现有的历史发展为前提的,——在这些生产力中也包括科学。"[④] "手推磨产生的是封建社会,蒸汽磨产生的是工业资本家的社会。"[⑤] ④"科学既是观念的财富又是实际的财富"。[⑥] 马克思、恩格斯明确指出科学的社会作用表现在物质生产和精神生产两个方面。一方面人类在认识自然和改造自然的长期实践中创造和积累起来的科学知识,是整个人类知识体系最为重要的一个组成部分,成为社会的精神财富;另一方面,科学作为生产力的要素被资本用作致富的手段,因而本身也成为那些发展科学的人的致富手段。

随着现代科学的发展,人们对"科学"的理解也更加趋于一个整体化,对科学本质的探索和概括也更加合理。①科学作为一种活动,属于社会实践范畴,是形成

---

① 吴国盛:《"科学"一词的由来及其局限性》,载《新华每日电讯》2012年11月23日。
② Benjamin Elman:《为什么Mr.Science中文叫"科学"》,载《浙江社会科学》2012年第5期。
③ 《马克思恩格斯全集》第49卷,人民出版社1982年版,第115页。
④ 《马克思恩格斯文集》第8卷,人民出版社2009年版,第188页。
⑤ 《马克思恩格斯文集》第1卷,人民出版社2009年版,第602页。
⑥ 《马克思恩格斯全集》第46卷,人民出版社1980年版,第34页。

和产生科学知识、运用科学知识的实践活动。②科学作为知识体系,属于认识范畴,是科学认识活动的最终成果。③科学这种知识体系可以物化为社会生产力,标志了人类改造自然、控制自然、驾驭自然的能力。④科学作为一种社会建制,它指科学活动具有自身的职业化的组织和研究机构,是一项重要的社会事业。⑤科学作为一种方法,表现了科学认识活动所遵循的途径和运用的各种方式与手段,指出科学是证明知识可靠性的一种独特的方法。⑥科学作为一种文化,是指科学既是知识生产又是精神的创造,它是人类文化中最活跃的一个组成部分——科学文化。科学正是上述一切表现的统一体。

以上关于科学本质的探索和概括中有很多有价值的见解,无疑是对马克思主义科学观的丰富和发展,反映了人类对科学本质认识的不断深化。但是,我们可以看出上述每一种概括仅仅反映的是科学某一方面的本质特征。现代科学已经成为由多种基本要素组成的复杂整体,我们只有把有关科学的各种含义当作一个具有内在联系的系统来把握,揭示各种含义之间的联系,才能全面地、综合地认识科学的本质。

(二)科学与技术的异同

科学与技术都是人类理性创造活动及其成果,都反映了人对于自然的对象性关系,都属于历史的、发展的范畴。在现代社会,科技已经是一个科学研究与技术开发(R&D)的整体过程。科学研究与技术开发是由三个环节构成的整体,即基础研究、应用研究和开发研究,以及与三个环节相应的基础科学、技术科学和工程技术三个层次。同时,科学研究与技术开发的投入,即为增加知识总量以及运用这些知识去创造新的应用而进行的系统和创造性的工作,也已经成为当代社会衡量一个国家科技创新能力的重要标准。

除了这些联系之外,科学与技术也存在本质上的区别。①与自然的关系上的不同,即科学是人与自然的理论关系,是间接生产力,而技术是人与自然的实践关系,是直接生产力;②二者的目的不同,即科学属认识范畴,主要回答"是什么",而技术属实践范畴,主要回答"如何做";③可预见程度的不同,即科学一般是不可预见的,而技术总体是可预见的;④评价标准的不同,即科学进步的标准在于能否完善理论,而技术的标准在于能否生产出好的产品。

(三)科学的发展

现代科学技术与社会政治、经济、文化、环境等关系越来越密切,因此,科学发展具有外部动力。科学本身又是一个具有其内在矛盾运动规律的相对独立的社会子系统,因此科学发展具有内部动力,例如理论与实验之间的矛盾、理论内部的矛盾、不同学派之间的矛盾、继承与创新的矛盾、分化与综合的矛盾等。

科学发展的各学科不是齐头并进,而是带有明显的不平衡性,在不同历史时期,总是有一门或一组学科作为主导学科在科学活动中居于带头地位,它决定着整个科学发展特征和水平,这些学科被称为带头学科。例如,在16~18世纪,力学曾经最显著地起着这种带头作用,而20世纪的物理学则是带头学科,生物学在21世纪成为自然科学的又一个带头学科。

与其他事物的发展状况不同,科学的发展在一般情况下是按几何级数发展的。科学家将科学发展的这种规律总结为科学发展的指数规律。科学学家普赖斯(D. Price)在1962年用计量的方法将科学的增长势态描绘为一条指数增长曲线。其中,科学发展是加速与停顿以至下降的交替,当指数增长到达极限以后,指数型的规律就会失效,而当抑制期过去以后,科学又表现为一种新的加速发展,所以总态势呈现出一条S型的指数曲线。

如果说科学发展受到内部动力的重要推动,那么技术的情况则稍有不同,社会需要的外部因素是技术发展更加重要的推动力。例如,近代蒸汽机的发明就是如此,矿井的积水→蒸汽泵→供水、灭火、水磨→瓦特改造的蒸汽机→产功→提高产功效率→内燃机汽轮机。技术体系也有内部发展的动力需要,例如现行技术的功能减弱和失效、特定时期内相关技术内部的不平衡以及科学对技术的先导作用等等。

在科学发展的模式上,西方科学哲学家提供了较为全面的研究。20世纪前期的逻辑经验主义主张科学发展的"支流—江河"模式,这种科学发展模式的理解忽视了科学发展中的质变和革命性表现而过分注重量变,主张科学发展是不断累积和进步的。哲学家波普尔(K. Popper)提出了"猜想—反驳"的证伪主义模式,这一模式片面强调否定、革命、质变在科学发展中的作用。在批判否定前两种模式的基础上,库恩(T. Kuhn)概括了把量变与质变、进化与革命统一起来的科学革命的模式,这一模式可以表示为:"前科学时期→常规科学时期→反常与危机→科学革命→新的常规科学时期……"这一模式更加符合科学发展的历史和现状。但是,库恩这一模式的核心概念"范式",往往被理解为科学家们心理的主观模式,科学的革命也被理解为一种心理信念的更替,这就受到了人们的质疑。在技术的发展模式上,有注重社会需要影响的更替论模式,即"旧技术→新需要→新技术→技术更替"的模式,也有受到库恩模式理论影响的范式论模式,即"技术→常规技术的发展→科技、社会多因素的重新权衡和选择→新的技术……"的模式。

二、科学的性质

科学作为科学认识活动,它需要科学的方法与手段;科学作为认识成果,它是由基本概念、基本定律以及运用逻辑推理得到的结论所组成的理论体系。一般把现代自然科学分为基础理论科学、技术科学和应用科学三大类。科学作为知识体系,具有区别于其他社会意识形式的重大特点。

第一,可检验性。科学知识是在观察与实验的基础上形成的对客观世界的正确反映,它的内容与客观存在的过程或现象相联系,它的具体命题在可控条件下可以重复接受实验的检验,具有可检验性。在科学知识中不承认任何超自然的、神秘的东西。

第二,系统性。科学的系统性,表现为科学知识结构的系统性。首先,科学是组织起来的系统化的知识,它将客观知识采用概念、判断、推论等思维形式准确表达出来,构成了有机的、严密的逻辑体系。特别是重大的科学理论,体现着历史的和逻辑的统一原则。其次,科学知识作为人类的认识成果,既有经验知识,又有理论知识。二者既有区别又有联系,相互依存、相互制约而成为统一的体系。科学力求做到完全地反映客观事物,把握事物的一切方面,虽然不会完全做到这一点,但必须有全面性、系统性的要求,以防止片面性。零散的知识堆积在一起不能成为科学。

第三,主体际性。科学知识作为社会意识形式,应能被不同认识主体所重复、所理解,能接受不同认识主体用实验进行检验,并在它们之间进行讨论、交流,这就是主体际性。主体际性的要求使科学活动处于同行专家的严格监视之下,要求科学家将他们的理论向所有同行作出确切的说明,并用公认的方法与手段验证自己的成果。它表现为实验结果必须可以在不同主体之间再现的可重复性特点。它是科学发现获得社会承认的必要条件。

第四,科学是特殊的社会意识形式。科学与其他社会意识形式不同,表现在:首先,科学不依赖于特定的经济基础,只要是经实践检验证明为真理,就具有直接的继承性和相对稳定性。其次,科学即使在阶级社会中本身也没有阶级性,自然规律能够被社会各阶级的人所发现、继承和利用,自然科学既无国界,也无阶级界、民族界,是人类共同创造的财富。尽管科学没有阶级性,但不同阶级的世界观和社会政治制度对它的发展会有不同的影响。再次,科学是知识形态的生产力,科学既是一般生产力,是尚未进入生产过程的、知识形态的生产力,也是转化为劳动者的劳动技能、物化为具体的劳动工具和劳动对象并通过管理在生产结构中发挥作用的社会劳动生产力，即直接生产力。把科学同其他社会意识形式区分并纳入生产力的范畴，这是马克思的重大理论发现。

>>>>知识链接

科学的可检验性：吴健雄的宇称弱相互作用中不守恒实验

1957年初，华人女物理学家吴健雄，与美国国家标准局的科学家安伯勒等合作，完成了一个实验，证实了宇称在弱相互作用中的不守恒。

宇称的概念最早是由美国物理学家维格纳（E.P.Wigner，1902—1995）提出来的。1924年，莱波特发现了原子具有两种不同的能级，并建立了这两类能级之间的跃迁选择定则，但却解释不了为什么存在这样的规律。1927年，25岁的维格纳成功地指出这两类能级来自于描述原子的波函数在空间反射之下具有不变性造成的（因此项成就获得1963年诺贝尔物理学奖）。维格纳指出的这种对称性具有很强的说服力，它在分析原子光谱中很快地就变得非常有用。这个概念后来又进一步被用于原子核物理、介子物理和奇异粒子物理的现象中，因为其一次又一次的成功，很快被信奉为普遍成立的规律——宇称守恒定律。

1954年至1956年间，在对最轻的奇异粒子（即后来称为K介子的粒子）衰变过程的研究中，人们发现，有一种粒子衰变成两个P介子，称为H介子；另一种粒子衰变成三个P介子，称为S介子。精确的测量非常明显地表明H与S具有相同的质量，其他方面的性质例如寿命、电荷等也都相同。但是对实验结果的分析表明，当S介子衰变为三个P介子时，这三个P介子的总角动量为零，宇称为负，而当H介子衰变为两个P介子时，如果两个P介子的总角动量为零，则宇称为正值。如此，从质量、寿命和电荷来看，H与S似应是同一种粒子，从衰变行为和宇称守恒的原理来看，则H与S不可能是同一种粒子。一时间，这一疑难困扰着物理学界，成为热门的"H-S之谜"。1956年夏天，李政道和杨振宁一起，考查了当时已有的关于宇称守恒这个概念的实验基础以后发现，在强相互作用和电磁相互作用过程中，宇称守恒定律是经过检验的，而在弱相互作用的过程中，宇称守恒定律却从来没有得到过实验的检验，只不过是人们没有注意到这一点。他们指出，在弱相互作用中宇称守恒还是不守恒并没有实验的支持，还不能做结论。他们建议用β衰变，P-L、

L-e 及奇异粒子衰变等实验来检查宇称在这些弱相互作用中是不是守恒。所有这些实验的基本原理全都一样：安排两套实验装置，它们互为镜像且包含弱相互作用，然后检查这两套装置中粒子衰变的宇称结果是否总是相同。如果不同，就毫不含糊地证明在这样的弱相互作用中，宇称守恒不成立。

吴健雄等做的就是李、杨建议的第一项实验，B 衰变实验。他们的实验利用钴 60 为 B 源。钴 60 原子核有自旋，好像一个小磁针，在低温下（约 101K）几百高斯的外磁场里，它们便整齐地排列起来，自旋基本上都朝着外磁场方向，形成"极化"现象。这些"极化核"所放出的电子就不再各向同性了。实验的目的要判明，电子是顺着外磁场方向发射的数目多呢，还是反着的方向多？还是两者一样多？如果是第三种情况，上、下对称，就意味着这一 B 衰变过程中宇称守恒，否则就不守恒。实验结果发现，在弱相互作用中，宇称是不守恒的，而且效应非常明显，毫不含糊。

从另一个角度看韩春雨的研究：关于科学的可检验性

韩春雨事件持续发酵到今天，终于无法遮掩了。起因是，2016 年 5 月 2 日韩春雨在国际顶级期刊《自然—生物技术》上发表了 NgAgo（格氏嗜盐碱杆菌的核酸内切酶）基因编辑技术的论文，描述 NgAgo 编辑基因有效，但是此后国内外很多研究机构都未能重复出 NgAgo 可以编辑基因的结果。对于不可重复结果，韩春雨一直不予应答，但在 10 月 8 日回应称，"我为什么要自证清白，自己有病吗？"

对于韩春雨此前的态度和此番回复，除了上述 13 名研究人员的回应外，国内专业和非专业界也有人支持韩春雨，支持者的诸多见解归纳起来有：重复不出来韩春雨的结果也不能说是韩造假，或者能否重复本身就是概率问题；虽然有很多人重复不出韩春雨的结果，但只要有一个人重复出来就够了；NgAgo 技术当然不完美，而且不容易掌握，还需要改进；科学是有门槛的，不是随便什么人都可以质疑的；质疑者要么是在制造阴谋，要么是恶意行为，是"国内外反动势力"不怀好意地对中国青年科学家进行打压、打击，等等。

是否应当启动对韩春雨的学术调查，笔者已在另一篇文章中专门谈及并说明研究人员在受到质疑时当然应当"自证清白"，本篇主要谈如何理解和对待一些科学研究结果不能重复,换句话说,就是如何看待挺韩者所说的,重复不出来韩春雨的结果也不能说是韩造假。

早就有专业人员认为,科学研究有很多是不能重复出来的,还用统计学研究常用的 P 值(P value)来说明,科学研究的结果是无法完全重复的。所谓 P 值就是当原假设为真时所得到的样本观察结果或更极端结果出现的概率。P 值越小,表明结果越显著,或越具有统计学意义。但是,对于生物医学研究,也有一个为业界公认的标准,即科赫法则。该法则由德国细菌学家罗伯特·科赫(Robert Koch)提出,又称证病律,有四个方面的内容:在每一病例中都出现相同的微生物,且在健康者体内不存在;要从宿主分离出这样的微生物并在培养基中得到纯培养;用这种微生物的纯培养接种健康而敏感的宿主,同样的疾病会重复发生;从试验发病的宿主中能再度分离培养出这种微生物来。

尽管都是科学原则,但 P 值的标准似乎有点宽泛,而科赫法则又似乎太严格。其实,只要看看多年来的生物医学研究就可以知道,一些研究结果只要看下发表的结果占这项研究多次获得结果的百分比,就知道很多科学研究结果真的是无法重复的。

拜尔医学(Bayer HealthCare)的研究人员对 23 位科学家(实验室主任)领导的研究小组在 CNPS 上发表的 67 个实验项目的数据进行重复性实验,在得出结果后再与已经发表的 67 个项目的结果进行对比。结果显示,在 67 个项目中,仅有 21% 的项目(14 个)实验数据(拜尔医学研究人员获得的数据)与文献数据(已发表的实验数据)一致;高达 65% 的项目(43 个)数据不能重复;另有 7% 的项目(5 个)能重复主要数据,4% 的项目(3 个)可重复部分数据。

显然,大部分已发表的研究结果是不重复的。所谓的 CNPS 即《细胞》(Cell)、《自然》(Nature)、《美国科学院院刊》(PNAS)和《科学》(Science),是世界一流的科学期刊。但是,人们对这些杂志上发表的论文还是坚信不疑,主要有两个因素:一是有同行审议,二是这些杂志的影响因子高。

然而,一个此前没有得到披露的事实可能揭示为何有很多的生物医学研究不可重复(对不起,其他学科的研究,如心理学,不可重复率更高),这就是研究人员选择性地发表其研究结果,或者说在科学研究中用文学手法讲故事。任职美国生物技术公司——安进公司全球癌症主管长达 10 年的 C. 格伦·贝格利（C. Glenn Begley）为了研发新药，常常首先要评估和论证在公开学术刊物上发表的研究结果，从而确保新药研发有可靠的科学依据。在对一项癌症研究结果进行了 50 多次重复试验都得不出原作者的结果后，贝格利不得不小心翼翼求证原作者。

原作者也不得不坦然以告，他们的原始实验做了 6 次，只有其中一次得出了他们想要的结果，但他们还是将其写进论文中。因为这会是一个"完美的故事"。最好的研究结果占所有结果的 1/6，仅以这个占 16.67% 的结果就来代表他们该项研究的所有结果，其客观性可想而知，别人可以重复其研究结果的概率也可想而知。

为何研究人员愿意在科研中讲段子和编"完美的故事"呢？不外乎经费和名誉。在知名杂志，尤其是世界一流学术刊物，如 CNPS 上刊登论文是研究人员能得到资金或者工作的最好保证。为了得到"完美的故事"，科学家也就要讲故事而非发表一是一，二是二的全面和客观研究结果。

当然，不可重复的研究结果也并非没有意义和价值，这至少是一种试错，也就是其他研究人员（至少是一半以上）对一项研究结果无法重复后就会怀疑这个结果，从而改弦易辙，重新寻找方向，这也促使了新的更可靠科学研究结果的问世。这也是为何诺贝尔奖评选会看重一项研究结果可重复的原因。

即便科学研究的结果并非每项都能 100% 可重复，但从实践和时间是检验真理的标准来看，以及相对真理和绝对真理的角度看，一项科学研究得到认可，肯定是需要可重复研究的结果，并同时要经历逐步从相对真理走向绝对真理的过程。

（参见张田勘：《从另一个角度看韩春雨的研究》，http://blog.ifeng.com/article/46263096.html。）

科学亦或伪科学？——"颅相学：看头颅就能知道人的好坏吗？"

颅相学（Phrenology）是一种认为人的心理与特质能够根据头颅形状确定的心理学假说。由德国解剖学家弗朗兹·约瑟夫·加尔（Franz Joseph Gall）于 1796 年提出。目前这种假说已被证实是伪科学。颅相学家们认为大脑是心灵的器官，而心灵则由一系列不同的官能构成，其中每一官能便对应了大脑某一特定的区域。这些区域被认为按一定比例构成了人的特性。同时,颅相学家们还相信,颅骨的形状是与大脑内这些区域的形状相关的,因此通过测量人的头颅便能够判断每个人不同的人格。《三国演义》中也有这样的描述:诸葛亮第一次见到魏延时便喝令左右推出斩首。在场的刘备不明其故,就追问诸葛亮其情由,诸葛亮回答道,"吾观魏延脑后有反骨,久后必反,故先斩之,以绝祸根。"后刘备从政治角度考虑才未斩其首。但当刘备、诸葛亮死后,魏延果然不出诸葛亮所料出现反叛行为。

加尔从小就喜欢观察人的外表(尤其是颅骨外表)同心理的关系。例如,他根据个人长期的个案观察,发现眼睛明亮的人,一般记忆力较好;头骨隆起的人,可能象征着贪婪的脑机能,是监狱中扒手的特征等。颅相学基本原理如下:(1)大脑是心理的唯一器官;(2)头盖的外部结构与内部脑的结构相关;(3)心可分为许多官能,加尔一开始给出的分类有37种,如"多情""野心""良心"等等,后增至42种;(4)任何官能的过度发展,均与脑内相应部分的增大有关。因此,只要用手摸摸颅骨,就能分析大脑内部结构特点,就能分析一个人哪些心理机能发达或者欠缺,故有人将"颅相学"称为"读隆起术"。

加尔的颅相学没有获得学术界的认可,但经英国律师康比(Gearge Combe)大力推广,逐渐在大众中流行。民众非常认可颅相学,人们甚至相信颅相学有助于指导人们的生活和工作。例如,有一位学生颅骨上的破坏区比较发达,性格上喜欢虐待动物,后来成为了一名外科医生;脑后集中了慈爱、友情、乡土情,有位女士后脑部位相当发达,事实上她的确是一位善于交际、注重友情的人。当时在法国、英国和美国,颅相学曾经非常流行。康比写了本《与外在客体相关的人体构造》,出了数十版,成了19世纪中叶的最畅销书籍之一。据说,在维多利亚时代许多传统家庭里,它和《圣经》一样容易被找到。生理学家马让迪(Francois Magendie)就与加尔的传人施普尔茨海姆开了个天大的玩笑。马让迪保存有大科学家拉普拉斯的脑,施普尔茨海姆听说以后,千方百计想要看一下。结果马让迪拿了一个白痴的脑给他看。施普尔茨海姆不知是计,拿着白痴的脑袋赞不绝口,还煞有介事地评点了为何这是个聪明脑袋的缘由。当然,这变成了一个大笑话,也间接否定了颅相决定性格特点的说法。颅相学之所以不靠谱,错误在于它仅仅根据特例和表面现象就下了一般性的结论,既没有进行对照实验,也没有做统计分析。不过,虽然从总体而言颅相学的结论是错误的,但以后的研究证明,不同的脑区确实负责实施不同的功能,这也算是加尔对科学意外的贡献吧。

（参见顾凡及：《颅相学：看头颅就能知道人的好坏吗？》,载《东方早报》2013-08-01。）

三、现代哲学视野中的"科学"

科学哲学（Philosophy of Science）从广义来讲,指的是以科学为研究对象的哲学学科,即关于科学的哲学。从狭义上讲,科学哲学专指当代西方哲学中的一种流派和思潮,即西方哲学视野中的"科学"。

（一）维也纳学派

维也纳学派所代表的思想是逻辑实证主义,逻辑实证主义源于现代西方哲学史上的实证主义和逻辑分析思想。维也纳学派是在 19 世纪末奥地利的物理学家、哲学家马赫（Ernst Mach）的影响下产生的。马赫按照实证主义精神,提出了感觉要素论,主张科学的研究对象是由感觉要素所组成的,任何概念如果不能被还原为感觉要素,那么它就是心灵的虚构,以此区别科学与形而上学。1922 年,石里克（Moritz Schlick）接替马赫担任维也纳大学关于归纳科学的哲学教授,在他领导下正式形成了一个哲学团体,这就是维也纳学派。

1. 证实原则与证实的标准。维也纳学派接受了休谟对知识命题的区分,主张一切命题或者是先天的分析命题,或者是后天的综合命题;数学和逻辑命题属于分析命题,一切经验科学的命题属于综合命题。证实分析命题的方法是演绎推理,分析命题只要其词句意思不相互矛盾,就是有意义的;证实综合命题的方法是经验检验,也就是说,一个综合命题只有在能够被经验检验其真假的情况下,才有意义,这就是科学知识命题的经验证实原则。

在经验证实的标准问题上,石里克对经验证实的范围做了宽泛的解释,他用"可证实性"代替"证实性"。检验综合命题的意义标准不在于是否已被证实,而在于是否有被证实的可能性。经验证实的可能性不是"非此即彼"的逻辑可能性,而是"或多或少"的或然性。卡尔纳普建议用"确证"代替"证实",用"可检验性"代替"可证实性"。艾耶尔提出强的和弱的可证实性的区别:强的可证实性指检验普遍命题的一切事例,这是在实际中很难实现的证实性;弱的可证实性是对普遍命题某些事例的检验。证实原则所坚持的只是弱的可证实性。莱辛巴赫提出"真理的意义理论"和"概率的意义理论"的区别,前者指已过时的证实原则。他主张科学是或然的假设,一切科学的理论、原理和定律都是假设,这是因为它们都是来自归纳的经验真理,而归纳真理都不是必然真理,而只是或然真理即假设。莱辛巴赫说:"一切科学知识都是概率性知识,只能以假定的意义被确认。"

2. 物理语言和现象语言。石里克认为,检验尺度必须是一切知识的确定基础,这就是终极的经验,即个人直接感觉状态,他把个人的直接感觉称作"给予"(Givenness)。他说:"每个命题的意义只是通过给予才能确定下来。"这种把个人的"给予"看作终极经验的观点被称作现象主义。纽拉特主张使用物理语言代替现象语言,物理语言以物理事件为描述对象,一部分是科学的专门术语,另一部分与自然语言相重合。物理语言表述的基本命题被称作记录句。记录句尽量用实验记录式的语词代替自然语言。卡尔纳普原先倾向于现象主义,经与纽拉特争论后,他就倾向于物理主义或约定主义了。物理主义主张,科学是表述经验世界的,经验世界是统一的,因而科学也应该是统一的;物理语言是一种普遍的科学语言,也就是说,一切属于科学领域的语言都可以被等价地翻译成物理语言;使用物理语言最为困难的学科是心理学,卡尔纳普采用行为主义的立场,即用躯体的外部行为的语言来代替对内心心理活动的描述。

3. 拒斥形而上学。形而上学的命题既不属于分析命题,也不属于可以用经验证实的综合命题,因而是"伪命题",没有任何意义。卡尔纳普认为形而上学的虚构句子、价值哲学和伦理学的虚构句子,都是一些假的句子,它们并没有逻辑的内容,仅仅能够引起听到这些句子的人们在感情和意志方面的激动。卡尔纳普宣称语言有两种性质完全不同的职能:表述职能(Representative Function)和表达职能(Expressive Function)。语言的表述职能指其任务在于表述经验事实。语言的表达职能则指并不表述经验事实,而只表达个人的内心世界,即自我的感情、意志和愿望等等,如伦理学、文学等方面的命题或句子都属于这类命题或句子。逻辑实证主义声称他们抛弃形而上学,但并不抛弃传统哲学的全部内容。他们认为,传统哲学的内容大体上包括下列三个方面:形而上学、心理学、逻辑学。形而上学部分应归入文学艺术的范围;心理学部分应与物理学、化学、生物学等一起归入经验科学的范围;传统哲学余下来的只是逻辑学部分。卡尔纳普说:"这样一来,最后,哲学就只是逻辑(广义的'逻辑')了。"维也纳学派对形而上学和传统哲学的激烈排拒遭到同样激烈的反击。卡尔纳普于1934年提出"宽容原则"加以弥补,即每一个人都可以按照自己的意愿自由地建立自己的逻辑,自己的语言形式,证实原则不再是一道禁令,而是一种建议、一个常规。奎因也提出本体论承诺,主张在一个科学话语体系中,可以允许形而上学的说话方式,这并不等于认可形而上学的实在,也不等于回到传统形而上学。

逻辑经验主义是 20 世纪影响最广泛、持续最长久的哲学流派之一。逻辑经验主义者没有、也不可能完全排拒形而上学,但他们对形而上学问题和命题所做的分析性批判却使人们现在再也不能像过去那样建构形而上学体系了,他们提倡的澄清问题和意义的逻辑分析方法也成为一种普遍的哲学批判方法,这些都是值得肯定的历史贡献。逻辑经验主义者也具有唯科学主义的缺陷,他们过分重视"科学的逻辑"、科学的实证精神,而严重忽视了科学赖以产生和发展的人文背景,忽视了科学与人文文化的关联。

(二)波普尔的科学哲学

波普尔(Karl Popper)出生于维也纳的一个犹太人家庭。1926 年在维也纳大学获得哲学博士学位。代表作有《科学发现的逻辑》(1959)、《猜想与反驳》(1963)、《客观知识》(1972)、《自我及其大脑》(1977)等。

1. 对实证主义的批判。波普尔高度评价了休谟对归纳法的挑战,但他也看到,即使人们知道归纳法的合理性是可疑的,他们(包括休谟在内)也不愿意放弃归纳法。波普尔主张,对重复性的信赖不过是一种迷信,不论从心理学还是从逻辑学的角度来看问题,科学发明的关键从来都不是对于重复出现的事物的观察。

波普尔主张,优先考虑重复性而导致的归纳法理论是站不住脚的。波普尔批判了休谟关于归纳法的心理学理论。他指出,典型的重复活动是机械的、生理的,不会在心理上造成对于规律性的信仰,重复观察产生心理上信念与习惯的论点是不正确的。波普尔也反驳了关于归纳法的逻辑学说。逻辑实证主义主张,归纳法能够达到具有高概率的真实性的理论。而波普尔则主张:内容和概率成反比,一个理论的内容愈丰富,它的真实性概率一定就愈低,因此,想通过归纳逻辑保证的归纳法达到科学理论的努力是徒劳的。波普尔指出:如果高概率是科学的目的,那么科学就应该尽量少说,并且最好只说同义反复的话。总之,对归纳法的质疑表明,科学知识不能通过经验来加以证实。

2. 证伪主义。证伪主义是和实证主义针锋相对的关于科学理论的检验原则。科学理论一般都表达为全称判断,经验的对象却总是个别的,个别的事例无论重复多少次,也证实不了一个全称判断。科学史事实证明,当人们寻求证实而不能达到目的的情况下,人们往往借助一些辅助性的特设来为预先设定的理论辩护,实证主义往往堕落成为对教条进行辩护的工具。经验之所以能够成为理论的试金石,其真实原因不在于经验能够证实理论,而在于经验能够证伪理论。证伪原则告诉人们,一切科学理论都只是猜测和假说,它们不会被最终证实,但却会随时被证伪。

证伪过程中使用的方法是试错法。试错法的一般步骤是,首先大胆地提出猜测和假说,然后努力寻找和这一假说不相符合的事例,并根据事例对假设进行修正,乃至完全否定。试错法对理论的修改、完善或者否定是永无休止的。如果说归纳法的程序是:事例→假说→事例,试错法的程序便是:假说→事例→(更完善的)假说。从形式上说,试错法是一种演绎推理,这显示了科学的演绎性质。波普尔把可证伪性(Falsiability)当作判别一个理论是否科学的依据。一个理论的可证伪性越高,它所能经受的检验的严格性也就越高。

3. 知识增长模式。波普尔提出科学知识增长模式:$P1 \rightarrow TS \rightarrow EE \rightarrow P2$……科学不是始于观察,而是始于问题(Problem)。面临问题 P1,人们首先提出假说,作为对此问题的尝试性解决,即 TS(Tentative Solution)。然后,再对这一假设进行严格的检验,即通过证伪消除错误,即 EE(Error Elimination),进而产生新的问题 P2。如此反复,问题愈来愈深入,对问题做尝试性解决的理论的确认度和逼真度也愈来愈高。人类知识的积累应当被看作新理论代替旧理论的质变,而不仅仅是数量上的增长。波普尔的科学知识增长模式既是一个开放性的,又是一个非决定论的模式。科学理论的尝试性和暂时性意味着,现有的科学知识描述的是迄今为止所发生的状态,而根据对过去状态的描述,我们不能预测未来的状态。

波普尔对归纳主义的批判是深刻的,但是,他不仅反对归纳主义,而且也反对归纳法,这就导致了另一种片面性。波普尔对经验证实原则的批判也是深刻的,但是,他提出的经验证伪原则遭到历史主义科学哲学的批判。波普尔第一次提出了科学发展的动态模式,但这个模式是一个过于简单化的模式,看不到科学发展过程进化和革命、积累和飞跃、连续和中断的辩证统一。波普尔强调科学的怀疑精神、批判精神和创造精神是可取的,但是,他完全否定科学的实证精神则是不可取的。

(三)库恩的科学哲学

库恩(Thomas Kuhn),美国著名的科学哲学家和科学史家,历史主义科学哲学学派的最主要代表人物之一。主要哲学著作有《科学革命的结构》(1962)和《必要的张力》(1977)等。库恩同意波普尔的反归纳主义立场,认为科学理论不是来自对经验事实的归纳,因而它的发展不是一个逐渐累积或单纯量变的过程。但他也反对波普尔的"不断革命论",认为科学的发展并不是一个没有量的进化做准备的不断否定、不断革命的过程。他坚信科学发展的实际过程是一个进化和革命、积累和飞跃、连续和中断不断交替的过程,同时主张"要充分倾听历史的呼声",用历史的方法从科学发展的历史事实中来揭示这种过程。

1."范式"的理论。库恩的科学哲学区别于逻辑实证主义和批判理性主义的重大特点是关于科学的整体性的观点。"范式"的理论是库恩的整体主义科学哲学的理论核心。"范式"与"科学家集团"或"科学共同体"密切相关,它是"科学家集团"或"科学共同体的成员们所共有的东西"。所谓"科学共同体",是指在科学发展的某一历史时期,该学科领域中持有共同基本理论、基本观点和基本方法的科学家集团。库恩所称的"范式"主要是指两个方面:从心理上说,它是科学共同体所共有的信念;从理论和方法上说,它是科学共同体所共有的"模型"或"框架"。总起来说,"范式"就是某一科学家集团在某一专业或学科中所具有的共同信念,这些信念规定的他们共同的基本理论、基本观点和基本方法,为他们提供了共同的理论模型和解决问题的框架,从而形成了该学科的一种共同的传统,并为该学科的发展规定了共同的方向。

2. 科学发展的动态模式。库恩的科学发展动态模式可以表示为:前科学时期→常规科学时期→反常与危机时期→科学革命时期→新的常规科学时期……

第一阶段,常规科学时期。一个学科自出现统一范式以后,就从前科学时期进入渐进性发展的常规科学时期。在常规科学时期,科学家集团对于共同的范式坚信不疑,科学家在常规科学时期的任务不是否定旧范式,建立新范式,而是解决难题,发展范式,因而"它是一个累进发展的时期",它的目的并不要做出任何重大的发现,而只是使"科学知识稳步地扩大和精确化"。

第二阶段是反常与危机时期。在常规科学时期有时会出现反常现象。所谓"反常"就是观察与范式的预期不相符合,人们无法对它做出解释的现象,或者说是与范式相反的现象。随着常规科学的发展,反常现象愈来愈多,于是就"引起危机"。由于对范式的怀疑,科学家集团的成员们因失去了共同的信念而分裂。这标志了常规科学时期的结束,并预示了非常规科学时期或革命时期的到来。危机给科学家带来分歧和混乱,使他们失去稳定的方向,但是它也给科学家们带来批判精神和创造精神,新范式的出现是危机的终结。

第三阶段是科学革命时期。相继于危机之后的是科学革命时期,科学革命时期就是旧范式向新范式的过渡。由于范式不是认识,而是信念,因而从旧范式到新范式的转变,不是科学家们认识的转向,而只是他们信念的转变。新范式战胜旧范式不是靠理性的说服,而是靠宗教式的狂热的宣传;新范式的最终胜利,不是理性的胜利,而是保守的老一代科学家们的退出历史舞台。

3. 约定主义。库恩的整个科学哲学是建立在约定主义的认识论基础上的。范式的变化不是认识的深化,而是心理信念的变化,或"格式塔的改变"。范式改变了,科学家们眼里的整个世界也就改变了。由于范式的不同并不表明是对同一世界的认识的不同,而仅是心理信念或"世界观"的不同,因而新、旧范式之间是不可通约的。由于科学的范式不是关于客观世界的知识,而仅是科学家集团在不同心理条件下产生的不同的信念,因此它们是没有什么真假之分,或没有什么真理性可言的。由于受实用主义的工具主义理论的影响,库恩还把真理比喻为科学家集团所共同使用的工具,即一种用以解除科学研究中各种难题的工具。库恩反对波普尔关于真理是与客观事实相符合,以及认识不断逼近客观真理的"实在论"的真理论,主张工具主义的实用主义真理论。由于否认客观真理,否认科学发展日益逼近真理,库恩反对科学发展的客观进步性。他指出,如果要问科学是怎样进步的,令人吃惊的回答是我们一无所知。科学的进步不是客观的进步,而是实用主义的"工具性"进步。一种理论或范式只要在应付环境中有用,就是真的;它愈是有用,就愈为进步。

库恩使西方科学哲学从逻辑主义阶段推进到新的历史主义阶段。库恩用历史的观点研究科学及其发展这个方向是应当充分肯定的。库恩的科学发展的动态模式把科学发展的量变与质变、肯定与否定、进化与革命这两种对立的因素统一起来,更符合科学发展的历史事实。库恩的科学哲学根本的缺陷是:由于对科学的客观性、进步性和真理性的否定,最终导致约定主义、相对主义和非理性主义。

(四)费耶阿本德的科学哲学

费耶阿本德(Paul Feyerabend)出生于维也纳。主要著作有:《反对方法》(1975)、《自由社会的科学》(1978)和《告别理性》(1989)。

1. 对传统科学观的批判。他主张,科学不是神圣不可侵犯的。费耶阿本德区别于其他许多英、美哲学家的显著特点就是他对科学所持的批评态度。费耶阿本德对科学的批评主要分为两个方面:其一是关于科学的本性问题,其二是关于科学在社会生活中的地位问题。

费耶阿本德认为,科学并没有固定的和普遍的方法论规则可以遵循,恰恰相反,科学得到发展,科学家获得成功,是因为他们不允许自己受理性的规律、合理性的标准的束缚。没有人会否认科学的成果,但假定科学成果的获得完全不借助于任何非科学的成分,则是站不住脚的。科学和非科学的分离不仅是人为的,而且对知识的进展是有害的。科学只是人所发明以便应付他的环境的工具之一,它不是唯一的工具,不是绝对可靠的。科学和神话、宗教等等意识形态并没有根本区别,它是人所发展出来的许多思想形式之一,而且不必是最好的。从现代科学抽象出来的合理性标准不能够作为现代科学和亚里士多德科学、神话、魔术、宗教等等之间的中立的裁决者。在费耶阿本德看来，科学是一个复杂的和异质混杂的历史过程，它含有模糊的不连贯的关于未来意识形态的预想和精细的理论系统，而且同陈旧的和僵化的思想形式并排在一起。科学中发生的许多冲突和矛盾就是来源于材料的这种异质混杂性和这种不平衡的历史发展。

通过对哥白尼—伽利略革命的研究，可以清楚地看到同传统的归纳主义和证伪主义发展模式完全不符的科学的辩证发展途径。科学的历史发展的复杂性远远超过了科学哲学家简单化的图式所能够概括的。大量的知觉证据和日常观察语言都有利于托勒密天文学而不利于哥白尼天文学。天文学观点同历史的和阶级的新趋向的联合产生了对太阳中心说的坚定信仰。伽利略充分利用这种情况，他依靠聪明的说服技巧，巧妙地为哥白尼学说进行宣传。伽利略努力寻找支持哥白尼的新的种类的事实：首先，用他所发明的望远镜，改变了日常经验的感觉中心；其次，用他的相对性原理和动力学，改变了日常经验的概念成分。因此，"非理性"方法的使用便成为科学进步的先决条件。

2. 多元主义的方法论。一切方法论都有它们的局限性，剩下来的唯一"规则"就是"什么都行"。把唯一正确的方法论强加于科学，是同"人道主义态度"相违背的。要认识世界，便需要使用一切的方法，包括理性主义者最瞧不起的方法，也需要保留一切的观念，包括最可笑的神话。这就是他的多元主义方法论。他指出，一个科学家不仅是理论的发明者，而且是事实、标准、合理性形式，即是整个生活方式的发明者。

费耶阿本德建立在历史研究基础上的多元主义方法论是发人深省的，表明科学的变化是普遍而深刻的，不仅涉及科学理论的变化，而且也涉及科学方法的变化，并且每一种方法都有其局限性。费耶阿本德在批判逻辑实证主义和批判理性主义及其传统方法论的同时，走向了对科学采取了彻底的相对主义和非理性主义理解的另一个极端。

【思考题】

结合本章内容，谈谈你对科学的可检验性性质的理解，以及如何理解科学与伪科学的区别。

第五讲 科研选题与科研方法论

科研选题是科学研究的重要组成部分,它关系到科学研究的方向、目标和内容,影响着科学研究的途径和方法,决定着科研成果的水平、价值和发展前途。分析科研选题常见的问题,找到科研选题常用的方法,并处理好各原则和方法之间的关系,对有效开展科研工作具有重要的意义。

一、科学问题与科研选题

（一）科学问题的含义和特征

所谓科学问题是指科学认识主体在特定的知识背景下提出的关于科学认识和科学实践中需要解决而又尚未解决的矛盾,是科学认识中目前状态与目标状态的差距。它是一定历史阶段的产物,它的提出要受到特定历史条件下所具有的科学知识和科学实践水平,即科学背景知识的制约。

科学问题具有三个基本特征:

一是时代性。科学问题与时代背景相适应。例如,当人们不知道自然界的物质系统存在原子和分子这一层次时,就提不出关于原子和分子的问题;牛顿时代提不出"统一场论"的问题,道尔顿也提不出"夸克禁闭"的问题。同一科学问题,在不同知识背景下,其内涵深度不同。如关于遗传的本质,在孟德尔时代是"遗传因子"问题,在摩尔根时代是"基因"问题,而在沃森和克里克那里则成为 DNA 分子的结构问题。不同时代的背景知识决定着科学问题的性质和解决科学问题的途径。如关于宇宙起源,以前主要是哲学或神学的问题,被视为非科学问题;当用爱因斯坦广义相对论来研究宇宙问题后,尤其是大爆炸学说的提出和粒子理论学介入后,宇宙起源转变成了一个科学问题。

二是指向性。科学问题不是漫无边际的,而是包含着一定的研究方向和求解目标。指向性一般大致地指出问题之所在、研究应该朝哪里进行、研究应该或可能取得什么样的结果。

三是应答域。"应答域"是对问题答案范围的限定。应答域必须确定,且必须是非空集,可分三类:"全域"——对答案范围没有任何限制。全域型的答案一般不会发生错误,但对科学研究的指导作用较差;"类域"——对答案范围给出一定程度的限定。限定得越具体,对科学研究的指导作用就越强,同时发生错误的可能性也越大;"特域"——限定为某个具体答案。这类问题虽然已给出答案,但仍是问题,只不过其答案是假定性的,通常被称作科学假定。问题应答域的三种形态表现了科学问题发展的不同阶段,科学问题沿着从全域到类域再到特域的方向发展。

根据科学问题的性质和研究的需要,可以对科学问题进行不同的分类。根据学科的性质,可分为基础理论问题和应用研究问题;根据问题在要达到的目标中的地位,可分为关键问题和一般问题;根据问题求解的类型,可分为陈述性问题和过程性问题;根据科学认识的层次,可分为经验问题和概念问题。

(二)科研选题的作用

科学研究中首先碰到的问题是选择什么课题和如何选择课题的问题,这是整个科研工作的第一步。它关系到科学研究的主攻方向、奋斗目标和核心内容,影响着科学研究的途径和方法,决定着科研成果的水平、价值和发展前途。正因如此,科学家们都十分重视科研选题。英国科学学创始人贝尔纳认为,选择课题是科研的战略起点。著名科学家维纳说过,知道应该干什么,比知道干什么更重要。

第一,选题决定研究者的主攻方向和目标。科学研究首先应该确定研究方向和主攻目标。前者决定研究者在较长时间内科学研究的方向,后者则是在主攻方向上选定研究内容。没有明确的方向和目标,不知道研究什么,也就谈不到怎么去研究。

第二,选题决定研究的方法和途径。确定了科研课题,就明确了科学研究的目标和任务,科学研究就是达到一定的目标,完成一定的任务。然而,实现一定的目标和完成一定的任务必须采用一定的方法和手段。方法和手段是为目标和任务服务的。不同的研究课题,所使用的方法也不相同。

第三,选题关系到科研工作的成败。在科学研究中,最困难的和最关键的是能够选好合适的课题。科学上如果能把问题提明确,有办法入手,问题就解决了一半。开题开好了,有了明确的意旨、创造性的思路,加上恰当而精确的方法技术或实验设计,仔细严谨的分析,就容易得到正确的结论而成功。在科学研究中,科研课题选择得是否恰当,制约着科研工作的成败。牛顿之所以在50岁以后在科学研究上没什么进展,就是因为他把精力全部用来证明神的存在。

第四,选题能训练和培养研究人员的思维能力和独立工作能力。选题是一项极其艰巨而又复杂的脑力劳动过程。从问题的发现到课题的筛选、确定与排列,从资料的搜集到资料的加工、处理,从对问题效果的预测到课题的修正、补充、调整或更换等,每一个环节都需要科研人员有一定的洞察力、预测能力和决策能力,具有一定的分析综合能力、抽象概括能力。而这些能力正是在选题的过程中得到训练和提高的。

(三)科研选题的原则

在一个研究方向内,所要研究的问题可以说是俯首皆是。但是我们不可能把所有的问题都拿来当作课题去研究,必须按照一定的标准和原则对所列举出来的问题进行比较、分析和筛选,择优选取。科研选题应遵循以下基本原则。

第一,需要性原则。所谓需要性原则,即科研选题必须从经济社会发展需要与科学理论发展需要出发,以满足社会与市场需求为根本。只有这样,科研选题才能得到社会的支持,其科研成果也才能适用于市场。不同类型的课题,其需要性的表现是不同的。基础研究要从学科理论发展的需要出发,去研究和发现自然界的新现象和规律。立足于本学科前沿进行选题。应用研究致力于解决国民经济和社会生活中所提出的实际科技问题,其任务在于把理论推进到应用的形式。它的选题方向应指向加强生产活动的技术基础,弄清技术机理。发展研究担负着把科学技术直接转化为社会生产力的任务。其选题应将当前社会需要置于首要位置,充分注意所开发技术的经济效益、社会后果和对环境的影响。选题的需要性原则反映了科学发展、技术发展、社会经济发展三者的内在联系,要求辩证地处理社会需要与科学技术发展需要、目前需要和长远需要的关系。尽管各种选题的侧重点不同,但需要性原则是必须遵守的。当然,还要注意需要性原则在不同类型的科研活动中表现方式的差异性,防止在基础研究中急功近利、在应用研究中不结合实际需要等。

第二,创新性原则。所谓创新性原则,即要求选题本身具有先进性、新颖性、独创性和突破性。要选择前人没有解决或没有完全解决的问题,要立足于理论上和方法上的创新,更要善于开展原创性创新。具体说来,可大致包括以下几个方面:①概念、观点上的创新。普朗克的"能量子",爱因斯坦的"同时性的相对性",新的时空观念,受激辐射概念,德布罗意的"物质波",海森堡的"测不准关系",李政道、杨振宁的"弱作用下宇称不守恒",模糊数学的"模糊"概念等都是观念上的创新。

这种创新表面上看只是一个新概念、新观点的提出,但在科学发展中起到了里程碑式的作用。②方法上的创新。新的数学方法或实验方法,或者一整套新的方法体系如系统方法、信息方法、控制方法、全息技术,或者新的仪器设备、测试手段等,都是方法上的创新。方法上的创新能提高和增强人们认识世界和改造世界的能力,也是科学新发现的前奏、新兴技术的生长点。如集成电路和计算机技术的日新月异,便有光刻和化学腐蚀工艺方法的功劳;核技术广泛应用于手工业、农业、科学、医学等各个领域,则出现了微量分析、辐照改性、中子渗透、断层照相、放射性诊断和治疗等显著的经济效益。不但如此,有时某项科学问题能否解决,完全依赖于方法上能否有新的突破。③应用上的创新。把原有原理、理论、方法应用到新的领域、项目中去,即库恩所说的"扩大理论同自然界之间的接触点",通常也会遇到巨大的困难,也需要创造性的工作才能解决。而解决这些困难和新问题,也会带来一定创新。

第三,科学性原则。所谓科学性原则,也称为限制性原则。它要求人们选择课题时,必须以一定的科学理论和科学事实作为依据,按客观规律办事。将选题置于时代和当时的科技背景下,使之成为在科学上可以成立和可以探讨的问题,即要持之有故,选之有理。科学性原则要求我们在选题时既要尊重事实,又要对已变动的事实提出怀疑、敢于创新。当然,对已被实践检验为基本正确又未被新的事实所否定的理论,也不应随意怀疑。一方面,如果发现选题不科学,使研究难以进行,应及时转移课题。科学家卢瑟福的巨大成就就是他及时从无线电的研究转向原子结构研究之后取得的。但另一方面,选题正确也难免在探索中出现挫折、失败,这不应成为怀疑选题科学性的简单依据,而应从主观、客观两个方面寻找原因。如法拉第就是在经过十年艰辛探索、四次重大失败后才解决了"转磁为电"的科学问题。

第四,可行性原则。所谓可行性原则,就是说,所选的课题应与主客观条件相适应,即根据已经具备的或经过努力可以创造的条件进行选题。如果选题不具备可以完成的主客观条件,再好的选题也只能是一种愿望。因此,可行性原则是决定选题能否成功的关键。选题中,应当充分分析以下条件:①现实的主观条件。主要是指科研人员的知识结构、研究能力、对课题的兴趣、理解程度、责任心等。②现实的客观条件。主要是指资料、经费、时间、协作条件、导师条件等。对应用性课题,还应考虑到成果的开发、推广条件,用户采用接受条件。③积极创造条件。所谓条件除已具备的条件外,对那些暂不具备的条件,可以通过努力创造条件。如知识不足可以补充;设备经费不足,有的也可以艰苦奋斗克服一些困难；情况不明，可以先进行调查研究等。选题时应根据已具备的或通过努力可以获得的条件，扬长避短，利用有利条件，克服不利条件，选择基本符合自己情况的研究课题。

总之，科研选题的四项基本原则，反映了科学研究的目的、价值、依据和条件。这四项原则既互相区别，又互相联系、互相制约，选题如果不符合需要性原则，课题就失去了意义；如果不符合创造性原则，也就称不上科学研究了；如果不符合科学性原则，课题就失去了根据；如果不符合可行性原则，课题就没有在现实完成的可能性。因此，选题时要以系统观点，从整体出发，对课题进行认真的分析研究。

（四）科研选题的方法

科研选题的方法，对科研工作者来说至关重要。了解和掌握了常用的选题方法，将有助于研究者更好更快地选定适合自己也适合社会的科研课题。

第一，从现实生活中选题。人们在现实生活中遇到的问题面广量大，选题的内容极为广泛，大至世界政治、经济、文化艺术，小至日常生活中的吃穿住用行，只要深入探索，不难发现有许多值得研究的课题。马克思就从人们司空见惯的商品中，研究发现了剩余价值规律。作为科研选题的并不是那些表面的肤浅的问题，而是那些在一定深层次上有价值的问题，这需要进行一定的思考甚至调查研究后才能发现。现实的需要，是科研课题的首选目标。我国当前现实生活中有许多问题迫切需要解决，如农业发展的需要提出了要消灭病虫害、防风治沙、培育新品种、水果保鲜等一系列问题；医疗卫生发展的需要提出了治理环境污染、预防艾滋病、绘制人体基因图等一系列问题……这些问题都是从社会生产和实践中提出来的，都被有关部门列入了科研计划，这些问题经过研究有的已经得到了解决和应用，有的正在研究中，有的还需要从新的角度拟出新的研究课题。

第二，从国家和地区科技政策、《课题指南》中选择课题。科技政策是科研选题的关键。国家的经济发展和科技进步，在一定时期内都有特定的指导方针和发展方向，科研选题必须了解、掌握国家或地区的科技发展、经济建设的方针和政策。在具体选题时，①要从宏观上了解国家或地区科技发展的重点支持领域、经济建设的优先发展目标、科技政策的扶持范围，尽可能瞄准国家或地区的优先领域、重点行业进行选题；②要了解、掌握国家机关或地区下发的《课题指南》，并对其进行认真的分析研究，确定研究方向；③要从微观角度分析某一学科国家或地区的科技政策，研究水平、理论与实践价值，了解国家或地区科技政策支持力度的大小，做到有的放矢。

第三,从交叉学科中寻找课题。当前,科学发展的趋势是交叉和渗透。不仅自然科学和自然科学之间存在着交叉和渗透,如地球学与物理学的交叉和渗透形成了地球物理学、生物学与化学的交叉和渗透形成了生物化学这门新兴学科;而且还出现了自然科学和人文社会科学之间的交叉和渗透,如医学与法学交叉和渗透形成医学法学;医学与经济学交叉和渗透形成卫生经济学;甚至出现了多门学科之间的交叉和渗透形成的综合性学科,如新兴的环境科学,它就是以生态学和地球化学为理论,又有化学、生物学、物理学、地学、工程学以及社会学交叉、渗透形成的学科。在这些交叉学科中,在他们的交叉点和边缘部都留下了许多"空白区",这些空白区是科学研究中还没有开垦的"处女地",那里问题最多,最容易提出可研究的科研课题。如科学家们通过系统研究,使微生物学在石油行业渗透和扩展,逐步形成了微生物采油这门新兴学科。

第四,从对已有的理论、传统观点和结论的怀疑中寻找课题。科学研究和探索必须要有怀疑精神,对于客观存在的事物和现象,只有抱着怀疑精神,认真思考,深入分析,才能发现和提出问题。怀疑精神是创造性思维的开端,如果没有哥白尼对托勒密地心说的怀疑,就不能提出日心说。科技工作者不仅要善疑,而且要善思,只有善思才能善疑,也才能提出具有科学价值的问题。

第五,在新领域的经验事实和科学实验中寻找课题。科学研究的直接任务是建立科学理论,揭示一定范围内的经验事实之间的联系并作出统一的解释。随着观察实验仪器的改进,人们的科学认识领域不断扩大,层次不断加深,新的经验事实不断进入人们的认识领域,它们是一定历史时期已有科学理论解释之外的新现象、新事物,需要用新的理论揭示其本质和规律,因此,它们就成为科研课题的来源。

第六,从不同学科理论之间的矛盾中提出问题。在自然科学领域,有时会出现这种情况:不同学科的理论各自合理地解释了一类有关的现象,但它们所得出的结论却是相互矛盾的。如达尔文的进化论揭示了生物演化是自发地不断向有序度增加、熵减少的方向发展,而热力学第二定律则表明孤立系统的自发过程是向着有序度减少、熵增加的方向变化。耗散结构理论就是为了解决这一矛盾而产生的。

第七,从机遇中发现问题。在科学研究的观察、实验、分析和调查研究中,有时会遇到许多意外的现象。如果我们能够以这些意外现象为线索,抓住时机,深入研究,不仅会发现问题,而且有可能做出新发现。弗莱明在培养葡萄球菌的实验中意外地发现了青霉菌分泌的物质有抑制葡萄球菌生长的作用,并从中提取了青霉素。所以,留心意外现象是发现问题的重要途径。

（五）科研课题开题报告的撰写

开题报告是指开题者对科研课题的一种文字说明材料，一般为表格式，它把要报告的每一项内容转换成相应的栏目。这样做，既便于开题报告按目填写，避免遗漏；又便于评审者一目了然，把握要点。

撰写开题报告，作为多层次科研工作的第一个写作环节，非常重要，这是因为：通过它，开题者可以把自己对课题的认识理解程度和准备工作情况加以整理、概括，以便使具体的研究目标、步骤、方法、措施、进度、条件等得到更明确的表达；通过它，开题者可以为评审者提供一种较为确定的开题依据。

对于开题报告的各个部分该怎样撰写，下面择要介绍：

第一，选题的目的和意义部分。目的和意义是有区别的：目的重在阐述论文要解决的问题，即为什么选这样一个题目进行论述，要论述出什么东西。意义则重在表明论文选题对理论研究有哪些贡献，或对实践具有哪些帮助和指导。

第二，"综述本课题国内外研究动态"部分。综述包括"综"与"述"两个方面。所谓"综"，就是指作者对占有的大量素材进行归纳整理、综合分析，使文献资料更加精炼、更加明确、更加层次分明、更有逻辑性。所谓"述"，就是对各家学说、观点进行评述，提出自己的见解和观点。

综述的主体一般有引言、正文、总结三部分。

①引言用于概述主题的有关概念、综述的范围、有关问题的现状、争论焦点等，使读者对综述内容有一个初步轮廓。

②正文部分主要用于叙述各家学说、阐明所选课题的历史背景、研究现状和发展方向。其叙述方式灵活多样，没有必须遵循的固定模式，常由作者根据综述的内容自行设计创造。一般可将正文的内容分成几个部分，每个部分标上简短而醒目的小标题，部分的区分也多种多样，有的按国内研究动态和国外研究动态，有的按年代，有的按问题，有的按不同观点，有的按发展阶段。

③在总结部分要对正文部分的内容作扼要的概括，最好能提出作者自己的见解，表明自己赞成什么，反对什么。要特别交代清楚的是：已解决了什么？还存在什么问题有待进一步去探讨、去解决？从而突出和点明选题的依据和意义。

撰写综述时应注意：一是搜集的文献资料尽可能齐全，切忌随便收集一些文献资料就动手撰写，更忌讳阅读了几篇中文资料，便拼凑成一篇所谓的综述；二是综述的原始素材应体现一个"新"字，亦即必须有最近最新发表的文献；三是坚持材料与观点的统一，避免介绍材料太多而议论太少，或者具体依据太少而议论太多，要有明显的科学性；四是综述的素材来自前人的文章，必须忠于原文，不可断章取义,不可阉割或歪曲前人的观点。

第三,"研究的基本内容"部分。"研究的基本内容"就是论文(设计)正文部分的内容,是研究内容的核心。正文内容又分为若干部分和层级。这部分实际上包括两部分:一部分是用文字将内容摘要叙述出来,一部分是编写论文基本内容的写作提纲。基本内容提纲的写法主要是标题法,即用一个小标题的形式把一个部分的内容概括出来。标题法的长处是:简明、扼要、能一目了然。

第四,"研究方法"部分。研究方法是指分析论证课题时的思维方法。各种科研方法按照适用范围区分,可以分为三类:适用于一切学科领域的哲学方法;适用于众多学科领域的一般方法;适用于某些具体学科领域的特殊方法或专门方法。这里只能列举部分研究方法,并按适用范围将科学研究方法分三大类介绍,其中有些方法是所有专业适用的,有些是部分专业适用的。如哲学方法是最为概括、最具有普遍性的方法,适用于各类学科,各个专业。而一般思维方法是哲学方法与专门分析方法的中介,是取得经验性知识及发展理论性知识的一般方法,又分为:归纳与演绎方法、分析与综合方法、历史与逻辑分析方法、矛盾分析法、系统分析法、因果分析法、比较分析法、定性与定量分析方法。专门分析方法,又称特殊研究方法。理工类专业的常见专门分析方法有实验法、观察法、调查法等。而在物理、化学、数学、生物等学科中又有各自的更加专门的方法,如物理学研究中的光谱分析法,化学研究中的比色法,等等。在同一论文中,各个部分可以分别采用不同的研究方法。各种方法互相补充,互相协调,才能揭示研究对象各个侧面或各个层次的特殊规律,进而证明总论点。

【思考题】

结合所学专业,谈谈你如何进行科研选题以及如何撰写开题报告。

二、科学研究方法

所谓科学研究方法,就是指科学工作者在从事某项科学发现时所采用的方法。它包括常规性方法和创造性方法两类。

(一)科学研究的常规性方法

1. 获取科学事实的方法——科学观察、科学实验

(1)科学观察。在研究课题确定之后,如何获取科学事实就成为一项十分重要的任务。科学事实是科学研究的基础,而获取科学事实的直接手段就是科学观

察与科学实验。科学观察是人们在一定理论思维指导下,通过感官或者借助科学仪器在自然发生的条件下,有目的、有计划系统地感知和描述研究对象,从而获得科学事实的一种研究方法。

科学观察的特点主要有:一是科学观察是有目的、有计划的认识活动。科学观察并不是凭借感官进行漫无目的的感知活动,而是同人们所要解决的问题紧密联系在一起。观察的目的性和计划性要求进行科学观察活动时,必须有明确的目的和对象,有确定的步骤和精密的仪器,有详细准确的记录等。这使得科学观察与日常的、一般的感知觉过程相区别。二是科学观察是在自然发生的条件下进行的。在进行观察时,人们不干预或尽量减少干预自然现象和过程,不改变观察对象存在于其中的环境条件,使其保持本来面目,按其自然状态运动和变化。观察方法的这一特点决定了它具有广泛的适用性,常用于天文学、地质学、地理学、气象学、动植物形态及分类学等领域。三是科学观察渗透着科学理论。科学观察是科研工作者在已有的知识、经验、理论指导下进行的。科学史表明,有了科学理论的指引、渗透和覆盖,科学观察容易取得有价值的科学发现。反之,就很难或者不可能取得科学发现。即使是对同一客观现象,不同的人由于用不同的知识、经验、理论去观察,往往也会得到不同的结论。例如,对于同一张病人的 x 光照片,专业医生和普通人看到的结果是不一样的。

观察可以从不同角度划分为不同的类型。第一,按观察的手段不同,可分为直接观察和间接观察。直接观察是凭借人的感觉器官直接从外界获取感性材料的一种方法,其特点是方便、直观、生动。但由于人的感觉器官本身的生理局限,只能接受一定范围内的自然信息,人体感觉的灵敏度、精确度和速度很有限。特别是针对大尺度宇宙空间和微观高速运动的自然现象,直接观察的局限性就更为明显了。间接观察也叫仪器观察,是人们借助于科学仪器或其他技术手段间接从外界获取感性材料、考察和描述客体的一种方法。仪器观察是在近代自然科学的发展过程中诞生的,也是近代自然科学发展的重要条件,是观察方法的巨大进步。随着科学技术的不断发展,观察仪器越来越多,这就极大地克服了感官的局限性,改善了人们的认识能力,拓宽了人们的观察范围,提高了观察的精度。第二,根据观察性质和内容的不同,可分为定性观察和定量观察。定性观察是把重点放在对观察对象的性质、特征或对象与其他事物的定性关系方面进行考察和描述的方法。质的观察是首要和基本的观察,是一切研究深入进行的基础。要深入考察事物,还必须对它进行量的观察。定量观察又称观测或测量,它主要确定观察对象的各种数量关系,如时间、空间、速度、强度、程度等,从量的方面精确把握事物质的特征。定量观察是人类认识精确化和深化的标志。定量观察与定性观察是相辅相成的,二者相互联系、相互制约,它们一起构成科学认识的重要方法,共同促进科学的发展。

为了提高科学观察的效率和保证观察材料的准确性,观察者在观察中应当遵循以下基本原则:一是客观性原则。要求观察者按研究对象的本来面目去观察和反映。也就是要做到一切从实际出发,实事求是。因此,在观察中,要坚持实事求是的科学态度,注意克服主观的先入之见。要避免把某种假定或预想凝固化、僵化,减少主观随意性,同时要尽可能排除假象和错觉的干扰。二是全面性原则。要求观察者尽可能地观察研究对象的各个方面、各种因素、各种关系和各种规定,力求获得丰富而完整的科学事实,客观地反映事物的全貌。在科学史上,由于观察的片面性而导致不同学派或不同见解之间争论的实例是很多的,如关于岩石成因的"水成说"与"火成说"之争,尽管都有各自的观察背景,但是,都是争论的双方只看到事物的某个方面,各执一端造成的。只有全面地、系统地、动态地观察客观事物,才能获得对客观事物全面的、本质的、规律的认识。三是典型性原则。要求观察者要选择有代表性的观察对象。由于事物的复杂性和各种条件的限制,要毫无遗漏地观察到对象的一切方面、一切过程是很难办到的,有时也是不必要的。因此,观察者要注意选择能够反映同类特点及其规律,而且便于观察的具有代表性的对象就是非常必要的。四是可观察性原则。是指科学研究的对象应该是原则上可以被人们的感官间接感知的物质客体的原则,绝对不可观察的东西是没有意义的。可观察性原则来源于物理学中关于物理实在观察可能性的一条重要的方法论原则。随着科学技术的发展,一些宇观和微观的物质形态不能被人们直接观察到,科学研究越来越抽象,很多物质客体必须靠间接观察来完成。以上这些原则也同样适用于科学实验。

(2)科学实验。所谓科学实验是指人们根据研究课题的需要,利用科学仪器设备人为地变革、控制或模拟研究对象,在典型或特定的备件下,获取科学事实的一种科研方法。简言之,是在变革自然中认识自然。实验是一种主动的观察,能够达到科学研究的目的性。科学实验的类型主要有以下几种。

第一,根据实验结果性质的不同,可以划分为:①定性实验,指确定研究对象是否具有某种属性,事物之间是否具有某种联系以及事物定性组成的实验。例如,美国科学家富兰克林用风筝吸引天上闪电的实验,证明了从天空中获得的电和人工造的电是同一性质的电。②定量实验,指测定事物某些属性、某些因素的量的规定性或某些属性、因素之间的数量关系的实验。如物理学中伽利略设计的自由落体运动的实验。定量实验是定性实验的进一步深入,只有确定了事物各个要素性质的量以及量的关系,才能更深刻地认识事物的本质和规律。③结构分析实验,指研究事物内部空间结构的实验。如医学中对各种细菌、病毒、细胞的形态结构分析的实验等。

第二,根据实验功能的不同,可以划分为:①析因实验,指已知某种结果去寻找产生这一结果的原因的实验。例如,医学上詹纳发现挤牛奶女工不易患当时流行的天花,通过分析,他提出了可能是牛身上有某种物质能抵抗天花的设想,后来在小孩身上做实验,验证了预防天花的物质是牛身上的牛痘。有时可能出现一果多因的现象,这就需要具体分析。②对照实验,也称比较实验,是为了确定两组事物之间的异同,以揭示研究对象具有某种属性或产生于某种原因的实验。其中对照组是作为比较的标准,实验组是作为研究的对象。例如,医学研究中为了研究某种药物的疗效时,一般设立两组病人:一组是服药的,为实验组;另一组是不服药的,为对照组。通过两组的比较来确定药物的疗效。对照实验最基本的要求是:对照组和实验组之间除需要比较的单个因素有差异外,其余比较项目应尽量相同或相似,否则其对照结果无法判断。③验证性实验,指为检验某种假说或某种理论是否成立而设计的实验。例如,19世纪,英国物理学家麦克斯韦提出了电磁场的理论,并预言在导电体周围存在着电磁波,其传播速度等于光速。不久,赫兹利用电磁振荡器激发出了电磁波,并证明了电磁波具有光所具有的特性,从而证明了麦克斯韦的预言。

第三,根据研究手段和研究对象的关系,可以划分为:①直接实验,是指直接对研究对象进行的实验。②模拟实验,是指通过设计与原型相似的模型,利用模型来间接研究原型,然后再将对模型研究的结果类推到原型上去的实验。它主要适用于那些规模庞大、结构复杂、无法操作或时过境迁难以追踪,或不便于直接作用于研究对象的事物。其主要要求是模型要与原型在结构、功能或数学形式上具有相似性。模拟实验的客观基础是模型与原型的相似性,相似性越多,得出来的结论越可靠。其实验得来的结果是否符合原型的本质和规律,仍需要实践的检验。

科学实验在科学研究中具有重要的作用。一是实验方法能简化和纯化研究对象。事物的多样性和复杂性给科学研究带来了认识上的困难,实验可以根据研究课题的需要,将研究对象进行人工变革和控制,突出某些主要因素,排除影响实验观察的次要的、偶然的、非本质的、外在的因素干扰,使研究对象的某种属性或联系以纯粹的形式暴露出来,使我们能够准确地去认识它。例如,伽利略为了研究自由落体的运动规律,用滚动的球在光滑的斜面上作匀加速运动实验,在这个实验中他忽略了空气对球的阻力,球与斜面之间的摩擦力,使整个实验系统简化和纯化,从而提出了自由落体定律。二是实验方法能强化研究对象。自然界中有些事物往往在常态情况下处于稳定状态,内部矛盾运动不显著,其本质和规律不易暴露出来,不便于观察。采用科学实验可制造出自然状态下难以出现或不能出现的环境和特殊条件,如超高温、超低温、超高压、超高真空等等,使研究对象处于某种定向强化的极端状态,以便获得通常条件下不易得到或无法得到的一些新现象、新事实。三是实验方法能加速或延缓自然过程。在观察研究对象时,有些自然过程太慢或太快,使科研人员难以跟踪而通过实验手段可以人为地改变其发展速度以便于考察。例如在生物学的研究中,为了研究生物的遗传、变异特性,仅靠对自然状态下的生物考察是非常缓慢的,如果通过人工培育、人工杂交等手段则可在短期内取得效果;又如医学研究中动物疾病模型的建立,化学反应中的催化剂等都是为了加速自然过程,以便得到研究结果;再如医学研究中经常使用的抑制剂、缓冲剂等都是为了延缓自然现象的过程。四是实验方法能再现研究对象的属性及其变化过程。在科学研究中,有些自然现象往往时过境迁,难以追踪,采用模拟实验,则可以使某些自然现象重现。例如,1952 年,美国科学家米勒在真空的玻璃器皿中用 CH_4、NH_3、H_2 和 H_2O 相混合,并连续进行火花放电,以此来模拟地球上原始大气层的成分和自然雷电的作用,得到了几种构成蛋白质的氨基酸,重演了大自然数亿年的漫长过程,为探索原始生命的起源提供了重要线索。五是实验方法是建立和检验科学假说和科学理论的重要手段。一方面,科学实验作为相对独立的社会实践形式,是获取科学事实的重要途径,因此,它是提出科学假说、形成科学理论的基础。另一方面,科学假说和科学理论是否具有真理性,也需要科学实验来检验。例如,医学上许多关于肿瘤病因和机制的探讨,所提出的假说最终也需要科学实验来证实。

2. 科学推理的方法——数学公理化方法

所谓公理化方法,就是由尽可能少的不加定义的原始概念(基本概念)和一组不加证明的原始命题(公理或公设)出发,运用逻辑规则推导出其余命题或定理,把一门数学建立成为演绎系统的一种方法。

公理化方法是一种逻辑演绎的方法,但它又具有不同于一般演绎方法的特点。一是公理系统是一个有序的整体。它并不"平等"地对待系统中的所有命题,而是将其划分为两类——公理(不加证明引入的)及定理(需要证明其为真的),并按纵向由浅入深地建立起多命题间的有机的联系。二是在公理系统中,只要不是公理中的命题都不能不加证明地引用,没有经过严格论证过的命题无资格作为演绎推论的前提,因而就排除了继续运用归纳法引入演绎前提的渠道,成为纯粹的演绎系统。三是公理系统是形式化的。只着眼于概念、命题间的关系,不考虑其来源、运用和发展。尽管它最先引入了一些原始对象(概念和命题),但对这些东西的解释却被当作系统之外的事,在系统内,只是作为一种"假设"。

运用数学公理化方法时,关键是如何选择基本概念和公理,这也是公理化方法的基本内容。基本概念应是最原始、最简单的思想规定,是对数学对象高度抽象的结果。公理是对基本概念之间相互关系的规定。对它的选择应考虑到如下三个基本问题。一是相容性。亦称无矛盾性。如果一个公理系统 $\sum$ 内不存在两个相互矛盾的命题,则称 $\sum$ 是相容的或无矛盾的。对公理系统相容性的要求是最基本的要求,任何理论体系皆要满足这要求,否则,就不具有存在的价值。当然,这种相容性仅指在同一个确定的公理系统中。对于两个不同的公理体系,也可能出现相互矛盾的公理或定理。例如在欧氏几何中,"三角形内角和是 180 度"是真命题,但在非欧几何中,却是假命题。二是独立性。指公理系统中的每一条都有存在的必要性,换言之,公理系统中任何一条公理都不应该根据这一系统的规则由其他公理推出来。实际上就是要求系统中的公理数目减少到最低限度,不允许有多余者存在,这一条保证了公理的简单性。三是完备性。指确保从公理系统出发能推出所论数学分支的全部命题,而不需凭借经验和直观。它保证了必要的公理不能少。由于可能的定理的个数是没有限制的,也可用同构的观点对完备性作更确切的解释,即如果已知的公理系统中所有模型都是同构的,则该系统称为完备的。这是一个确定的公理系统的三个基本问题,但是,遗憾的是我们并不能轻而易举地证明一个公理系统是否满足这些要求,即使公理系统本身并不很复杂。

公理化方法不仅在现代数学和数理逻辑中被广泛应用,而且已经远远超出数学的范围,渗透到其他自然科学领域甚至某些社会科学部门,并在其中起着重要作用。

一是数学公理化方法具有分析、总结数学知识的作用。当一门科学积累了相当丰富的经验知识,需要按照逻辑顺序加以综合整理,使之条理化、系统化,上升到理性认识的时候,公理化方法便是一种有效的手段。如近代数学中的群论,便经历了一个公理化的过程。当人们分别研究了许多具体的群结构以后,发现它们具有基本的共同属性,就用一个满足一定条件的公理集合来定义群,形成一个群的公理系统,并在这个系统上展开群的理论,推导出一系列定理。

二是公理化方法作为数学研究的一个基本方法,不但对建立科学理论体系、训练人的逻辑推理能力、系统地传授科学知识以及推广科学理论的应用等方面起到有益的作用,而且对于进一步发展科学理论也有独特的作用。例如在代数方面,由于公理化方法的应用,在群论、域论、理想论等理论部门形成了一系列新的概念,建立了一系列新的联系并导致了一系列深远的结果;在几何方面,由于对平行公设的研究导致了非欧几何的创立。因此,公理化方法也是在理论上探索事物发展规律,作出新的发现和预见的一种重要方法。

三是公理化方法本身又成为科学研究的对象。介乎于逻辑学和数学之间的边缘学科——数理逻辑,用数学方法研究思维过程中的逻辑规律,也系统地研究数学中的逻辑方法。因此,数学中的公理方法是数理逻辑所研究的一个重要内容。由于数理逻辑是用数学方法研究推理过程的,它对公理化方法进行研究,一方面使公理化方法向着更加形式化和精确化的方向发展,一方面把人的某些思维形式,特别是逻辑推理形式加以公理化、符号化。这种研究使数学工作者增进了使用逻辑方法的自觉性。

四是数学公理化方法在科学方法论上具有示范作用。任何一门科学都不仅仅是搜集资料,也绝不是一大堆事实及材料的简单积累,而是都有其自身的出发点和符合一定规则的逻辑体系。公理化方法对现代理论力学及各门自然科学理论的表述方法都起到了积极的借鉴作用。例如牛顿在他的《自然哲学的数学原理》巨著中,系统地运用公理化方法表述了经典力学理论体系;20世纪40年代波兰的巴拿赫完成了理论力学的公理化;爱因斯坦运用公理化方法创立了相对论理论体系。狭义相对论的出发点是两个基本假设:相对性原理和光速不变原理。爱因斯坦以此为前提,逻辑地演绎出四个推论:"尺缩效应""钟慢效应""质量增大效应"和"关系式"。这些就是爱因斯坦运用公理化方法创立的狭义相对论完整理论体系的精髓。

>>>>知识链接

运用数学方法解决"七桥问题"

18世纪,在东普鲁士(立陶宛)有一座城市叫哥尼斯堡,市内有一条布勒尔河,河的两条支流在城市中心汇合,中间形成一个岛区,河上建造了七座桥,哥尼斯堡的大学生们常在这里散步。有人总想一次走过七座桥,而且每座桥只准走一遍。可是试来试去总办不到,他们便写信给著名的瑞士数学家欧拉(Euler)求教。

欧拉首先把岛间的桥梁看成是七条连线,把4个连接处缩小为4个点,人们步行通过的七桥,就变成了右下图所示的线路拓扑的"一笔画问题"。即抽象为能否一笔画成右下图的问题。欧拉考虑了"一笔画"的特征。一笔画有一个起点和终点,起点和终点重合称为封闭图形,不重合称为开放图形。除了起点和终点外,一笔画中间可能出现一些曲线的交点。在这交点处是一进一出,通过的曲线总是偶数条,这些交点称为"偶点",只有起点和终点处通过的曲线有可能是奇数,故称其为"奇点",当起点与终点重合时,则该点便成为"偶点"。综上可见,任何一个一笔画图形,要么没有"奇点",为封闭图形;要么有两个"奇点",为开放图形。现在"七桥问题"所对应的图形中有4个"奇点",因此它超出了一笔画的范围。1736年,欧拉发表文章正式宣布:"七桥问题没有解。"

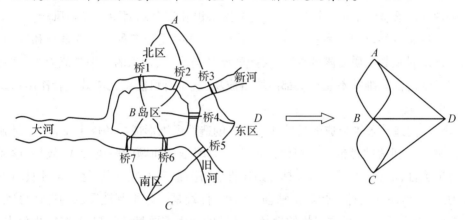

图 5-1 七桥问题图解

【思考题】

结合实际,谈谈数学方法在现代科学研究中的作用。

(二)科学研究的创造性方法

1.创造性思维形式

(1)创造性思维形式的含义和特点。创造性思维是一种具有开创意义的思维活动,即开拓人类认识新领域、开创人类认识新成果的思维活动,创造性思维需要人们付出艰苦的脑力劳动。一项创造性思维成果的取得,往往要经过长期的探索、刻苦的钻研、甚至多次的挫折之后才能取得,而创造性思维能力也要经过长期的知识积累、素质磨砺才能具备,至于创造性思维的过程,则离不开繁多的推理、想象、联想、直觉等思维活动。

创造性思维具有以下几方面的特点:一是新颖性。创造性思维贵在创新,或者在思路的选择上、或者在思考的技巧上、或者在思维的结论上,具有前无古人的独到之处,在前人、常人的基础上有新的见解、新的发现、新的突破,从而具有一定范围内的首创性、开拓性。二是极大的灵活性。创造性思维无现成的思维方法、程序可循,人可以自由地海阔天空地发挥想象力。三是艺术性。创造性思维活动是一种开放的、灵活多变的思维活动,它的发生伴随有"想象""直觉""灵感"之类的非逻辑、非规范思维活动,其往往因人而异、因时而异、因问题和对象而异,所以创造性思维活动具有极大的特殊性、随机性和技巧性,他人不可以完全模仿、模拟。四是对象的潜在性。创造性思维活动从现实的活动和客体出发,但它的指向不是现存的客体,而是一个潜在的、尚未被认识和实践的对象。五是风险性。由于创造性思维活动是一种探索未知的活动,因此要受到多种因素的限制和影响,如事物发展及其本质暴露的程度、实践的条件与水平、认识的水平与能力等,这就决定了创造性思维并不能每次都能取得成功,甚至有可能毫无成效或者作出错误的结论。

(2)创造性思维形成的条件和作用。创造性思维形成的条件主要有:一是独创精神。独创精神是创造性思维的前提。对困难和问题的解决方式、效果、途径具有独创性,能迎合市场需要,具有耐用性、实用性、普及性,创造性结果才具有生命力。二是怀疑精神。怀疑是独创的前提,怀疑是一种批判性质的创造性思维,是打破"盲目遵循"、思维定势的途径。怀疑的产生需要足够的知识储备、想象力。广博的知识储备是产生怀疑的基础,知识越多就越能产生更多的新设想、新产品。想象力是科学家的工具,科学发现的本质就是你能通过大家所见的东西,注意到他人还未看到的东西。要与众不同地看待事物,就必须具备丰富的想象力。三是好奇精神。强烈的好奇心、坚强的信念、永不满足的求知欲是怀疑的不竭动力。保持旺盛的好奇心是创造性思维形成的重要因素。

创造性思维的作用主要表现在:一是创造性思维有助于对了解很少的事物提出设想,形成初步的假说。创造性思维能够摆脱传统思维的束缚,根据较少的信息,通过思维创造,产生解决问题的新方案。例如,传统的造桥方式,自古以来都是在河中修筑桥墩作为桥的支撑,当遇到河面太宽、河水太深时,这种传统造桥方式成本则太高,能有简明、节省的造桥方法吗?发明家布伦特开始因囿于常规,因而久思不得其解,直到有一次看到蜘蛛网的建构过程,他联想到造桥,才顿时恍然大悟,从而发明了吊桥(斜拉桥)。二是创造性思维能摆脱思维定势的束缚。思维定势表现为思维的惯性,人们已经形成一条思路的时候,这条思路就会抑制其他思路的形成,如果重新思考同一问题,思维循着惯性又会回到原来的思路上去了。创造性思维的非逻辑性、发散性、意外性等,能够在思维路径的任何一点上转向其他方向,形成新思路、新设计、新方法,从而能够解决许多传统思维框架下无法解决的现实难题。

（3）创造性思维的基本形式。创造性思维的基本形式有很多,这里只介绍与我们关联度较高的形象思维和顿悟思维。

第一,形象思维。形象思维是在形象地反映客体的具体形状或姿态的感性认识基础上,通过意象、联想和想象来揭示对象的本质及其规律的思维形式。

人们在实践中通过大脑思维所取得的对事物本质的理性认识,可以不通过概念这种抽象形式,而直接通过形象形式,通过选择、概括、抽取代表事物本质的特征性表象表现出来。如化学家想象并设计复杂的分子模型;天文学家观测繁星满天的夜空,想象河外星系的形态;在工程技术和生产过程中,工程师构思设计建筑物或机器零件的模型,炼钢工人从钢水的色彩变化中识别判断转炉的温度;火车司机用小锤敲打车轮从声音中判断车轮的好坏;等等。在临床医疗工作中,医生通过察言观色、搭脉、看舌苔、听心音等诊断疾病,这属于复杂的形象判断,也离不开形象思维。

形象思维之所以能在表象的基础上,具体、形象、生动地反映客体的本质特征,是因为形象思维要以感性认识为基础,是对大量感性材料中存在的千变万化的具体形象进行提炼和概括的结果。形象思维的过程就是弃去其中偶然的、非本质的形象,抽取能反映客体对象本质特征的形象,使对象的本质外在化或形象化。

形象思维反映事物的本质或规律,是以形象观念、形象联想和形象典型为思维形式的。形象观念是指带有具体性、生动性、形象性,能够给人以声音、颜色、形状、大小和喜怒哀乐的一种立体感的画面,它是能唤起人们的美感和激发人们感情的观念。这种形象观念,不是事物各种特性的直接描摹,而是同类事物特性的概括。形象联想是指形象观念与形象观念的联系方式。联想产生的前提,是感觉所直接感受的对象与主体的经验记忆之间有某种联系。正是在这个意义上,诗人艾青说,联想是由事物唤起的类似记忆;联想是经验与经验的呼应。形象典型要求概括事物的某些共性,通过对事物共性的展现,深刻地揭示事物的本质特征或必然规律。

形象思维具有创造性、形象性、概括性和幻想性等特点,这些特点决定了它在科学研究中具有强大的创造性功能。一是创造性。想象是在头脑中改造记忆中的表象或意象而创造出新的形象的过程,所以,创造性是它的突出特点。在科学技术史上,出现过许多对后来的科技进步具有推动作用的科学想象。人类认识自然和改造自然的每一重大进展,从宏观到微观和宇观,从第一把石斧石刀的制成到登月球的成功,都可以找到想象这种思维形式的踪迹。二是形象性。想象的形象性是指想象中所运用的知识、经验等思维要素,以及思维的结果,都是以具体、直观的形象出现的。它是以直观感性的形式来表达、隐喻和蕴含概念性的思想或其他理性知识的。由于直观形象在思维中比概念灵活、易于变换和重新组合,不受各种语言框框、逻辑规则及思维习惯的限制,从而保证了想象这一形象思维方式具有高度的自由创造能力。三是概括性。想象并不是一种感性认识,而是在联想的基础上对原有意象的改造、创造,即具有形象概括性的一种理性认识形式。四是幻想性。想象作为思维自由创造的途径往往包含幻想的成分。爱因斯坦在 1946 年写的《自述》里回顾说,他在 16 岁时就想到:如果我以真空中的光速来追随一条光线运动,那么我就应当看到,这样一条光线就好像一个在空间里振荡着而停滞不前的电磁波。

形象思维在科学技术中的作用主要表现在以下几个方面:一是可以直观形象地揭示对象的本质和规律。形象思维突出了形象,它主要靠形象之间的联系和运动来完成理性认识,运用形象思维的推理过程来理解事物的本质和规律。如果一个特定的问题可以转化为一个图形,那么思维就整体地把握了问题,并能创造性地思索问题的解法。科学技术发展过程中形象思维是经常发生作用的,常用的类比方法、模型方法、思想试验等都离不开形象思维。例如,富兰克林面对溪流,思想的火花把电与水联系起来,想象出电也是一种流体,它存在于一切物体之中,当它处于稳定状态时,物体不带电,电流体过多就带正电,过少则带负电,它有趋于稳定的趋势。二是可以成为理解高度抽象的概念和理论的重要手段。形象思维是一种具有感性直观特征的理性思维形式,它突出了"形象""模型",并利用形象进行类比、分析、概括,以直观形象向抽象思维转移,为抽象思维铺平了道路,有助于人们对抽象理论的理解。三是可以高度地纯化研究对象。由于形象思维能在思维过程中,将意象"随意地"再生和组合,因而能突破现实的局限,抓住主要矛盾,对研究对象进行极度的纯化和简化,以利于揭示对象的本质和规律。这一作用突出地表现在"思想实验方法""理想模型方法"的运用过程中。如科学研究中的"思想实验",既不同于实验室的实验,也有别于形式逻辑的推理。思想实验是形象思维和逻辑思维的有机结合,它既是一种形象化的推理,同时又包含合乎逻辑的想象。形象思维使思想实验具有了生动、直观的感性特征,可以超越单纯逻辑推理的障碍,抓住主要矛盾,在纯化和理想化的条件下,充分发挥想象力的作用,达到探索客观事物的发展规律的目的。

第二，顿悟思维。顿悟是指认知主体通过变换情境结构，摆脱不成功的思维定势，从整体上迅速地洞察问题的实质，从而找到问题的答案。顿悟思维是瞬间达到对事实本质的心领神会。

直觉和灵感是顿悟思维的两种基本形式。直觉是指不通过有意识的推理，在先前的知识和经验基础上，对事物本质的快速识别。认知主体往往不能为自己的思维步骤提供明确的解释，但是却坚信自己的答案。科学史上一个关于科学直觉的典型例子来自美国著名的女遗传学家麦克林托克。她在大量观察和深思的基础上，凭借直觉得出了玉米籽粒的颜色发生变化的原因：在玉米籽粒发育的过程中，某些基因在染色体上或者染色体间"跳跃"而移动位置，使得控制颜色的基因的表达发生了改变。不过麦克林托克无法清晰地说明自己的思维过程，而且也没有相应的实验证据，因此当她1951年首次提出"转座子"这一概念时并未被接受。随着科学研究的进展，1967年第一个有实验证据的"转座子"在大肠杆菌中被发现了，研究还表明其他物种的基因组中也存在"转座子"。麦克林托克的贡献终于在1970年代得到了广泛承认，并且获得了1983年的诺贝尔奖。灵感是指在某种信息激发之下，认知主体将处于饱和状态的各种相关信息有序地排列组合，从而产生出新的概念和理论。我国的"水稻之父"袁隆平教授曾说过，科学家和艺术家一样也需要灵感。科学家借助灵感做出新发现的例子不胜枚举：由于受到浴盆中水的外溢的启发，希腊伟大科学家阿基米德得出了浮力定律；袁隆平有感于外国学者"此路不通就拐弯"的一席话，开始从野生的水稻植株里寻找不育株，培育出了我国第一批杂交水稻。灵感是一种正常的心理现象，不过，灵感的闪现需要外部信息的刺激。原有的知识处于潜在、散在状态，外部信息的引入才能使得这些信息有序地排列组合。再者，灵感的闪现还需要大量信息的积累。著名发明家爱迪生有一句名言："天才是99%的勤奋加上1%的灵感。"在这一点上，灵感和直觉具有共通之处。

>>>>知识链接

爱因斯坦自述的创造性科学发现模式

（1）ε（直接经验）是已知的。（2）A是假设或者公理，由它们推出一定的结论来。从心理状态方面来说，A是以ε为基础的。但是在A同ε之间不存在任何必然的逻辑联系，而只有一个不是必然的直觉的（心理的）联系，它不是必然的，是可以改变的。（3）由A通过逻辑道路推导出各个个别的结论S，S可以假定是正确的。（4）S然后可以同 ε 联系起来（用实验验证）。这一步骤实际上也是属于超逻辑的（直觉的），因为S中出现的概念同直接经验 ε 之间不存在必然的逻辑联系。（如图5-2）

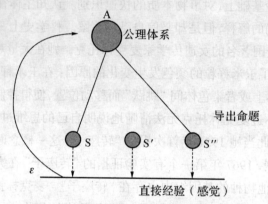

图5-2　爱因斯坦的创造性科学发现模式

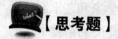【思考题】

如何理解创造性思维在科学发现中的作用？

2. 创造技法

根据扩散思维和集中思维这两类思维类型，创造技法分为两种，即为了寻找问题而后提出设想的扩散发现技法和为了收集情报并解决现实问题的综合集中技法。

第一，扩散发现技法。这一技法主要包括：①自由联想技法。自由联想技法是通过类比、相似和相反这三种联想来提出设想的一种方法。具体包括智力激励法、快速思考法、希望点列举法。其中智力激励法又包括：适用大集体的智力激励法——菲利浦斯66法；加入个人思考、评价的智力激励法——MBS法；会前把设想写在卡片上的发想法——NBS法；默写式智力激励法——635法等。希望点列举法是指人们通过发散性的思维联想提出人们的希望从而将希望点归纳、总结，从而开发新产品、提出新设计、拓展新思路。方式就是召开希望点列举会议，5~10人为宜，2小时为佳。②强制联想技法。强制联想技法是把课题和提示强制性地联系起来加以思考设想的一种方法。具体包括探求一切可能性的组合方法的形态分析法；把检核表法与属性列举法矩阵化的SAMM法；用行和列来掌握复杂的相互关系的矩阵思考法；从事物的属性中萌发新设想的属性列举法；从反面设想的逆向思考法；通过自由联想使设想实现飞跃的焦点法；联系两种不同要素寻求设想的一对关联法等。③类比联想技法。类比联想技法是将本质上相同或相似的因素作为前提来考虑设想的技法。具体包括改善思维的训练程序的NM法；从生物界的原理和系统中捕捉发明的灵感的仿生学法；以抽象的主题寻找卓越的设想的戈登法等。④特殊发想技法。特殊发想技法是通过催眠或睡眠，用印象暗示来进行设想的技法。具体包括形象控制法、催眠术、睡眠思考法、符号展开思考法、关键词法等。⑤问题发现技法。问题发现技法是指进行课题分析然后找出解决方案的技法。例如视觉动机法，这是一种消除工伤事故、促进合理化建议谋求车间充满朝气的技法。该方法就是使用照相机等，作用于视觉，使人产生旺盛的干劲和搞好工作的愿望。使用照相机来拍摄车间存在的问题，让大家来看，让人们来想，由集体来改善。通过自上而下的引入机制和自下而上的贯彻实施，吸收合理化建议，改善车间环境，由于全员参加，因此，商量对话、信息沟通的渠道增加了许多。

第二，综合集中技法。这一技法主要包括：①一般综合技法。一般综合技法是收集情报的方法，可适用于各种领域。例如：树型智力激励法是从设想到实施方案的程序体系化的技法；选准最终目标和最初线索的投入产出法；分析缺乏数据的社会系统的系统动力学法；整理复杂的逻辑的判断表法；从理想出发，萌发出可行的最佳设想的工作设计法等。②技术开发技法。该技法是主要用于产品开发和产品设计的方法。例如：价值分析法，这是一种利用价值分析谋求大幅度改善的技法；失败方式和效果分析法是一种复杂系列产品的可靠性分析的技法；工程设计法是一种开拓视野设计出独特的系统和产品的方法。③销售技法。该技法主要用于商品销售和广告宣传等领域。例如：商品概念技法，这是一种开拓视野产生商品概念的技法；销售学中的行为中心技法；聚类分析法，这是一种解释多变量数据中的结构的技法；有助于萌发设想的计算机命名法等。④预测技法。预测技法主要用于未来预测和技术预测等方面的技法，例如：特尔菲法，它是一种利用专家的直观和判断预测未来的技法；对相互作用进行定量预测的交叉影响矩阵法；应用范围开发的关联技法；分析问题结构的决策技法；发现自我组织的数据处理集体方法等。

3. 创造性思维及其创造能力的培养技法

第一，集中精神法。集中精神法指为提出设想而控制大脑集中思想的方法。

包括开发自己与他人如一的真正自我的坐禅法;通过冥想控制自己身心的瑜伽法;解放意识,引导出全面发展式的创造性的冥想法;根据形象产生新的自我的自律训练法。

第二,协商技法。协商技法主要是为解决人际关系问题和烦恼以维护情绪稳定的技法。包括在帮助他人的关系中培养主体性的咨询法;分析人际关系以求自我的交流分析法;以形象的交流加深人际交往的集中性形象交友法;在隔离状态下集体训练开发指导能力的感性训练法等。

第三,心理剧技法。心理剧技法是通过表演戏剧产生心理上的自由以及创造性行为。包括通过戏剧方法探求心理真理的心理剧法;通过角色扮演理解人类行动的角色扮演法;利用身体姿势培养创造性的创造性戏剧法等。

第四,思维变革技法。思维变革技法是训练思考活动并灵活变化的技法。包括有系统地创造性开发程序的 CPSI 法;不受概念约束,自由地进行设想的水平思考法;从习惯思考中解放出来的假象构成法;创造思维模式,设定产生思维场所的交叉法;使用创造性模型进行思考的力学思考法等。

>>>>知识链接

爱因斯坦:"培养独立工作和独立思考的人"

在纪念的日子里,通常需要回顾一下过去,尤其是要怀念一下那些由于发展文化生活而得到特殊荣誉的人们。这种对于我们先辈的纪念仪式确实是不可少的,尤其是因为这种对过去最美好事物的纪念,必定会鼓励今天善良的人们去勇敢奋斗。但这种怀念应当由从小生长在这个国家并熟悉它的过去的人来做,而不应当把这种任务交给一个像吉卜赛人那样到处流浪并且从各式各样的国家里收集了他的经验的人。

这样,剩下来我能讲的就只能是超乎空间和时间条件的、但同教育事业的过去和将来都始终有关的一些问题。进行这一尝试时,我不能以权威自居,特别是因为各时代的有才智的善良的人们都已讨论过教育这一问题,并且无疑已清楚地反复讲明他们对于这个问题的见解。在教育学领域中,我是个半外行,除了个人经验和个人信念以外,我的意见就没有别的基础。那么我究竟是凭着什么而有胆量来发表这些意见呢?如果这真是一个科学的问题,人们也许就因为这样一些考虑而不想讲话了。

但是对于能动的人类的事务而言,情况就不同了,在这里,单靠真理的知识是不够的；相反，如果要不失掉这种知识，就必须以不断的努力来使它经常更新。它像一座矗立在沙漠上的大理石像，随时都有被流沙掩埋的危险。为了使它永远照耀在阳光之下，必须不断地勤加拂拭和维护。我就愿意为这工作而努力。

学校向来是把传统的财富从一代传到一代的最重要机构。同过去相比，在今天就更是这样。由于现代经济生活的发展，家庭作为传统和教育的承担者，已经削弱了。因此比起以前来，人类社会的延续和健全要在更高程度上依靠学校。

有时，人们把学校简单地看作一种工具，靠它来把最大量的知识传授给成长中的一代。但这种看法是不正确的。知识是死的，而学校却要为活人服务。它应当在青年人中发展那些有益于公共福利的品质和才能。但这并不意味着应当消灭个性，使个人变成仅仅是社会的工具，像一只蜜蜂或蚂蚁那样。因为由没有个人独创性和个人志愿的统一规格的人所组成的社会，将是一个没有发展可能的不幸的社会。相反，学校的目标应当是培养独立工作和独立思考的人，这些人把为社会服务看作自己最高的人生问题。就我所能作判断的范围来说，英国学校制度最接近于这种理想的实现。

但是人们应当怎样来努力达到这种理想呢？是不是要用讲道理来实现这个目标呢？完全不是。言辞永远是空的，而且通向毁灭的道路总是和多谈理想联系在一起的。但是人格绝不是靠所听到的和所说出来的言语而是靠劳动和行动来形成的。

因此，最重要的教育方法总是鼓励学生去实际行动。初入学的儿童第一次学写字便是如此，大学毕业写博士论文也是如此，简单地默记一首诗，写一篇作文，解释和翻译一段课文，解一道数学题目，或在体育运动的实践中，也都是如此。

但在每项成绩背后都有一种推动力，它是成绩的基础，而反过来，计划的实现也使它增长和加强。这里有极大的差别，对学校的教育价值关系极大。同样工作的动力，可以是恐怖和强制，追求威信荣誉的好胜心，也可以是对于对象的诚挚兴趣，和追求真理与理解的愿望，因而也可以是每个健康儿童都具有的天赋和好奇心，只是这种好奇心很早就衰退了。同一工作的完成，对于学生教育影响可以有很大差别，这要看推动工作的主因究竟是对苦痛的恐惧，是自私的欲望，还是快乐和满足的追求。没有人会认为学校的管理和教师的态度对塑造学生的心理基础没有影响。

我以为对学校来说最坏的事,是主要靠恐吓、暴力和人为的权威这些办法来进行工作。这种做法伤害了学生的健康的感情、诚实的自信;它制造出的是顺从的人。这样的学校在德国和俄国成为常例;在瑞士,以及差不多在一切民主管理的国家也都如此。要使学校不受到这种一切祸害中最坏的祸害的侵袭,那是比较简单的。只允许教师使用尽可能少的强制手段,这样教师的德和才就将成为学生对教师的尊敬的唯一源泉。

第二项动机是好胜心,或者说得婉转些,是期望得到表扬和尊重,它根深蒂固地存在于人的本性之中。没有这种精神刺激,人类合作就完全不可能;一个人希望得到他同类赞许的愿望,肯定是社会对他的最大约束力之一。但在这种复杂感情中,建设性同破坏性的力量密切地交织在一起。要求得到表扬和赞许的愿望,本来是一种健康的动机;但如果要求别人承认自己比同学、伙伴们更高明、更强有力或更有才智,那就容易产生极端自私的心理状态,而这对个人和社会都有害。因此,学校和教师必须注意防止为了引导学生努力工作而使用那种会造成个人好胜心的简单化的方法。

达尔文的生存竞争以及同它有关的选择理论,被很多人引证来作为鼓励竞争精神的根据。有些人还以这样的办法试图伪科学地证明个人之间的这种破坏性经济竞争的必然性。但这是错误的,因为人在生存竞争中的力量全在于他是一个过着社会生活的动物。正像一个蚁垤里蚂蚁之间的交战说不上什么是为生存竞争所必需的,人类社会中成员之间的情况也是这样。

因此,人们必须防止把习惯意义上的成功作为人生目标向青年人宣传。因为一个获得成功的人从他人那里所取得的,总是无可比拟地超过他对他们的贡献。然而看一个人的价值应当是从他的贡献来看,而不应当看他所能取得的多少。

在学校里和生活中,工作的最重要的动机是在工作和工作的结果中的乐趣,以及对这些结果的社会价值的认识。启发并且加强青年人的这些心理力量,我看这该是学校的最重要的任务。只有这样的心理基础,才能引导出一种愉快的愿望,去追求人的最高财富——知识和艺术技能。

要启发这种创造性的心理才能，当然不像使用强力或者唤起个人好胜心那样容易，但也正因为如此，所以才更有价值。关键在于发展孩子们对游戏的天真爱好和获得他人赞许的天真愿望，引导他们为了社会的需要参与到重要的领域中去。这种教育的主要基础是这样一种愿望，即希望得到有效的活动能力和人们的谢意。如果学校从这样的观点出发胜利完成了任务，它就会受到成长中的一代的高度尊敬，学校规定的课业就会被他们当作礼物来领受。我知道有些儿童就对在学时间比对假期还要喜爱。

这样一种学校要求教师在他的本行成为一个艺术家。为了能在学校中养成这种精神，我们能够做些什么呢？对于这一点，正像没有什么方法可以使一个人永远健康一样，万应灵丹是不存在的。但是还有某些必要的条件是可以满足的。首先，教师应当在这样的学校成长起来。其次，在选择教材和教学方法上，应当给教师很大的自由。因为强制和外界压力无疑也会扼杀他在安排他的工作时所感到的乐趣。

如果你们一直在专心听我的想法，那么有件事或许你们会觉得奇怪。我详细讲到的是，我认为应当以什么精神教导青少年。但我既未讲到课程设置，也未讲到教学方法。譬如说究竟应当以语文为主，还是以科学的专业教育为主？

对这个问题，我的回答是：照我看来，这都是次要的。如果青年人通过体操和远足活动训练了肌肉和体力的耐劳性，以后他就会适合任何体力劳动。脑力上的训练，以及智力和手艺方面技能的锻炼也类似这样。因此，那个诙谐的人确实讲得很对，他这样来定义教育："如果人们忘掉了他们在学校里所学到的每一样东西，那么留下来的就是教育。"就是这个原因，我对于遵守古典、文史教育制度的人同那些着重自然科学教育的人之间的争论，一点也不急于想偏袒哪一方。

另一方面，我也要反对把学校看作应当直接传授专门知识和在以后的生活中直接用到的技能的那种观点。生活的要求太多种多样了，不大可能允许学校采用这样专门的训练。除开这一点，我还认为应当反对把个人作为死的工具。学校的目标始终应当是使青年人在离开它时具有一个和谐的人格，而不是使他成为一个专家。照我的见解，这在某种意义上，即使对技术学校也是正确的，尽管它的学生所要从事的是完全确定的专业。学校始终应当把发展独立思考和独立判断的一般能力放在首位,而不应当把取得专门知识放在首位。如果一个人掌握了他的学科的基础,并且学会了独立思考和独立工作,就必定会找到自己的道路,而且比起那种其主要训练在于获得细节知识的人来,他会更好地适应进步和变化。

最后,我要再一次强调一下,这里所讲的,虽然多少带有点绝对肯定的口气,其实,我并没有想要求它比个人的意见具有更多的意义。而提出这些意见的人,除了在他做学生和教师时积累起来的个人的经验以外,再没有别的什么东西来做他的根据。

第六讲 科学技术的社会运行

自然科学给人们的印象首先是自然科学的知识及一些与科学有关的词语,如科学实验、科学方法等。人们往往把科学看作一种知识体系及方法论,如丹皮尔在1956年出版的《科学史》中提出,科学是关于自然想象的有条理的以及关于表示这些现象的概念之间的关系的理性研究。这种看法揭示了科学的基本研究对象,但这种观点是在科学的规模较为有限,科学还没有与工业大规模结合时期所普遍流行的。20世纪以来,伴随着科学技术的社会功能大大加强,科学技术不再仅仅是科学家的个人爱好,也不再是能工巧匠的独门技艺,而成为对于社会历史发展具有重要推动力的影响因素。科学家之间、技术专家之间、科学家与技术专家之间的联系日益密切,科学技术创新越来越成为促进社会生产力提高的重要环节。这时,人们逐渐认识到科学技术不仅是一种智力活动,也是一种社会活动,科学是"社会的科学"。

一、科学技术的社会建制化

科学活动是重要的社会活动。虽然科学所涉及的是人与自然之间的关系,但人们认识自然的活动总是在一定社会关系下、以一定社会形式展开的。正如马克思所说:"甚至当我从事科学之类的活动,即从事一种我只在很少情况下才能同别人直接联系的活动的时候,我也是社会的,因为我是作为人活动的。不仅我的活动所需要的材料——甚至思想家用来进行活动的语言——是作为社会的产品给予我的,而且我本身的存在是社会的活动;因此,我从自身所做出的东西,是我从自身为社会做出的,并且意识到我自己是社会存在物。"① 由此可见,科学活动不仅是一

---

① 《马克思恩格斯全集》第3卷,人民出版社2002年版,第301-302页。

种独立的精神生产活动,还是一种基本的社会活动,它是由人、物、语言等社会化要素组织的动态过程,是社会性的活动。

按照社会学观点,形成社会建制意味着人类社会中的某些特殊人群形成了较为独立而完整的具有特定功能和结构的组织,是为了满足某些基本的社会需要而形成的相关社会活动的组织系统。由于科学活动也是一项社会活动,在科学研究过程中人与人、人与物之间必然建立某种社会联系,科学活动的社会建制化不可避免。所谓科学的社会建制化,是指科学事业成为社会构成中的一个相对独立的社会部门和职业部类的社会现象,它从科学家的社会角色、科学共同体及其活动、规范等方面反映了科学与社会的关系。

(一)科学社会建制的形成

科学技术的社会建制是从近代以后开始出现的。1560 年,意大利物理学家 G·波尔塔在那不勒斯创立的"自然秘密研究会",被认为是近代史上第一个自然科学的学术组织。16~17 世纪,工业革命开始在英国兴起,英国精英对于科学技术的研究兴趣明显增加,出现了英国科学的社会建制。1662 年,英国皇家学会的成立标志着科学开始作为独立的社会建制出现于世,表明科学家不再是孤立的个人,而是同属于一个有共同目标的科学共同体,科学建制化开始形成。但这一时期王室并不提供研究津贴,从事科学研究的人需要从事其他行业获得收入以维持生活和研究所需的经费,由此就限制了进入学会的人员层次和范围。伴随后期学会组织的完善和发展,英国皇家学会不再只对有钱人和上层人士开放,只有积极从事科学研究、对科学有实际贡献的人才有资格成为会员。18 世纪,欧洲科学家的人数大大增加,各国之间科学家的交往也十分频繁,地方科学学会和科学院的建设也出现了新发展。1700 年,德国建立了柏林科学院。1724 年彼得大帝建立了圣彼得堡学会。1760 年法国已有了 37 个地方科学院。

学会的成立和科学的普及,扩大了公众对科学的关心,科学技术研究的发展也成为工业革命的推动力,科学与产业的结合导致对科学实用性的认识增强,科学技术专家的必要性与重要性逐渐被重视。19 世纪以前并没有"科学家"这个名称,直至 1834 年 W·惠威尔匿名发表论文,其中与 Artist(艺术家)类比最早使用了Scientist(科学家)这个词,当其著作《归纳科学的哲学》(第 2 卷)出版以后,"科学家"这个名词才得以确立起来。由工业革命所带来的社会生产方式变革,使得技术工人的需求量增加,科学技术教育成为竞争性的工业时代最需要的教育,担负教育功能的大学和专科院校也得到发展。如 1747 年法国建立以培养土木工程师为主的桥梁铁路学校,1794 年又建立了国家综合性科学技术教育机构——巴黎综合技术学校。德国紧随法国之后，于 1809 年建立柏林大学并设立工学部，本着教育和科学研究相统一的原则，德国大学还实行实验室制度和研究班制度，致力于培养专业科学研究人员。科学专门化的发展、大学及实验室制度化的确立都促成了科学共同体的成熟。

>>>>**知识链接**

实验室与现代科学研究

实验室是科学建制的物质基础，也是科学观念形成的集散地。精密的实验研究是科学活动的主要内容和科学家的行为基础，没有实验方法的一致性，就不可能出现独立的科学团体。例如，美国电话电报公司所属的独立研究机构贝尔实验室，被誉为美国的"发明工厂"，曾经获得 2 万多项专利，发明了晶体管、激光、太阳能电池、第一颗通信卫星，创立了射电天文学等。该实验室现有工作人员 2 万多人，其中曾有 7 人获得过诺贝尔奖。它对基础研究也十分重视，这方面的开支占研究开发经费总额的 10% 左右。工业实验室特别是大型工业企业中的工业实验室在美国的科学研究中起着举足轻重的作用，它们吸纳了全美 60% 以上的研究与开发（R&D）总经费，大约 3/4 的科研人员为其工作。

20 世纪以来，科学活动的规模逐渐扩大，科学研究由 16 世纪以来的个人探索，逐步变为被科学共同体价值体系规范的研究行为。科学的劳动方式，也由少数学者业余的自然探讨转变为国家规模甚至是国际范围的社会化研究，集体研究成为科学研究的主要形式。19 世纪的集体研究以教授带助手的方式进行，到 20 世纪，集体研究转变为在合理分工基础上的密切协作。社会上大量的人力、物力和财力投入于科学研究工作，建立了由科学家、学者、工程师等构成的庞大专业劳动者队伍，并组成了各种研究机构和学术团体。科学逐渐成为社会职业，以工资谋生的科学家必须服从社会需要和国家发展战略，按照国家每年编写的科学研究项目指南编写课题，而不是早期的以自由研究为主。伴随着科学研究成果的增多、科学家数量的增长，科学的发展按照指数规律加速增长，科学管理也日趋复杂，这就使科学成为有计划发展的事业。

正是在这种背景下，科学成为独立的生产实践过程，科学作为特殊的社会活动，已经发展成为社会构成中一个相对独立的社会职业部门，一些科学社会学家也逐渐将科学作为一种社会建制来研究。1919 年，德国社会学家 M•韦伯首先把科学作为一种社会职业，把从事科学活动的人当作一种社会角色来研究。他在《作为一种职业的科学》的论文中，指出科学已成为一种重要的社会事业，形成了自己的职业化组织，科学已发展到专门化阶段，只有经过严格专业训练的科学家才能胜任，从而使科学活动与其他社会活动区别开来。1954 年，英国科学家贝尔纳在《历史上的科学》中明确指出："科学建制是一件社会事实，是由人民团体通过一定组织关系联系起来，办理社会上的某些业务。"[①] "作为集体的有组织的机体的科学建制是一种新兴制度。"[②] 伴随科学和技术组织从无到有、从小到大的发展，科学作为一种社会建制逐渐在社会中占据重要地位，且科学社会建制状况也成为衡量国家经济、政治、军事实力的重要标志。

（二）科学技术建制化的主要标志及其内涵

科学技术建制化的主要标志是科学共同体与技术共同体的产生与形成，以及建立相应的社会规范与行为准则，以协调科学技术业和其他事业同步发展。19 世纪以前，科学劳动基本上是科学家个人的活动，带有明显的个体性甚至业余性。科学的发展更多依靠科学家个人的才智、兴趣、爱好、责任感、义务感以及个人不懈的努力；科学家之间缺乏广泛的社会联系和学术交流与协作。19 世纪以后，科学与社会生产的联系也日益紧密，从而出现了小科学向大科学的过渡，科学的发展更多依赖科学家群体，科学活动从自由研究进入更大规模的实验室研究，从而使得科学活动出现了职业化、社会化和建制化的新特点。

1. 科学共同体与技术共同体

（1）科学共同体。"科学共同体"（ Scientific Community ）是科学建制的核心。1942 年，英国哲学家米切尔•波兰尼（ Michael Polanyi ）在《科学的自治》一书中首先提出"科学共同体"的概念。他写道："今天的科学家不能孤立地实践他的使命，他必须在各种体制的结构中占据一个确定的位置。一个化学家或者一个心理学家，没有一个人不属于专门化了的科学家的一个特定集团。这些不同科学家群体合起来形成科学共同体。"[③] 波兰尼的科学共同体概念意指科学家按专业不同形成不同集团，他认为科学共同体的任务是建立和发展科学家之间为获得可靠知识而必需的最佳关系。

---

① ［英］贝尔纳:《历史上的科学》，伍况甫等译，科学出版社 1959 年版，第 9 页。
② ［英］贝尔纳:《历史上的科学》，伍况甫等译，科学出版社 1959 年版，第 7 页。
③ Polanyi, M. *The Logic of Liberty*. Chicago: University of Chicago Press, 1951, p.49.

1962 年,美国科学史学家库恩发展了波兰尼的观点,将科学共同体和范式联系在一起进行考察,从而发展了科学共同体的含义。他认为:"科学共同体是由一些学有专长的实际工作者所组成。他们由他们所受教育和训练中的共同因素结合在一起,他们自认为也被人认为专门探索一些共同目标,也包括培养自己的接班人。这种共同体具有这样一些特点:内部交流比较充分,专业方面的看法也比较一致。同一共同体成员在很大程度上吸收同样的文献,引出类似的教训。不同的共同体总是注意不同的问题,所以超出集团范围进行业务交流很困难,常常引起误会,勉强进行还会造成严重分歧。""科学事业就是由这样一些共同体所分别承担并推向前进的。"① 库恩认为科学共同体不仅仅是全体科学从业者的共同集合,更确切地说应该是由拥有相同范式的学有专长的实际工作者所组成的集合。由此可见,科学共同体是在共同范式基础上由科学家组成的专业团体,在同一科学规范的约束和自我认同下,科学共同体成员掌握大体相同的文献,接受大体相同的理论,有着共同的探索目标。他们在科学范式的指导下共同从事科学研究工作。不同国家、不同地区的科学家们通过研究同一领域的问题、参加相关会议和阅读同一领域的文章等方式开展交流合作,形成了不同的领域、层次和专业的科学共同体。

科学共同体的层次结构与科学分类有着密切关系。广义上,全体科学家可以成为一个科学共同体。其中又可以按照学科分为略低一层的科学共同体,如物理学家、天文学家、生物学家、地理学家等科学共同体。从这个层次还可以继续分出一些子集团,如理论物理学家、实验物理学家、射电天文学家、微生物学家、植物学家、自然地理学家、人文地理学家等。当然,还可继续往下细分。伴随当前学科分类的细化和学科融合的增加,跨专业的交流和合作开始变得平常,一些科学家在科学共同体之间转移,或者在几门学科交叉的领域创立新的科学共同体。科学共同体还可以按照地域划分,不同国家、不同区域的科学家由于研究条件不同,形成了不同的科学共同体。

科学学派和无形学院是科学共同体的两种主要形式。科学学派是在主要科学带头人的领导下,在某一科学方向上具有共同兴趣和技能的几代研究者的创造性合作,其中科学带头人是科学学派的领袖和核心人物,指导和带领着学派的研究方向,也影响着学派其他成员的科学研究。科学学派不是基于形式上的统一,而是基于解决问题方法的统一与工作作风和思维方法的一致性。科学学派中最容易体现

---

① ［美］库恩:《必要的张力》,纪树立等译,福建人民出版社 1981 年版,第 292-293 页。

的协作精神使得科学学派能够促进科学发展,科学学派有益于培育科学的新的生长点,保护科学新思想。由于科学学派代表着一种独特的科学思想与方法,因此难免存在科学学派之间的争论,争论可分为科学学派之间的争论和科学学派内部成员间的争论。但这种争论在科学研究中是正常的,也是科研竞争的表现。无形学院是科学共同体另一个值得关注的组织形式,它是非正式组织。科学共同体中的正式组织是指行政上具有明确组织形式的集团,例如研究院、大学、实验室等。还有一类是没有明确组织原则和岗位的科学家之间的交流形式,这就是所谓的"无形学院"。美国科学学学家普赖斯在研究现代科学学术交流的社会网络时发现,现代科学技术从业人员众多,真正有学问的人就会分类为非正式的小团体,其成员通过互送未定稿、参观同行实验室、快捷通讯等非正式交流与合作,形成强有力的高产团体。据20世纪70年代统计,有1/3的科学情报是由非正式渠道传递的。现代网络技术和通讯技术的发展为这种交往提供了更为广泛便捷的手段。无形学院使科研人员能够在最短的时间通过直接交流获得情报,可以有高度选择性和针对性地获得对方的思想和信息,实现学术思想的及时更新和学术灵感的即时碰撞,成为科学技术发展的重要组织形式。在学科的前沿,往往是无形学院通过少数人的非正式交流系统创造出新知识,然后再由正式组织大规模评价、承认和推广。

（2）技术共同体。科学家之间需要交流与合作,同样,技术专家和工程师也需要交流与合作,于是技术共同体应运而生。技术共同体是以共同的技术范式为基础形成的技术专家群体,其任务是在技术范式的指导下共同从事技术的研究、开发。按照合作范围的不同,技术共同体的表现形式可以分为国际技术共同体、国家技术共同体、行业技术共同体。

>>>>知识链接

技术共同体与"创新者网络"

"创新者网络"这个概念出自技术创新经济学,意指一种特殊的创新者组织形态,即网络组织,它介于市场和企业之间,是两者互相渗透的产物。与市场和企业组织相比,网络组织是一种松散联结的组织,但成员间有一种合作的关系作为网络组织的联结机制。"创新者网络"与技术共同体的关系,颇似"无形学院"与科学共同体的关系。"创新者网络"与一般的创新者（如企业）正式的交流（如技术报告、技术资料、杂志书籍、专利转让等）而形成的技术共同体的不同之处,在于它提供了创新者进行非正式交流的机会,使其发生直接的互动,从而提高创新活动的效率。

（参见教育部社科司组编:《自然辩证法概论》,高等教育出版社2004年版,第268页。）

技术共同体和科学共同体都是基于相同范式而组成的成员间相互交流与合作的专家群体。二者的区别在于:技术共同体的制度目标是解决实际应用问题,突破实际操作中的技术难点并增长技术知识,科学共同体的制度目标是增长准确无误的科学知识;科学家需要的是科学共同体的承认,技术共同体成员可以得到来自于技术共同体的承认,也可得到社会的承认,也可由申请专利的方式获得承认;科学家出于获得同行承认和优先权的考虑,往往会尽快公布新知识,并将细节无偿向社会公开,技术专家可以通过申请专利的方式公开新的技术发明,也可通过出售许可的方式保证有偿使用,还可能保密或部分保密。

2. 科学技术系统的社会分层

人类社会普遍存在分层现象,表明人类社会存在社会地位差异。同样,科学技术系统也是高度分层的社会体制。科学家和技术专家在社会共同体中的分层和地位,并不是由其财富、职位和行政层次决定的,而是由其对科学的学术贡献和技术创新程度决定的。1973年,美国科尔兄弟在其出版的著作《科学界的社会分层》中广泛考察了科学社会中的分层现象,发现科学共同体内科学家的科学成就多寡、声望高低、管理权力大小等都呈现金字塔结构,科学史上少数处于上层的科学家或者创造了巨大学术贡献,或者为同事们的研究指明了新方向,这些处于"塔尖"的精英科学家为科学发展做出了重大贡献,如牛顿、爱因斯坦等里程碑式的大师级人物。他们人数不多,影响巨大,是威信最高的权威。其下的层次分别是一流、二流等科学家,最底层是一般科学工作者。

H·朱克曼在《科学界的精英》一书中也阐述了科学界的分层现象。以美国为例:"1974年的有关统计材料表明,有49.3万名美国男女人士在全国人口普查中把自己说成是'科学工作者';有31.8万名科学家被统计进入'全国科技人员登记手册'的调查报告中;有18.4万名科学工作者被列入《美国男女科学家》词典;有17.5万名科学家是受过高级科学训练、获得博士学位的;有950名科学家被选入全国科学院院士;最后有72名诺贝尔奖金获得者住在美国。"[①] 朱克曼将以上数字

---

① ［美］朱克曼:《科学界的精英》,周叶谦、冯世则译,商务印书馆1979年版,第12-14页。

除以 72,得出了相对于每个诺贝尔奖获得者分层结构的数字,结果显示出明显的金字塔形。(图 6-1)

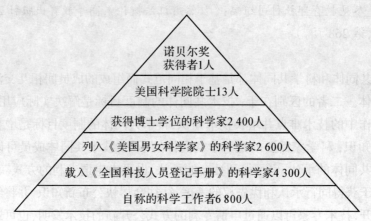

图 6-1　美国科学界的分层现象

人们取得在科学界的地位,主要依靠的是学术成就,而非个人天赋。当前通常将诺贝尔奖获得者视为具有最高权威的学者。朱克曼认为科学界地位层次的获取体现出"马太效应"[①],她提到:一旦成为一个诺贝尔奖获得者,无论是好是歹,都将稳固地居于科学界的精英行列。如此就带来了"马太效应"所产生的优势累积过程,有名望的科学家越来越有名,较为不知名的科学家更为不知名。这一过程有助于形成、维持科学界的社会分层结构。同样,在技术共同体内部也存在社会分层,做出重大技术发明或技术创新者,处于共同体的上层,而一般的技术人员则处于技术共同体的下层。在技术共同体内部同样存在"马太效应",在资源分配和成果奖励上,还是偏向知名人士和做出杰出贡献的工程师及技术专家们。

3. 科学技术的行为规范

无论科学共同体,还是技术共同体,其活动都是一个行为过程,均离不开约束行为的规范。

(1)科学共同体的行为规范。科学共同体的行为规范以公有主义、普遍主义、

---

① 马太效应,即社会分层的优势积累效应,意指一种富者愈富、穷者愈穷的累积效应。《圣经》"马太福音"中说:凡有的,还要给他,叫他有余;没有的,连他所有的,也要夺过去。在科技活动中,当一位科学工作者获得了一定的优势(论文、引证、名誉、奖励等)以后,他将会获得更多的优势;而未能获得优势者则相对会变得更加弱势。"马太效应"不仅体现在科学家个人身上,而且也表现在共同体或国家层面上。——编者

无私利性、有条理的怀疑主义和独创性为标准,这是建立在 1942 年美国科学社会学家 R·默顿首先提出的科学共同体的行为规范基础上的。

第一,公有主义(Communalism)。公有主义规范要求科学家不占有和垄断科学成果。科学是公共的知识,所有人都是可以利用的。也就是说,科学成果不属于科学家个人,而属于全世界。科学的发现应该尽快地向科学共同体交流。"科学是公共的知识,而非个人的知识。只有当科学家把他的思想和发现公之于世,他才算做出科学贡献。因而,只有使他的贡献成为科学的公共领域的一部分,他才应该真正地要求说,这项贡献归他所有。"[1]

第二,普遍主义(Universalism)。普遍主义规范强调从事科学活动的平等资格和科学评价标准的一致性与客观性。普遍主义要求在科学面前人人平等,发明成果和理论论证的真理性应该由科学知识内在原则所规定,与提出者的国籍、民族、宗教、阶级、年龄或科学上的地位无关。科学研究活动向一切有才能的人开放,反对以任何理由如地位出身、政治信仰等限制有才能的人从事科学活动。

第三,无私利性(Disinterestedness)。无私利性强调科学活动的目的,科学家不应为个人私利,而应为追求真理而从事科学研究工作。科学家进行研究和提供成果时,除了促进知识以外,不应该有其他动机。他们在接受或排斥任何具体科学思想时,应该不计个人利益。这一规范与功利主义科学观是对立的,它拒绝把功利主义运用于科学研究,"它涉及对科学研究动机的制度性控制,以促进科学知识的发展",体现了不谋私利追求真理的思想。

第四,有条理的怀疑主义(Skepticism)。强调科学永恒的批判精神,科学家们对科学成果应始终保持一种批判的态度,不断言存在绝对权威,对于科学知识,无论是新的还是旧的,都应该持续地仔细检查可能的事实错误或论证的矛盾,科学总是大无畏地承认自己的思想可能有错,总是在消除错误,逼近真理。

第五,独创性(Originality)。独创性规范强调科学认识活动的创造性。科学是对未知世界的发现,科学认识活动是人类高级智力的创造性劳动,科学研究成果应该总是新颖的,真正的科学成果必须是提出了新的科学问题,或提出了新的学说,一项科学研究如果没有给人类的科学知识大厦增添新内容,则无所谓贡献于科学。

默顿规范的独特意义在于它强调了直接影响科学家个体的实践原则,将科学

---

[1]　Merton Robert K. *The Sociology of Science: An Episodic Memoir*. Carbondale : Southern Illinois University Press, 1977, p.47.

建制与社会其他行业和建制区分开来。后来,其他人也对默顿的科学行为规范有不同程度的拓展,但几乎也都是从默顿的行为规范中派生出来的。现在人们普遍认为,默顿提出的规范反映了科学研究活动的"元规范"。

（2）技术共同体的行为规范。科学共同体的行为规范是由科学活动的特点决定的,但技术与科学还是有区别的,从事技术活动的专家和工程师具有其独特的精神气质和行为规范。技术共同体的行为规范可以概括为独占性、普遍主义、私有主义、实用主义、替代主义。

第一,独占性。独占性规范强调技术成果归发明者所有。技术产权得到专利和保密制度的保护,非技术发明者不可侵犯。

第二,普遍主义。技术的普遍主义和科学的普遍主义是类似的。技术向一切有能力进入技术领域的人开放,对于技术成果的评估需要秉持科学标准,考察技术成果的有用性和对于生产的带动性,所有对于生产技术提高做出突出贡献的人都应永载史册,对于技术成果的评定与技术专家的民族、信仰、行政等级等无关。

第三,私有主义。私有主义规范强调技术发明者拥有技术成果的财产权。虽然技术发明在本质上是社会协作的产物,但技术的特点在于它本身可以盈利,具有私有财产性质,因此技术发明在一定时期内归发明者或发明者所在集团所有。

第四,实用主义。实用主义规范要求技术专家或工程师发明的技术成果应该具有实用性、合用性。科学的任务是发现新知识,技术的任务则需要将科学理论变为技术成果,满足人们的现实需要,因此技术具有很强的应用性和合用性,实用主义是技术专家和工程师的精神气质。

第五,替代主义。替代主义规范要求工程师用批判的眼光审视技术,不断分析现有技术的不足与缺陷,对现有方法进行改造和突破,使之更具有进步性和便利性,用新技术代替旧技术,实现技术的优化升级。

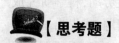

【思考题】

如何理解科学技术的社会建制化? 科学技术的社会规范有哪些?

二、科学技术社会运行的特点与保障

科学技术作为一个整体,其健康、持续的运行离不开社会环境和体系制度的保障。现代科学技术的发展推动了科学技术一体化的进程,也促进了科学技术与社会的融合过程。

（一）科学技术的社会化

科学技术的社会化是指科学技术与社会之间相互作用、相互影响和相互渗透过程的一个方面，另一个方面则是社会的科学技术化。伴随着科学技术的发展，人们逐渐认识到科学技术不仅是一个智力过程，也是一个社会过程。科学技术的社会化主要表现在以下几方面：

1. 从小科学转变为大科学

小科学是指近代传统的以增长人类知识为主要目的、以个人的自由研究为主要特征的科学。大科学是指国家资助的、具有巨大规模和先进实验技术设备，并对社会经济、政治、生活起前所未有作用的现代科学。其特点表现在以下方面：第一，大科学是现代科学研究高度社会化的必然产物。其规模已发展到国家规模甚至国际规模，它的社会支持系统也日益扩大和完备，社会投入巨大的人力、物力、财力和科技管理能力支持科学技术发展。第二，大科学是系统化、整体化的科学。当代科学革命和技术革命逐渐汇合在一起，科学与技术的结合日益紧密，从基础研究到应用研究的过程更加集约，周期日益缩短，科学与技术之间很难再画出清晰界限。除此之外，当前科学技术与社会科学也逐渐实现渗透与融合，科学技术的发展与社会科学越来越深刻地结合起来，形成一批自然科学与社会科学的交叉学科与边缘学科，使得社会科学的研究越来越严谨，自然科学的研究越来越适应社会的需求。第三，科学技术工作者和科学技术管理者已成为规模巨大的社会阶层。他们以其智力、思想、方法为社会创造巨大物质财富和精神财富，也深刻影响着社会，成为社会文化的重要组成部分。

2. 科学技术产业化

当前科学技术新成果的发展直接推动科学技术产业化的形成，如生物技术的发展带动生物工程产业，信息技术的成熟带动软件产业与信息产业，技术的发展为科学技术产业化的形成提供技术支撑与硬件支持。当前科学技术作为一项独立的产业，成为国民经济的重要组成部分，科学技术研究的产品与成果已经作为商品进入流通领域，科学技术研究成为一个能够独立开展生产、再生产的社会系统。

3. 科学技术与教育和经济形成一体化趋势

科研院所、高校、企业等科学技术研究机构正在从不同侧面走向科技、教育和经济的一体化。科研院所和高校在当前不仅担负科学技术的研究职能，而且将科学技术知识与培养人的智力才能相结合，着重打造社会需要的专业型人才，并培养学员的多方面素质。除此之外,科研院所和高校还致力于将科学研究的成果与技术应用相结合,促进科研成果向生产的应用与转化,从而将科研机构和高校构建成为集科技研发、教育培养、创造开发于一体的综合体。现代企业在发展过程中也注重建设专业技术研究院,积极促成技术成果创新,形成以科技为先导,以人才为支撑,以市场为导向的科技生产经营主体,并注重员工的科学技术教育,从科学创新、技术开发和员工培养三方面塑造企业综合开发能力。

(二)科学技术社会运行的不平衡性

自科学从哲学中分化独立以来,至今已有几百年的历史。科学技术的社会运行在不同的时期和不同的区域,有不同的特点,显示不同的规律。它首先反映科学技术自身发展的规律,其次体现了社会发展的规律,集中表现为发展的不平衡性。因此,不同的国家要据此制定出各自运行的目标、体制与保障措施。这些不平衡性主要包括:

1. 部门和区域的不平衡

这种差别首先表现为科学技术在不同部门间的发展状况存在区别。在薪酬方面,企业科研人员的薪金高于科研机构和高校的同等资历研究人员,因此存在科技人员向企业转移的现象。其次,在区域表现上,一国不同地区的薪金也有所不同,一般而言经济较发达的地区薪金较高,经济欠发达的地区薪金较低,但也存在国家为扶持经济欠发达地区发展而为该地科研人员提高薪金的现象。在区域发展过程中,地区科研院所的数量、实力和分布也对经济发展产生影响,科研院所数量多、实力强的地区,科技对于经济的带动作用较为明显。区域经济发展差异对于科研人员的吸引程度也存在差别,当前人们倾向于选择中东部经济较发达地区,所以中东部地区找工作较为困难,而西部地区由于偏远与经济发展水平限制,常出现缺乏人才的现象。

2. 科技中心的转移

科技中心转移是指科学活动(包括科学队伍的规模、素质和研究成果)在不同历史时期是以不同国家为中心的,这与该国家的经济、政治、文化、科技等政策密切相关。日本科学史家汤浅光朝系统分析 300 年来世界各国科学家的重大发现和发明创造,发现了"近代科学中心转移"的规律性现象。在这里,我们把一个国家的科学成果超过世界总成果的 25% 作为有资格成为科技中心的标志,近代世界科学活动中心是按照表 6-1 的顺序作历史转移的。①

---

① 那日苏:《科学技术哲学概论》,北京理工大学出版社 2006 年版,第 211 页。

表 6-1　近代世界科学中心的转移

国　　家	作为科学中心的年代
意大利	1540~1610
英国	1660~1730
法国	1770~1830
德国	1830~1920
美国	1920 年至今

由表 6-1 可知,伴随着年代的变迁和国家科学技术的发展,作为科技中心的国家是在变化转移的。了解这种规律性对于加深对本国科学本质的理解及制定国家科技政策具有重要意义。同时,若一个国家在某一时期不是科技中心,通过制定科学的科技发展政策,仍然有希望取得科学成就成为科技中心。

3. 学科发展的不平衡性

纵观科学发展历史可以发现,不同学科的发展情况是不平衡的。有些学科在一定时期的发展速度和水平走在其他学科之前,并会影响其他学科的发展,它的概念、理论和方法对于其他学科有促进作用,这种学科被称为“带头学科”。带头学科的发展也在发生更替:17~18 世纪约 200 年的时间,力学为带头学科;19 世纪约 100 年的时间,化学、物理学和生物学为带头学科;20 世纪前 50 年的时间,微观物理学为带头学科;20 世纪 50~70 年代约 25 年的时间,控制论、宇宙航行学、高能物理为带头学科。通过一系列数据我们可以发现:带头学科呈现相互更替的现象,一门带头学科与几门带头学科相间出现,带头学科的带头周期不断缩短。这一规律为国家考察科学技术发展趋势、制定科学技术政策提供参考依据。

4. 技术运行(发展)的不平衡性

技术运行(发展)的不平衡性主要是指,由于技术自身逻辑发展的规律性,以及社会经济发展的不平衡性的影响,造成各国技术发展的差异性,表现为在一定的社会历史时期,某些国家的技术水平和能力相对来说要高一些和强一些。因此,就社会发展而言,必然涉及技术的转移,形成技术贸易和技术市场,这些技术交流活动为技术在全球的扩散奠定了基础。随着全球化趋势的增强,国际间的技术转移、技术贸易与技术市场得到了更高程度的发展。同时,发达国家利用其技术上的优势,利用高新技术及附加值保持甚至拉大了与发展中国家的差距,因此,我国当前注重建立国家创新体系和实施科教兴国战略,扶持自主创新、促进科技发展,提高综合国力。

(三)科学技术社会运行的保障

现代社会是一个复杂的社会系统,由其形成的子系统共同处于错综复杂的关系之中。科学技术子系统也必然和其他子系统相互联系、相互制约与相互作用。因而,研究科学技术的社会运行,必须从社会大系统的视角考虑,对科学技术活动进行合理的调节控制,保障其健康持续地运行发展。

1. 国家战略和科技政策

国家通过战略制定、政策导向、法规约束、研发投入等保障和规范科学技术的运行活动。各项法规与规划为科学技术的发展创造良好的制度环境,保证科学技术的发展。

>>>>知识链接

国家高技术研究发展计划(863计划)

国家高技术研究发展计划(863计划)是中华人民共和国的一项高技术发展计划。这个计划是以政府为主导、以某些领域为研究目标的一个基础研究的国家性计划。

1980年以来,在新的科技革命的推动下,科学技术引起了经济、社会、文化、政治、军事等各方面深刻的变革。许多国家为了在国际竞争中赢得先机,都把发展高技术列为国家发展战略的重要组成部分。1983年美国提出的"战略防御倡议"(即星战计划),法国及西欧的"尤里卡计划",苏联、东欧的"科技进步综合纲要",日本的"振兴科技政策大纲"等高科技发展计划相继出台。

1986年3月3日,一份"关于追踪世界高技术发展的建议"呈送到中南海,这是一封致邓小平、胡耀邦的信。信中建议是由中国科学院技术科学部主任王大珩、核工业部科学技术委员会副主任王淦昌、航天部空间技术研究院科学技术委员会副主任杨嘉墀、国防科学技术工业委员会科学技术委员会专职委员陈芳允等4位著名的老科学家提出的。他们针对世界高科技的迅速发展和世界主要国家已制定了高科技发展计划的紧迫现实,向中央提出了全面追踪世界高科技的发展和制定中国发展高科技计划的建议和设想。3月5日,邓小平迅速做出批示:"这个建议十分重要,请紫阳同志主持,找些专家和有关负责同志讨论,提出意见,以凭决策。此事宜速作决断,不可拖延。"根据邓小平的意见,中央立即组织有关部门负责同志和专家对我国高技术的发展战略进行全面论证,制定高科技研究发展计划。这个计划因是1986年3月提出的,故简称"863计划"。

在朱光亚等人的主导下,国家科委成立"863计划"编制小组,组织论证,广泛征求专家意见。10月6日,邓小平审阅赵紫阳9月25日关于该计划给邓小平、胡耀邦、李先念、陈云的报告和有关文件,作出批示:"我建议,可以这样定下来,并立即组织实施(如有缺点或不足,在实施中可以修改和补充)。耀邦、先念、陈云同志审核后,提政治局讨论、批准。"10月18日,邓小平在会见李政道和意大利学者齐基吉时透露了他的心情和想法,他说:"对于科学我是外行,但我是热心科学的。中国要发展,离开科学不行。在这方面,我们还是比较落后。""发展高科技,我们还是要花点钱,该花的就要花。""在高科技方面,我们要开步走,不然就赶不上,越到后来越赶不上,而且要花更多的钱,所以从现在起就要开始搞。"在邓小平的支持和推动下,11月,中共中央、国务院批转了《高技术研究发展计划纲要》。计划纲要确定从世界高技术的发展趋势和我国的需要与实际可能出发,选择15个主题项目,分别属于7个领域,包括生物技术、航天技术、信息技术、先进防御技术、自动化技术、能源技术和新材料技术的一些领域,以此作为突破重点,在几个重要的高技术领域跟踪世界水平。至此,一个面向21世纪的中国战略性高科技发展计划正式公之于世。这样重大的一个计划,从提出建议到最后决定,只用了8个多月的时间。

"863计划"于1987年3月正式开始组织实施后,上万名科学家协同攻关,我国的高技术研究开发取得了重要进展,今天我国在生物、航天、信息、自动化、能源、新材料、海洋等技术领域可以与世界技术前沿直接对话,极大地增强了中国人自主发展高技术,参与国际竞争的信心。"863计划"已经成为我国科学技术发展,特别是高技术研究发展的一面旗帜。

为解决原有科技计划体系的重复、分散、封闭、低效等问题,进一步提高财政资金使用效益,国务院于2014年部署国家科技计划管理改革,计划在2016年底前完成改革主体任务,将原有的100多个科技计划整合成国家自然科学基金、国家科技重大专项、国家重点研发计划、技术创新引导专项(基金)、基地和人才专项五大类。其中,国家重点研发计划是改革的重中之重,也是五类计划中启动最早的一项改革。2016 年 2 月 16 日,国家重点研发计划首批重点研发专项指南发布,这标志着整合了多项科技计划的国家重点研发计划正式启动实施,也意味着"863 计划"即将成为历史名词。

(白阳、余晓洁:《"973""863" 取消后科研咋办? 国家重点研发计划正式启动》,http://www.gov.cn/xinwen/2016-02/16/content_5041954.htm)

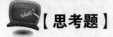

【思考题】

结合上述材料,谈一谈科学技术运行的社会保障。

2. 科学奖励制度

科学技术奖励系统是科技内部重要的组织机制,它是科学技术系统的重要动力机制。科学技术奖励系统的目的在于激励,通过对科研人员的科研能力和学术成果展开评价并衡量其贡献,对取得预期经济效益和社会效益的科研人员实施奖励,从而激发、鼓励科研人员的工作动力。奖励的等级越高,知名度越大,成果的贡献度和应用价值就越大,科研人员的贡献就越大。由此可见,科技奖励过程也是确立科研人员地位和声望的过程。

科学奖励系统的首要环节,就是使科技研究成果接受行业内专家的评价,且应选择具有精深学术造诣、具有较高权威的专家作出公正客观的评价;其次是科学奖励的评议环节,这是科学奖励的中心环节。不同的成果形式有不同的评价方法:对于论文,应从发表何种期刊、期刊影响因子、论文观点被引证数等方面进行考察。对于科研项目,应由课题管理部门组织同行专家进行鉴定,从研究设计的科学性与合理性、学术水平、创新情况、社会效益和影响状况等方面进行考察。对于申请专利的技术发明成果,应从技术创新、技术进步和技术改造等方面展开考察;科学奖励系统的最后环节是社会承认。社会根据同行评议的结果对科研成果给予承认,授予不同的奖励。

科学因其知识的公有性而注重科学发现的优先权,这使科学贡献被同行和社会承认及相应的奖励显得特别重要。当前我国已经建立了较为完善的科学奖励制度。第一,按照《国家科学技术奖励条例》,自 1999 年起设立国家最高科学技术奖。国家最高科学技术奖授予在当代科学技术前沿取得重大突破或者在科学技术发展中有卓越建树的科学技术工作者;或者在科学技术创新、科学技术成果转化和高技术产业化中,创造巨大经济效益或者社会效益的科学技术工作者。授予人数每年不超过 2 名。根据《国家科学技术奖励条例》第二十条,经国务院批准,规定:国家最高科学技术奖个人奖金数额为 500 万元。其中,50 万元属获奖者个人所得,用于改善生活条件;450 万元由获奖者自主选题,用作科学研究经费。国家最高科学技术奖报请国家主席签署并颁发证书和奖金。第二,设立国家级四大科学技术奖。分别为国家自然科学奖、国家技术发明奖、国家科学技术进步奖和中华人民共和国国际科学技术合作奖。贯彻少而精的原则,国家自然科学奖、国家技术发明奖、国家科学技术进步奖只设一、二等奖。国家自然科学奖、国家技术发明奖、国家科学技术进步奖的奖金标准为一等奖 9 万元,二等奖 6 万元。国家科学技术奖励委员会主任委员由科技部部长担任,科技、教育等有关部门的领导同志和著名科学家及有关专家 15 至 20 人为委员,以保障评选工作的科学性、公正性和权威性。由科技部提出组成人员人选,报国务院批准。这些科学奖励制度有效地保障了我国科学技术的良性运行。

在当前国际社会中,科学技术奖励的形式还包括以姓氏命名,这是科学界中最持久、声望最高的制度化承认方式,这种承认通常是把科学家的名字加在他的发现之前,如开普勒定律、哈雷彗星、牛顿力学等,名字命名也有不同层次,最高层次是整个时代都以他们名字命名,当然这些人自然为数尚少,如达尔文时代,爱因斯坦时代。以名字命名使科学家流芳百世,也使人们永记科学家所做的巨大贡献,对于科学家而言是至高无上的承认与奖励。

3. 科技中介服务体系

市场经济条件下的科技创新活动是高风险的投资活动,其研发投入、接受生产的单位和市场开发都需要通过社会化中介机构来推进。中介机构是构建研究型机构、高技术公司与风险投资公司、创新者个体之间的信息桥梁,通过提供中介服务,使得信息与社会之间构建沟通渠道,实现科技服务于经济建设和社会发展的目的,也是吸纳社会各界力量促进经济社会协调发展的重要保障。科技中介服务体系的职能包括信息综合服务、科技人才服务、风险投资服务、专利和知识产权服务等方面。科技中介服务体系的完善是构建科学技术社会运行体制的重要组成部分。

4. 知识产权制度的完善与执行

科学技术研发活动作为一种知识生产,不但有优先权问题,还涉及劳动者创新与经济回报等。因此,从保护创造性劳动和科技运行机制顺利运转的视角出发,我们也应当建立强有力的知识产权保护制度。首先,完善科技立法。通过立法保障发现发明、保障科技投入与科技机密。其次,加强执法力度。有了法律法规,如果执行不力,则法律法规形同虚设。若知识产权得不到有效保护,投资方也会对高风险的创新项目失去信心,也会对国家提升技术水平形成障碍。

>>>>知识链接

发达国家怎样保护知识产权

尽管专利制度的变化趋于国际化和一致化,但是,在WTO的基本原则下,各成员方的知识产权制度有所不同。比较美国、欧洲、部分亚洲国家和地区的知识产权基本制度,可以看出知识产权制度的差别在很大程度上反映了地区技术、经济发展阶段和国家竞争战略。

※ 保护重点与发展战略

美国、日本和德国的专利数量名列世界前三名,但是,由于技术发展战略不同,三国的知识产权保护重点有所不同。

美国的原创技术能力强,其知识产权制度重视保护发明专利。美国的专利分为发明专利和新式样专利两种,没有实用新型专利。为了保护本国企业的发明技术,2000年以前,美国一直实行批准公开制度,只有在专利获得批准后才公开专利内容。近些年来,美国虽然开始实施早期公开制度,但仍给申请人留有选择余地。即,如果只申请美国或非早期公开国家的专利,申请人可以要求在未批准前不公开专利内容。

德国的技术实力较强,原创技术也比较多,其专利制度重视发明专利。德国专利法中只包括发明专利(实用新型和新式样专利另有管理条例),而且对发明专利申请的审查最严,德国发明专利的技术先进性和实用性得到发达工业化国家的公认。

第二次世界大战以后,在相当长一段时期内,日本技术开发以模仿跟随为主。因此,日本的专利制度实行鼓励本国企业申请专利和阻止外国企业利用专利占领市场相结合。一方面,鼓励企业围绕引进的基本专利技术开发中小专利,形成专利网。另一方面,通过延长审查时间和繁琐的申请程序把外国企业的专利挡在门外。因此,日本的专利制度特别注意保护国内小型专利,发明专利、实用新型和新型设计专利都实行实审制度。其专利法规定的专利审查时间也是最长的,在实际审查中还有故意拖延时间的现象。由此可见,原创技术能力强的国家的专利制度重视保护发明专利；模仿技术战略的国家则相对重视小型专利的保护。

※ 利用优先原则

保护本国发明人和市场

美国的原创技术多，专利授权采取先发明优先的原则。日本等其他国家大都采取先申请优先的原则。有些国家和地区对一些小型专利采取使用在先的原则，通常不对小型专利申请进行实审，若有先使用者，可以对已经授权的专利提出无效请求。如我国的实用新型和外观设计专利实行使用在先原则。

重视发明人作用

发达的市场经济国家的知识产权权属政策突出发明人的地位，充分保护发明人的积极性。尽管各国的职务发明原始权归属不同，如德国和日本的职务发明原始权归发明人，美国的职务发明权属归雇主。但是，美、日、欧的专利法都规定，无论是职务发明还是非职务发明的专利申请人都必须是发明人或其受让人。美国的专利制度还特别要求专利申请人必须是发明人。公司或机构雇员的职务发明均由发明人提出申请，然后再通过有关程序转让给雇主。我国则强调雇主对雇员的发明拥有权利，专利法规定申请职务发明专利的权利归单位。

专利制度区域化

英国的专利授权在英联邦等约 40 个国家有效；欧洲专利协议包括 28 个国家和地区。欧洲专利协议遵循欧共体统一市场的原则，为防止地区性垄断，在专利审查和批准过程中强调公平性，因此，欧洲专利协议的实审通常不如协议方国家那样严格。由此带来一个问题就是无效专利比例较高，企业只能利用无效取证来保护自己。

发达国家专利费用高

发展中国家的专利申请和维护费较低，发达国家的专利费用普遍较高。在日本申请一项专利需 2 万美元；欧盟（不包括英国）需 2 万美元，还要向国际专利条约组织（PCT）缴纳约 1.2 万元人民币；美国需 1.7 万美元，而在中国申请专利只需 3 000 元人民币。结果是发达国家企业的专利很容易进入发展中国家，不少发展中国家的企业却因为支付不起高额专利费而无法申请发达国家的专利。

※ 利用强制授权措施

大部分国家和地区都有强制授权的规定。强制授权制度有利于技术利用和转移，特别是可以防止恶意闲置专利形成市场垄断。发展中国家和地区有较强的强制授权制度，发达国家在这方面则相对宽松。如韩国的专利法规定：对批准后三年内未实施的专利，可以要求其授权转让。美国的专利制度则没有强制授权的要求。

有些国家通过启动"休眠"专利提高专利实施率，促进技术的利用和扩散。日本是世界上第二大专利国家，但实施率仅占 33%，大量专利无人使用，处于闲置状态。为了充分发挥和提升专利的价值，日本通产省、特许厅通过行政措施，要求大企业把"休眠"专利及周边专利无偿许可给中小企业使用，并结合产业振兴计划，对一些重点地区实施特别援助。如仅马自达公司就于 1996 年公布了 200 件休眠专利，允许广岛的中小企业自由使用，帮助一批企业起死回生。

三、科学技术发展的社会条件

科学技术作为社会的一个子系统，必然受到社会因素的影响和制约。社会经济、社会制度、社会意识形态等为科学技术的研究和发展提供了外在条件。

（一）社会经济对科学技术发展的影响

社会经济是指包括社会生产、分配、交换、消费在内的统一活动过程。从科学技术总的发展历史来看，社会的经济需求、经济支持、经济竞争及经济发展推动着科学技术的研究和发展。至目前，人类社会经济发展在经历了传统农业经济时代、近代以来的工业经济时代之后，许多国家已步入知识经济时代。在农业经济和工业经济时代，物质生产是一切经济活动的核心和基础。而知识经济时代是以知识的生产、分配、交换和消费起核心主导作用。这两种不同的生产方式对科学技术的发展有重要的影响和作用。

1. 物质生产对科学技术发展的影响

物质生产是人类社会赖以存在和发展的基础，是决定其他社会活动最基本的实践活动，也是科学技术产生、发展的前提和基础。

第一，物质生产是科学技术产生和发展的源泉与动力。科学技术的发展是一个从感性认识到理性认识，再由理性认识到实践的过程。感性认识直接来源于物质生产实践，没有丰富的感性认识很难形成科学认识和科学理论。科学认识和科学理论要不断完善和发展又必须回到物质生产实践中去经受物质生产实践的检验,加以修正、补充,最终达到新的认识阶段。一切科学理论和科学认识不管多么抽象,都可以在物质生产实践中找到它产生的根源及其发展的动力。

古代自然科学的萌芽直接根源于物质生产。人类为了满足生存需要,发展了农业和畜牧业,并逐渐积累了大量感性材料,形成对自然界简单的、猜测性的认识。因丈量土地、测量器皿容积、贸易交换的需要产生了数学;为计算尼罗河水位的涨落以便从事农业生产的需要产生了天文学;由建筑工程和搬运的需要产生了力学。所以,科学的发生和发展一开始就是由生产决定的。欧洲中世纪是人类历史的黑暗时期,生产落后,科学发展几乎停滞。而"在中世纪的黑夜之后,科学以意想不到的力量一下子重新兴起,并且以神奇的速度发展起来"。[1] 近代资本主义生产从原来的私人小作坊转变为机器大工业生产,提高了劳动效率。生产实践范围逐渐扩大,极大地促进了工业、商业在许多领域的发展,但同时在新的生产中也遇到了一系列技术难题,从而进一步激发了科学家浓厚的理论研究兴趣,科学随之得到发展。例如,冶金的需要,促使冶金学、热力学、金属学发展起来;化学工业的发展带动了各种化学理论的发展;石油工业的发展促进了有关石油勘探、提炼、裂化、人造纤维、高分子化学等学科的发展。在现代社会,虽然科学实验从物质生产实践中逐渐分离出来,成为科学发展的重要源泉,但物质生产实践仍然是科学发展的一条重要途径。现代化生产对自然科学的要求越来越高,生产过程中的每一个环节都受着科学理论的指导,原来生产→技术→科学的单向性发展途径已经由生产→技术→科学的双向性作用替代,生产中的难题促进了科学的发展,科学发展又开辟了许多新的生产行业,将科学又带入一个全新的领域。科学发展历史证明,科学的产生和发展始终离不开生产,生产上的技术需要决定着自然科学的发展,社会物质生产是科技发展的源泉和动力。

第二,物质生产为科学技术研究提供物质条件。科学技术研究除了科研工作者的主观努力外,还需要有观测仪器、技术设备、实验材料、研究资金等相关的物质条件,而这些条件的满足需要物质生产来提供。近代资本主义生产发展给科学活动提供了较好的实验仪器和设备,一批实验室得以建立。科学家在这些实验室获得了许多新的科学发现和发明。如借助望远镜推动了近代天文学的进步,没有显微镜就不会有细菌和细胞的发现,科学仪器使科学逐渐达到精确化程度。现代科学研究活动呈现大科学、大技术、大工程的趋势,物质生产提供了更为高、精、尖的

---

[1] 恩格斯:《自然辩证法》,人民出版社 1971 年版,第 162 页。

科学仪器设备,如射电望远镜、电子显微镜、高能粒子加速器、电子计算机、宇宙飞船等,这些物质手段成为科学家探索未知世界的强有力武器。

2. 知识经济不断推动科学技术的更新发展

"知识经济"是以知识资源的占有、配置、生产、分配、使用为最重要因素的经济。人类经历了5 000多年的农业经济,又经历了大约300年的工业经济,目前正进入一个崭新的知识经济时代。

知识经济不同于传统的农业经济和工业经济。农业经济时期,生产的核心要素是土地,属于劳动密集型生产。此时,知识与经济分离,经济上生产出产品,而知识却脱离经济成为少数人的精神享受。工业经济时期,生产的核心要素是资本,属于资本密集型生产。此时,由于大工业机器的普遍应用,第一次把物质生产过程变成科学在生产中的应用,显现了知识和经济一体化的萌芽:一方面,生产知识的科研部门独立于经济之外成为专门的机构;另一方面,生产的进一步发展需要更多的知识支撑和理论创新,从而为知识与经济的融合奠定了基础。第二次世界大战后,科学技术渗透到社会生产的各行业和各部门,特别在高技术生产领域,知识成为经济增长的重要因素,并与经济日益融为一体。

知识经济时代的生产运转是以知识资本为核心,属于知识密集型生产,并且知识资本的比例逐渐大于资金资本。目前,许多发达国家的知识资本已占国民生产总值的20%,而资金资本的比例则小于20%。在知识资本中,最主要的就是科学技术的研究和开发及科学技术的转化和传播。社会不断需要更多、更新的科学技术来促进经济的发展,科学技术的创造已成为经济生活中的主要因素。据粗略统计,人类的科技知识,19世纪是每50年增加1倍,20世纪中叶是每10年增加1倍,20世纪末则是每3~5年增加1倍。技术每年的淘汰率是20%,也就是说,技术的寿命周期平均只有5年。在美国,近15年来,淘汰了8 000种职业,同时也诞生了6 000种新职业。可见,现代社会需要少数人用少数时间生产足够的物质产品,而更多的人用多数时间生产和传播科学技术知识,知识经济成为推动科学技术发展的主要动力。总之,社会经济是科学技术发展的基础和动力,一个国家经济越发达,相应地科学技术进步就越快,这已成为一种规律。

(二)社会制度对科学技术发展的影响

社会制度是社会的经济、政治、文化、意识形态等因素的综合表现,主要包括社会的经济制度和政治制度。经济制度是人类社会发展到一定阶段的经济基础即生产关系的总和;政治制度则是与经济基础相应的国家政权的组织形式及有关的制度。经济制度是政治制度的基础,政治制度是经济制度的集中表现。在阶级社会,占统治地位的阶级往往通过经济关系、政治关系以及制定和执行的各种方针政策来维护自己最根本的经济利益。科学技术是一种社会历史现象，必然受到社会制度这个大环境的影响。

1. 社会经济制度对科学技术的影响

人类社会生产的不断发展始终伴随着科学技术的进步，而在生产过程中结成的经济关系为科学技术发展提供了外在的社会条件，一般来说，社会对科学技术发展的需要程度及科学技术发展的进程，取决于该社会的经济制度。资本主义产生前自给自足的自然经济由于生产规模狭小，仅仅从纯粹实用角度发展科学技术。一方面由于生产是家庭式作坊，生产的技艺不得外传，导致了技术和产品不能分离、匠人和技术不能分离的局面，技术是凝固的、封闭的，不能在大范围内转移。随着社会需求的改变或工匠的死亡都可能出现技术退化或中断现象，对技术本身所蕴含的科学原理因技术的封闭性而不能探究其内部结构及机制，科学和技术的发展是不同步的。另一方面，由于统治阶级经济利益的需要，一部分技术又在统治阶级统治力量的干涉下被传播和转移，得到了发展。中国古代四大发明就是当时政治和经济制度下的产物。资本主义社会经济结构呈现开放性，社会化大生产改变了人们在生产中原有的封闭性关系，劳动力本身成为商品，可以自由流动，从而使原来的行业界限被打破，技术在大范围内开始传播。特别是当时欧洲一些国家采取了一系列经济和政治措施更有助于技术转移。英国16世纪先进的毛纺技术就是由尼德兰和法兰西传入的，当时，尼德兰和法兰西织工因在国内受迫害，带着资金和技术跑到英国，英国政府下令让这些先进技工为英国培养技术工人，为了增强技术移植的活力，英国采取了政治措施和经济奖励、授予外国人以公民称号等办法，使其技术得到迅速发展。与此同时，英国具有近代科学精神的科学家则从生产流程中抓住技术的关键问题，用科学理论加以解释，进一步指导生产，改进技术，促进科学—技术间的循环已成为科学界的职责。20世纪50年代以后，许多国家和地区忙于战后的重建、恢复和发展。联合国第一个发展十年（1960—1970）开始时，秘书长吴丹概括提出"发展＝经济增长＋社会变革"的公式，此发展公式实际是以纯粹的经济增长为目的，社会变革只是实现经济增长的手段。在这种经济发展模式推动下，社会经济迅速发展和增长了，但同时也造成科学技术发展所带来的两种效应，即科学技术促进经济增长的正效应和引起生态破坏、环境污染等负效应，社会出现了有增长而无发展的现象，反过来遏制着人类整体发展的步伐。从20世纪80年代中期开始，许多国家向全世界倡导"可持续发展"战略，至今已成为全球共识。科学技术与经济、社会、环境已成为一个有机的统一整体，科学技术朝着保护环境、促进社会进步的方向发展。

2. 社会政法制度对科学技术的影响

政治是经济的集中表现。一定经济制度的目标及其对科学技术和其他方面的作用,都要以一定的政治制度来保证。各种政治制度作为上层建筑,都是在一定的经济基础之上建立起来并为其服务的。正因为如此,在不同社会制度下,科学技术的发展和应用也就呈现很大的差异。一般说来,反动的、专制的政治制度阻碍科学技术的进步,先进的、民主的政治制度促进科学技术的发展。钱学森把当代科学分为三个部分:一是研究科学技术的体系和结构,称科学体系学;二是研究如何将科学技术力量组织起来,称科学能力学;三是研究科学技术与整个社会和国家活动的关系,称政治科学学。贝尔纳在《科学的社会功能》一书中指出:科学不是一直局限在本身内部活动的范围内,就科学家个人或团体力图影响社会而言,他是在进行政治活动,科学家保持中立就会使科学本身不再是一种活生生的力量。可见,科学研究活动明显带有政治色彩。政治制度保护、支持服从其政治目的的科学技术活动,并为促进科学技术的发展提供良好的应用环境。反之,政治制度会扼杀违反其政治目的的科学技术活动,或改变科学技术原来的发展方向。

在古代,数学、天文学、医学发展较快,被看成"高贵"的科学,这固然有生产需要的推动,但也因它们能被用来为宗教首领、统治者服务,而得到上层阶级的支持。如中国古代天文学知识被用于夜观天象和预卜朝纲政局,医学可为统治者治疗疾病、延年益寿。20世纪对原子核裂变、聚变的研究,原子弹的制造,以及电子计算机的广泛应用,空间技术的诞生等,不是纯粹的科学技术问题,而有其特定的政治背景。

同时,一定社会的政治制度又通过对科学家本身的影响间接地对科学技术发展产生作用。在一个政治民主化比较完善的社会,科学家思想自由,其发明创造的积极性就会更好地发挥出来,促使科学技术处于活跃的发展期;而在一个民主思想被禁锢的社会,科学家的创造性被遏制,科学家本人甚至遭到迫害,科学发展必然处于低谷期。近代的"伽利略事件""布鲁诺事件",现代的"奥本海默事件""李森科对瓦维洛夫的迫害"等,都是突出的例证。在社会主义社会里,经济活动的目的是为了满足广大人民群众日益增长的物质和文化生活的需要,而社会主义政治制度本身的优越性和相应的改革措施则为科学技术的发展开辟了广阔的道路。

3. 科技政策与科学技术的发展

科技政策是一个国家为实现一定历史时期的经济、社会发展路线和国家建设任务在科学领域内采取的行动和规定的行为准则。社会制度对科学技术的影响,主要通过政策体现出来。政策反映了政府及政党对科学技术的态度。凡是符合科学技术本身发展规律的政策,就会促进科技发展的进程,而有些政策,违背了科技发展的规律,就会对科技发展起延缓或阻碍的作用。

一个国家通常会制定多种政策,既有社会发展总政策又有各种具体政策。科学技术政策属于具体政策,虽然每个国家的科技政策各有其特点,但总体上主要包括如下内容。一是科学技术总体发展战略。这是一个国家的长远科学技术发展战略。它从总体上确定科学技术的社会地位及在一定时间的发展目标等。二是学科发展政策。现代科学技术体系由基础科学、技术科学和工程技术三部分构成。由于科学技术本身发展的不平衡性,在一定历史阶段往往有一个或一组带头性学科。如何处理好各学科间的关系和发挥带头学科的作用,就要靠制定相应的科技政策,引导学科健康发展。三是技术政策。科学与生产的联系是以技术为中介的,遵循科学→技术→生产的转化途径才能真正实现科学技术的生产力功能,因此,必须制定有利于转化及引进国外先进技术的政策,促进科学在实际生产中的应用。四是尊重学术自由的政策。科学探索活动是一个复杂、漫长的过程,需要从时间、学术环境、宽容性等方面制定政策,营造宽松的学术氛围,激发科研工作者的聪明才智和科研积极性。五是尊重人才的政策。科学技术发展的主体是人,尊重人才是科技政策的重要内容。为此就需要制定有关科技人才的培养、提高、管理、交流、奖励等政策,并且重视科技人才的科研成果,实行科技立法,做到知人善任,人尽其才。六是执行对外科学技术合作与交流的政策。科学技术是国际性的,但由于科研成果的商品化,对科学技术需要进行交流和推广。这就必须制定引进国外先进技术和输出本国先进技术的政策,保证双方平等互利的交流。

国家作为政策的制定者,要真正实现政策对科技的积极调控作用,就必须在了解科学技术发展状况基础上,顺应科技发展的内在规律。在现代,由于学科本身发展的不均衡性、科技研究经费的高额投入以及科学日益社会化,在制定科技政策时最重要的就是科技选择,即在一定范围内,通过确定优先领域,对科学研究活动未来的发展进行干预和调控。其目的是通过优先领域的研究,促进科技资源的优化配置,促进科技与社会的协调发展,使有限的科技投入能够获得最大化知识和技术回报。

(三)社会意识形态对科学技术发展的影响

社会意识形态是在一定经济基础上形成的,社会意识形态包括政治法律思想、哲学、道德、艺术、宗教以及大部分社会科学等,它们对科学技术发展有着重要的影响。

1. 哲学对科学技术的影响

哲学是关于世界观的学说,哲学对自然科学具有世界观和方法论的指导作用。古代,自然科学与哲学融为一体,被称作自然哲学。科学家也是哲学家,因此,对于整个世界的认识与对具体事物的探索相混合,用一种或几种具体物质形态解释自然界。如中国古代的"五行"说认为,宇宙万物是由木、火、土、金、水五种元素构成的。西方学者对"始基"的认识有水、火、原子等。近代,自然科学逐渐从哲学中分离出来,形成了力学、天文学、物理学等学科,这种分化是一种进步,各自都得到了发展。但其联系并没有减弱,在自然科学基础上形成的近代形而上学哲学思想又反过来影响自然科学研究,其孤立性、静止性和片面性的观点阻碍了科学的系统性发展。19 世纪末期,当迈克尔逊—莫雷"以太实验"的"零效应"和"黑体能量辐射实验"的"紫外灾难"冲击经典物理学理论体系时,受形而上学哲学束缚的科学家洛伦兹力图在旧理论框架中解决问题,最终错过了新的科学发现机会。到了现代,随着自然科学的理论化和综合化越来越强,具有深厚哲学背景的科学家相比较于其他科学家更能作出重大的科学发现。正如物理学家玻恩所说:"每一个现代物理学家,都深刻地意识到自己的工作是同哲学思维错综地交织在一起的,要是对哲学文献没有充分的认识,他的工作就会是无效的。在我自己一生当中,这是一个最主要的思想。"[①] 哲学在当代成为科学家进行科学发现的支柱。当然,对哲学的作用要区分地进行认识,正确的哲学指导科学技术研究深入发展,而错误的哲学往往使科学技术研究误入歧途。

2. 道德观念对科学技术的影响

道德是通过社会舆论和内心信念调整人们之间以及个人与社会之间关系的行为规范的总和,是较早存在的一种社会意识形式。它主要通过社会舆论的约束力对科学技术的发展和进步、对科技成果的应用产生影响,其作用范围十分广泛,但这种制约作用不具有强制性。虽然由于科技本身的研究或科技的应用会导致一系列不良后果,但道德只能行使社会舆论的约束和谴责。随着现代医学科学、分子生物学、基因工程等的迅猛发展,产生了许多高新技术,如"试管婴儿""器官移植""克隆技术"等。这些新技术由于与人类的生存发展密切相关,从而关于其发展、应用引起很大争议,特别是克隆技术成为道德争议的焦点。基于对人类本身未来命运的担忧,许多国家立法禁止克隆人类。那么,对于还没有立法的某些科技的研究和应用,虽然"科学研究无禁区",但当科技应用的危害性超出了人类整体的

---

① 姜念涛:《科学家的思维方法》,云南人民出版社 1984 年版,第 257 页。

认知能力和控制限度时,科研人员的道德水准对科技是否良性发展的影响便至关重要,进行此类科技研究一定要慎重。

3. 文化、教育对科学技术的影响

文化对科学技术具有重大的影响。人类创造着文化,文化也创造着整个世界。一般来说,人们把文化分为硬文化和软文化两个方面。硬文化是物质财富,软文化包括精神产品及人类活动方式。科学技术不管从知识形态上划分,还是从最终结果来看都属于文化范畴。科学技术在一定的文化传统中形成并发展,必然受到文化传统的选择和制约。具体表现在以下两个方面:一方面,当科技发展适应民族文化发展时,就会被文化传统包容,得到发展,如古希腊文化、近代文艺复兴都为科学的发展创造了良好的氛围,提供了强大的精神支柱;另一方面,当科学技术发展与传统文化发生冲突时,科学技术的发展就被文化阻滞。英国科技史专家李约瑟曾经对中西方科学技术发展全过程做了分析、考察。他指出中国科学技术从古代到近代一直在缓慢发展,而西方在经历了"黑暗的中世纪"之后科学技术迅猛发展,远远超过中国科学技术。近代科学革命在西方发生而没有在中国发生与东西方文化差异有关。中国古代文化以儒道互补为主流,而其最明显的特点是以个人经验外推世界,形成对事物直观、猜测性的认识,在直观能够解释的领域,古代科学都有精辟论述,如用下雨使阳光散射解释彩虹等。但一旦越出直观能把握的领域,中国古代科学理论就显得模糊不清,难以证伪和证实,从而限制了科学的发展。而近代西方文化注重对事物内部结构进行探讨的实验方法,对事物的认识清晰,也容易在实践中检验,从而促进了西方科学的大发展。

教育对科学技术也具有重大的影响。教育是一种极为复杂的社会现象,具有多方面功能,如传授知识、培养人才、创造丰富多彩的物质生活和精神生活等。当今世界经济发展需要科学技术的推动,而科技发展的基础是教育,教育对科学技术的影响十分重要。教育为科研活动培育人才,科学研究活动是在前人研究的基础上对自然界不断深入认识的过程,科研知识的继承、积累、传播需要依靠教育培养合格的科技人才。教育使劳动者的知识含量增加,知识结构优化,培养和提高人的科研能力,向社会源源不断输送科研后备力量,使社会走长久的可持续发展道路。教育水平的高低直接反映一国的科学技术水平,一个国家教育事业的规模、发展速度和水平与国家的科学发展水平成正比。对教育越重视、投入越多,科学技术发展就越快。美国科学技术在世界上居领先地位的重要原因就在于重视教育投入,多年来教育支出占国民生产总值的比重持续稳定上升,1960 年为 4.63%,1980 年为 6.06%,1990 年为 7%。教育事业的大力发展,为美国科技腾飞打下了良好的基础。日本自明治维新以来,就坚持把振兴教育作为基本国策,1972 年与 1950 年相比,其教育经费猛增 25 倍,使三分之一的人受到高等教育,从而大大提高了日本的科学能力,这也是其经济后来居上的一个重要原因。

　　社会经济、社会制度、社会意识形态对科学技术的影响虽然各不相同,但这些条件并非孤立存在,它们往往相互制约和相互协同,构成科学技术发展的外在动力系统,最终对科学技术的总体发展具有导向作用、选择作用和调控作用。

第七讲 科学家的责任

科学家的责任事关科学是否承载价值的问题。在科学价值问题上存在着中立论和负荷论的争论。一般认为,在现代科学发展的社会背景下,科学价值不再是单纯中立的,科学不能摆脱价值,科学家也不能脱离相应的伦理责任。

一、科学价值中立论

科学家在社会中享有很高的声誉,原因不仅是科学知识给人类社会带来巨大财富和福祉,而且是因为科学家被视为不求功利、超凡脱俗的真理化身。科学是建立在事实和逻辑基础上的客观知识,它不受社会价值的影响,也无善恶之分,是价值中立的。比如,马克斯·韦伯提出"价值无涉"的观念,他相信,科学的目的是引导人们做出工具合理性的行动,通过理性计算去选取达到目的的有效手段,通过服从理性而控制外在世界,因而他主张科学家对自己的职业的态度应当是"为科学而科学",他们只能要求自己做到知识上的诚实……确定事实、确定逻辑和数学关系。

这种"科学价值中立"的观点有时指科学知识(纯科学)不反映人类的价值观;有时指科学活动的动机、目的仅仅在于科学自身,不在于个人的价值;有时指科学理论不直接对社会产生影响,科学家不对其成果的社会后果负责。

"科学价值中立论"在不同时期有不同的形式和目的,其中有认识方面的原因,也有社会政治、经济、文化方面的原因,这包括:方法上的专业化分工达到高效率;哲学上的机械唯物论把物质和精神、事实和价值截然分开;经济学上作为一种时代精神的不干预主义影响到科学界强调科学的自主性;政治上的官僚科层制把个人既看作内行又看作无意识的齿轮。这反映了科学发展到一定阶段由于专业分工过细、专业化程度高而造成的注重局部、忽视整体的局限性,反映了科学作为一种理性活动与人类的其他活动(例如艺术、宗教等)的区别;也反映了人们对自然界基本图景的理解,还反映了科学作为一种社会建制对自主发展的要求。

"科学价值中立论"在某种意义上、某个特定范围内似乎可以成立,并且在一定程度上保护科学事业免受某些社会干扰。例如,17 世纪羽翼未丰的英国皇家学会的科学家以向保皇党保证保持价值中立,不插手神学、形而上学、政治和伦理的事务,作为获得自由发表文章和通信权利的交换条件。20 世纪,在科学日趋强大甚至成为时代的主旋律时,"中性论"又被用作反对"科学政治化""科学道德化"(李森科事件、纳粹对犹太科学家的摧残等)的武器。但是"科学价值中立论"也有时被用来作为拒绝考虑科学家的社会责任的挡箭牌。

>>>>知识链接

李森科事件:"政治权力左右科学真理"

李森科(T. D. Lysenko, 1898—1976)出生于乌克兰一个农民家庭,1925 年毕业于基辅农学院后,在一个育种站工作。李森科坚持生物进化中的获得性遗传观念,否定基因的存在性,用拉马克(Lamarck, 1744—1829)和米丘林(I. V. Michurin)的遗传学抵制主流的孟德尔—摩尔根(G. Mendel-T. H. Morgan)遗传学,并把西方遗传学家称为苏维埃人民的敌人。李森科最初面临的主要反对者是来自美国遗传学家、诱发突变的发现者穆勒,后者认为经典的孟德尔遗传学完全符合辩证唯物主义。苏联农业科学研究院前任院长 N. I. 瓦维洛夫支持穆勒的观点并成为李森科的头号对手。1935 年 2 月 14 日,利用斯大林参加全苏第二次集体农庄突击队员代表大会的机会,李森科在发言中谈到,生物学的争论就像对"集体化"的争论,是在和企图阻挠苏联发展的阶级敌人作斗争。在斯大林的首肯下,李森科把学术问题上升为政治问题。瓦维洛夫则于 1940 年被捕,先是被判极刑,后又改判为 20 年监禁,1943 年因营养不良在监狱中死去。1935 年,李森科获得乌克兰科学院院士、全苏列宁农业科学院院士的称号。1948 年 8 月,苏联召开了千余人参加的全苏列宁农业科学院会议(又称"八月会议")。李森科在大会上作了《论生物科学现状》的报告。他把自己全部的"新理论""新见解"概括为"米丘林生物学",声称"米丘林生物学"是"社会主义的""进步的""唯物主义的""无产阶级的";而孟德尔—摩尔根遗传学则是"反动的""唯心主义的""形而上学的""资产阶级的"。"八月会议"使苏联的遗传学遭到浩劫，经斯大林批准，苏联正统的遗传学被取缔了。在高等学校禁止讲授摩尔根遗传学；科研机构中停止了一切非李森科主义方向的研究计划；一大批研究机构、实验室被关闭、撤销或改组；有资料说，全苏联有3 000多名遗传学家失去了在大学、科研机构中的本职工作，受到不同程度的迫害。"八月会议"的恶劣影响，波及包括中国在内的众多社会主义阵营国家。"八月会议"使李森科达到了"事业"的巅峰。李森科的个人胜利，无疑是科学的悲剧。1964年10月，赫鲁晓夫下台。李森科主义在苏维埃科学院被投票否决。至此，李森科丧失了在苏联生物学界的垄断地位。李森科主义没有实现苏联人"面包会有的"的理想，反而使他们的分子生物学和遗传工程学遭到了不可救药的落伍，苏联失去了两代现代生物学家。历史的教训在于给人类以教益。科学完全走出政治强权的阴影，完全走出李森科之流的阴影，这在今天仍然是人类的一项艰巨的任务。控制论的创立者诺伯特•维纳（Norbert Wiener）在其《人有人的用处》中的一段话提供了对这一事件的反思："科学是一种生活方式，它只在人们具有信仰自由的时候才能繁荣起来。基于外界的命令而被迫去遵从的信仰并不是什么信仰，基于这种假信仰而建立起来的社会必然会由于瘫痪而导致灭亡，因为在这样的社会里，科学没有健康生长的基础。"

（参见李佩珊：《科学战胜反科学——苏联的李森科事件及李森科主义在中国》，当代世界出版社2004年版。）

二、科学负荷价值论

社会在变化，科学事业也在变化，当代社会绝大多数科学家把科学研究作为谋生的职业，为实际应用的功利目的而进行科学研究。这是否会有损于科学家清高脱俗、集真善美于一体的理想形象呢？

20世纪80年代以来，科学研究中的不端行为引起社会的日益关注。1989年美国医学学会发布"在健康科学中的负责任的研究行为"的报告；1992年美国国家科学院、工程院和医学研究院共同发表了题为"负责任的科学：确保研究过程的诚信"的研究报告；1995年美国的这三院又联合再版了《怎样当一名科学家——科学研究中的负责行为》，在1989年初版时的书名《怎样当一名科学家》后面明确加上"科学研究中的负责行为"以强调科学家的责任；2002年美国的三院再次出版了有关科学研究的责任的研究报告《科学研究中的诚信——创造促进负责任研究行为的环境》,可见责任在科学界越来越受到重视。

从事实与价值的关系来说,不存在纯粹的事实,也不存在纯粹的价值。美国哲学家普特南说:"每一个事实都有价值负载,而我们的每一个价值也都负载事实。"[①] 可见,科学并不是全然涉及事实的,以此主张的价值中立是可质疑的。其次,就人在社会中的活动而言,人们的行为都会对社会造成影响,而由于人有理性的认识能力,因此这些行为不仅是可以大致预见后果的,而且这些行为都受行为者的控制而非出于被迫的,因此这些行为都是需要承担责任的。在任何一个社会中,诸如科学家、医生、律师、工程师或统治者等等,由于他们掌握了特殊的知识或权力,他们的行为必然会对他人、对社会、对自然界带来更大的影响,因此他们应负更多的责任,需要有特殊的规范来约束,正如希波克拉底誓言对医生的约束。对于科学家来说,科学技术在现代社会中的影响力愈加增加,这也扩展了科学家应当承担的责任。

三、科学家的内部与外部责任

关于科学家的责任的讨论有不同的角度和层次。

(一)基于科学家团体的责任

这种角度是讨论作为科学共同体的成员,在促进科学知识增长过程中科学家应遵循的行为规范。马克斯·韦伯、默顿等人正是从这一角度提出为科学而科学、普遍主义、公有主义、无私利性、有条理的怀疑主义、独创性、谦虚、理性精神、感情中立、尊重事实、不弄虚作假、尊重他人的知识产权等等具体规范。科学家的研究工作本身(比如做实验)还应遵守人道主义原则(比如,1949 年《纽伦堡法典》,强调人类被试的实验要遵循知情同意、有利、不伤害、公平、尊重等原则)以至动物保护和生态保护原则。这些规范保证了科学的自主发展和科学知识生产的正常运行。

>>>>**知识链接**

黄禹锡科研组的干细胞成果造假事件

黄禹锡及其科研小组曾经创造了多项第一:1999 年在世界上首次培育成体细胞克隆牛;2002 年克隆出了猪;2003 年又首次在世界上培育出

---

① [美]普特南:《理性、真理与历史》,李小兵等译,辽宁教育出版社 1988 年版,第 248 页。

"抗疯牛病牛";2005年他的科研小组成功培育出世界首条克隆狗"斯纳皮"。2001年起,黄禹锡的研究重点从动物转向了人类胚胎干细胞方面的研究。2004年2月,他在美国《科学》杂志上发表论文,宣布在世界上率先用卵子成功培育出人类胚胎干细胞;2005年5月,他又在《科学》杂志上发表论文,宣布攻克了利用患者体细胞克隆胚胎干细胞的科学难题,其研究成果轰动了全世界。基于这些世界性的科研成果,黄禹锡被奉为领导韩国科技未来的民族英雄。2005年,首尔大学成立黄禹锡担任主任的国际干细胞研究中心,韩国政府授予其"韩国最高科学家"荣誉,并向其研究小组提供数百亿韩元的研究资金,黄禹锡成了一位韩国"国宝"级人物。

"黄禹锡神话"的破灭始于2005年年底,2006年1月10日,首尔大学调查委员会的调查报告书认定以下事实成立:(1)干细胞数据造假,黄禹锡在2004年和2005年5月刊的《科学》杂志上发表的论文中编造干细胞数据;(2)"核心技术"难认定,黄禹锡自称掌握的"干细胞核心技术"属于偶发现象,不能重新进行验证,因此不能被认定;(3)研究用卵子获取违规,黄禹锡自称2004年发表在《科学》上的论文涉及的卵子是女研究员有意捐献,并提早在2003年5月得到了女研究员签名的捐卵同意书,委员会查明,黄禹锡科研组自2002年11月至2005年11月,从4家医院共获取129位女性的2061颗卵子;(4)克隆狗"货真价实",调查结果表明,克隆犬"斯纳皮"的确为体细胞克隆出来的产物。

黄禹锡个人辞掉首尔大学教授一职,其"最高科学家"的头衔也被取消,2009年10月26日,韩国法院裁定,黄禹锡侵吞政府研究经费、非法买卖卵子罪成立,被判2年徒刑,缓刑3年。

由于黄禹锡克隆出来的首只克隆狗"斯纳皮"是真的,2006年,黄禹锡在支持者的资助下成立了"Sooam生物技术研究基金会"继续其科学研究。2009年,黄禹锡团队利用牧羊犬特拉克——"9·11"事件纽约世贸中心废墟中嗅到了最后一个幸存者的"英雄犬"——的基因成功克隆出5只小狗。2011年10月,黄禹锡研究团队利用狗的卵子成功异种克隆了8只濒临灭绝的郊狼。2012年3月13日以黄禹锡为首的韩国研究团队和俄罗斯签署合作协议,打算利用克隆技术复活大约1万年前灭绝的史前生物猛犸象。对此,中国科学院院士杨焕明说"对于动物克隆而言,他的研究小组是全世界最优秀的队伍之一","黄禹锡最终将恢复自己在科学界的名誉"。美国凯斯西储大学生物伦理学家汉恩（Insoo Hyun）说，"我非常怀疑黄禹锡能否获得整个科学界的尊敬。即便他在动物克隆领域不断成功"，"黄禹锡的科学欺诈太过严重"。

（参见张章：《黄禹锡的"救赎"看丑闻科学家能否华丽转身》，载《中国科学报》2014-01-22。）

（二）基于社会互动的外部责任

另一个角度是从社会大系统来看，考虑科学家在社会中身份的多重性，科学家的行为规范应该增加一条：有责任性，即有责任去思考、预测、评估他们所生产的科学知识的可能的社会后果。由于科学发展使人拥有的力量越来越大，因此科学家对由这种力量导致的行为的后果的责任相应也增加了。如果人们把科学给人类带来的福祉归功于科学家的话，那么科学家对科学导致的其他消极后果是否应该负责？如果说很难要求科学家对应用前景尚不清楚而且不易预测的基本原理的发现的应用后果负责的话，那么对试图把科学理论应用于实际（工业、军事或其他）的科学家（这是当代科学家中的大部分）来说，不管他们的主观动机意愿如何，都应该要求他们对其科学活动的后果作慎重的考虑。

20世纪以来，随着科学在军事和工业中的应用日益增加，科学技术的负面社会影响越来越明显。核战争、基因工程、与科技发展不无相关的生态危机等将对人类的生存起决定作用，科学家们对科学的社会后果再也不能漠不关心。1930年代随着马克思主义者对科学与社会关系的开创性研究，以贝尔纳、李约瑟、C. P. 斯诺等人为代表的一批英国进步学者，提出了科学家的社会责任问题。他们认为科学家不应该躲在象牙塔中而应该为大众服务、为大众理解，科学与社会紧密相连，科学家有责任用科学为人类造福，以科学教育大众。第二次世界大战后科学家们兴起反战和平运动，讨论科学家的社会责任。以爱因斯坦、玻尔等为代表的科学家们大力呼吁、积极活动为使科学研究的结果应用于和平目的，而不是用于战争。他们提出，致力于民众教育，让他们广泛地了解科学空前发展所带来的危险的潜在可能性，是所有国家的科学家的责任。

由于科学家掌握了专业科学知识，他们比其他人能更准确、全面地预见这些科学知识的可能应用前景，他们有责任去预测评估有关科学的正面和负面的影响，对民众进行科学教育。由于现代的科学家不仅从事自己的专业工作，作为社会精英，他们还经常参与政府和工业的重大决策和管理，享有特殊的声誉，他们的意见会受到格外的信任。因此他们对非本专业特长的事应谦虚谨慎，在各种利益有矛盾时他们有责任公开表达自己的意见,甚至退出某些项目的研究。不能因为部门的利益,为了经费、投资,只说好的、不说坏的一面。

20世纪80年代以来,人们对科学家社会责任的含义有了新的扩展,科学家不但有责任使自己的研究结果为人类和平服务,他们还有责任控制自己的研究本身,当一项正在进行的研究可能破坏生态平衡、物种或人类和平时,科学家有责任停止研究并向社会公开这一研究的潜在危机。1974年生物学家伯格发表公开信自动暂停重组DNA研究,引起对基因研究的潜在危害的讨论。科学家对其责任的范围有了新的思考,科学家自身开始对研究者的职责和无限地追求真理的权利提出批评和表示怀疑。1984年在瑞典乌普斯拉制定的"科学家的伦理规范"中规定:当科学家断定他们正在进行或参加的研究与这一伦理规范相冲突时,应该中断所进行的研究,并公开声明作出判断时应该考虑不利结果的可能性和严重性。

退一步说,即使这些研究都有价值,科学家也有选择的责任。国家或机构的资源总是有限的,选中某一些研究项目,就会牺牲另一些项目,因此在决断项目内容和研究目标时,要考虑是否合乎道义上对资源的使用和分配的正义标准,要权衡学术价值和社会价值。因为科学技术活动需要社会资源,它会带来社会效益,但也具有社会风险,所以在资源、效益和风险的分配方面要控制和避免利益冲突,尽量做到社会公正。

近年来关于克隆技术的伦理问题讨论是这种思考的继续。对科学研究,尤其是那些可能有潜在危险的科学研究是否应该加以限制,例如克隆人,人们对此仍有争论。有人认为号召科学家拒绝研究可能危害社会的项目带有不少空想的性质;也有人担心,对责任的强调是否会造成对科学家不必要的限制。然而,既然科学研究的最终目的是增长知识、提高人类驾驭自然力的能力、为全人类的福祉服务,那么,科学研究的方向和进展速度都应服从于科学家对社会的责任。

>>>>知识链接

曼哈顿计划的开端:爱因斯坦1939年8月2日给美国总统罗斯福的信

总统先生:

通过和E.弗尔米,I.西拉德进行关于研究草稿的交流,最近的工作使我相信在不久的将来,铀元素将成为一种新型的重要的能源。由此引起的许多问题需要我们提高警觉性,假如有必要的话,政府部门应当采取迅速的行动。因此我相信我有责任提醒您关注以下的事实和建议。

在过去的四个月里,通过约里奥在法国的工作,以及弗尔米和西拉德在美国进行的工作,使用大量的铀来建立核链式反应堆,从而产生巨大的能量和大量的新型类镭元素已成为可能。现在基本可以确定这将在不久的将来实现。

这种新的现象将引导着炸弹的构造,并且这是有可能的,尽管还不是那么确定,威力十分巨大的炸弹将因此而可能被制造出来。这样一颗单个的炸弹,用船运载,并在港口爆炸,将可能会摧毁整个港口以及周围的环境。然而,这样的炸弹对于空中运输可能显得太过于沉重。

美国只有很少量适合使用的铀矿石。有一些好的矿石在加拿大和捷克斯洛伐克,但最好的铀资源还是在刚果。

基于这样的情况你也许会认为在美国建造链式反应堆的物理学家和行政部门保持永久的关系是有必要的。对于你而言实现这样的可能的方式就是,将这一任务委托给一个你信任的人,而他将以一个非官方的身份进行工作。他的任务也许包括以下内容:

1. 接近政府部门,熟悉未来的发展情况,并且给政府的工作提出建议,特别是关注为美国获取铀矿的供应。

2. 通过提供资金加速实验活动,解决目前由预算有限的大学实验室来进行的问题。假如已经有资金,则通过和愿意为这一事业奉献的个人联系,或者是和具有必要设备的公司实验室进行合作。

我了解到德国实际上已经停止了捷克斯洛伐克矿山的铀交易,并对其进行了接管。它已经采取这样早的行动是可以理解的,根据德国副国务卿的儿子魏茨泽克,供职于柏林凯撒—威廉研究会,而在那里美国关于铀的活动一直在重复着。

你真诚的,

爱因斯坦

"相互信任是人类和平合作的首要基础":1950年2月12日 爱因斯坦反对美国研制氢弹的演讲

感谢你们给我这次机会就这个极其重要的政治问题发表我自己的看法。

就目前的军备技术水平来看,要想通过加强国家军备来保障国家安全只是一个会带来灾难后果的幻想。美国,率先成功地研制出原子弹所以特别容易抱有这种幻想。看来多数人相信美国最终可能取得决定性的军事优势地位。通过这种方式，足以震慑住任何潜在的对手，而我们和全人类就可以得到大家所期望的安全了。在过去的五年里，我们一直信奉的箴言之一就是"不惜一切代价，通过军事力量的优势确保国家安全"。

美国和苏联之间的军备竞赛原本是一种防御手段，而现在却呈现出不顾一切的疯狂态势。在保证安全的美丽外表后面，双方都秘而不宣地以狂热的速度完善其大规模杀伤性武器。而在公众心目中，研制氢弹似乎已经是可以达到的目标了。

如果氢弹研制成功，从技术层面上来说，将会对大气层造成放射性污染，并可能由此导致地球上所有生命的灭绝。这种技术发展的恐怖之处在于它的势不可挡。每一步都是前一步不可避免的结果。最终，很可能导致全人类的灭亡。

人类是否有摆脱自己造成的僵局的出路？我们所有的人，尤其是那些对美国和苏联的立场负责的人，应该意识到：我们或许可以击溃外界的敌人，但不可能摆脱由战争而产生的那种精神状态。

如果每次采取一项行动都考虑将来可能要发生冲突的话，那么和平便不可能实现。因此所有政治行为的指导思想是：我们能做些什么来实现国家间的和平共处甚至精诚合作？

首先我们要去除相互间的恐惧和猜疑。毫无疑问，我们有必要郑重声明放弃暴力（不仅仅指大规模杀伤性武器）。然后，要想有效地杜绝暴力的使用，必须同时建立一个超越国家的司法和执行机构，赋予它权利，使它决定直接与各国安全密切相关的问题。即便是各国发表共同宣言，保证忠诚地通力合作，使这样一个"权利有限的世界政府"得以实现，也可以大大降低战争发生的危险。

总之，相互信任是人类和平合作的首要基础，司法机关和警察机关次之。个人交往是如此，国家关系也同样如此。而信任的基础是取和予都要正直忠实。

科学技术伦理学的若干概念问题

本文由四部分组成。在第一部分我从科学家自1945年以来所经历的良心危机开始，论证科学家的这些直觉反驳了认为科学是价值中立、与其社会文化环境无关的追求真理的活动这一传统的科学模型。在第二、三、四部分，我论证义务、美德和资源的公正分配应该是科学技术伦理学的必要组成部分。在第五部分，我论证科学技术伦理学作为一种专业伦理学，是通过科学共同体对其成员活动进行自我调节来解决专业自主性与社会控制之间可能冲突的唯一出路。在本文中，"技术"（Technology）是指应用科学，"科学"主要指自然科学，但也不排斥人文和社会科学。

1. 价值冲突和科学模型

自从 1945 年以来，世界上发生了三大事件，使许多科学家感到如此震惊，使他们经历了良心危机，觉得有必要对他们自己的活动进行反思。

第一件事是第一颗原子弹在广岛的爆炸。它表明一个在哲学摇篮中哺育、在纸上涂涂写写的科学理论最终竟能顷刻间毁灭数万人的生命。

第二件事是 1945 年在纽伦堡对纳粹战犯医生的审判。审判表明，旨在发现不依赖人的宇宙真理的科学研究可用如此惨无人道的方式进行，不但破坏了基本人权，而且残害了许多无辜人的生命。

第三件事是在 50 年代突然发现春天变得如此寂静，"鱼翔浅底""鹰击长空"的景象已经消失，世界范围的环境污染威胁了人类在地球这颗行星上的存在。

这三大事件，以及与其他事件在一起，使许多科学家严重关注他们研究成果的社会后果，应用这些成果对社会、人类和生态的影响，以及科学行为本身。他们的所有关注都涉及价值冲突或伦理难题，现把它们列举如下：

（1）对危险的关注。有些研究活动本身具有危险性，因为所使用或产生的物质对人体健康有危害，如某些物理学研究中的放射性或分子生物学研究中可能致病的微生物。在美国阿希洛莫的生物化学家曾因担心未知的致病微生物从实验室逸出而自动暂停重组 DNA 的研究。美国三里岛和苏联契尔诺贝利事件揭示了核电站可能带来的灾难性后果。且不说像聚氯联苯、氟利昂等产品，甚至过量排放二氧化碳都已被证明或直接对人体健康有害或影响人类环境。

（2）对滥用的关注。研究成果可被滥用，造成对一部分人口或整个社会的危害。科学家担心，对种族与智商关系的研究成果会被利用来为种族主义辩护。脑内控制行为中枢的发现以及基因图研究的成果，会被利用来控制人类行为。使用作用于精神的药物来治疗学习能力低下或多动症的儿童已在许多情况下造成滥用。

（3）对道德方面的关注。科学家有时会遇到这样的挑战——他们获得的知识是否会破坏人类社会的价值或威胁公共道德的基础？例如，达尔文的进化论是否会破坏许多美国人所珍视的宗教价值？孟德尔—摩尔根的生物学、魏尔啸的细胞病理学、维纳的控制论等会不会破坏社会主义国家辩证唯物主义的意识形态价值？人们担心科学技术会创造出像弗兰肯斯坦那样的怪物，它们最终摆脱人类的控制甚至奴役把它们创造出来的人类，从而破坏了自由意志和自我决定的信念。更不必说像人工流产、利用胎儿组织、胚胎研究甚至服用 RU486（人工流产丸）等被认为是杀死无辜的人，而破坏了道德和法律原则，如果人类生命的上限定在从妊娠开始的话。

（4）对公正的关注。科学研究成果及其应用会有利于某一部分人，而对另一部分造成损害或形成负担。生命支持技术可延长脑死人、植物人或临终病人的生命（或延长死亡），而给他人和社会带来难以忍受的负担，但并不能改善他们的生命质量。所有研究都需要公共或私人基金的资助，而每一个研究人员都希望得到的资助越多越好，但所有社会资源总是有限的。这就提出了资源分配如何才能做到公正的问题。

（5）对公民权利的关注。在生物医学、心理学和社会科学研究中某些试验或实验必须使用人类受试者。在这些试验或实验中，受试者会受到损害，以有利于作为整体的社会，或者他们的隐私会被透露给研究者。因此，进行这种研究必须取得受试者的自愿的知情同意。否则，这些受试者的自我决定权和隐私权就会遭到破坏，他们的利益就会遭到侵犯。科学家担心，生殖生物学和医学会被用于建立一个世界，其中不仅传统的婚姻和家庭遭到破坏，而且个人权利也遭到系统的侵犯。

所有这些关注都涉及价值冲突——研究者的兴趣和利益，由于研究某一学科知识的进步，由于研究人民和社会得到的效益，研究加于社会的负担和代价，研究本身或其成果的应用对部分人造成的损害，人类受试者的利益和权利，研究成果的应用对社会其他社会、经济、政治或文化因素，以及对人类环境和生态的影响，等等。科学家逐渐觉察到，他们在作出他们行动决定时，不得不权衡所有这些有关的价值。

科学家越来越觉察到科学研究的社会含义和科学知识有可能滥用这一事实，反驳了传统的科学模型，根据这个模型，科学被表征为价值中立与其社会和文化环境无关的追求真理的活动。

有人争辩说,这种科学模型可从 R. 默顿关于科学游戏的价值或规则中推导出来,这些价值或规则构成现代科学的气质,成为科学家活动的指导:普遍性、公有性、无功利性、有条理的怀疑。这一点是可以商榷的。然而,这些价值主要涉及科学知识的内部方面,而有的确实提示科学似乎可与它的环境无关。……但在现代社会中,为科学而科学或象牙塔中的科学,不过是神话。

自从第二次世界大战以来,科学与社会之间的相互作用,以及科学之整合入社会的过程越来越明显和强化了。一方面,研究设备的精致化增大了对外部资助的依赖,这反过来又导致了科学的集体化和工具化的社会过程,这意味着在个人自主条件下进行无功利的研究越来越不可能了。机构和社会的压力迫使科学家在拮据的经济中不得不越来越少地根据无功利判断来选择研究问题,即更考虑机构或社会的需要,而不是科学的内在价值。他们也不得不考虑公众对研究的伦理含义的关注。

另一方面,研究中获得的成果与研究成果的应用之间的间隔,比以前大大缩短了。科学家即使不可能精确预测但通过它们之间许多环节来预先估计到他们研究的可能应用,也更有可能了。这些情况也就使得人们更为清楚地认识到,科学研究并不是一个在自给自足系统内进行的价值中立的认知活动,而科学家也越来越参与专业的和实际事务的活动。

科学作为追求真理的中性事业这一概念已经是难以辩护的了,科学家也不是可以超脱红尘以外的真理卫士。

2. 义务

与传统的科学模型相符合,传统的科学家的义务理论认为,科学家的责任是发现和发明,而对他们工作的应用不负任何责任。例如,布里奇曼曾争辩说,科学家绝不应该对他工作的任何应用负任何责任,因为科学工作的危害不是产生在研究时刻,而是产生在工业制造的时刻。对这种论据可反驳如下:首先,危险可在研究过程本身中产生,如在某些物理学研究和生物学研究过程中产生。第二,在某些情况下,研究和开发的成本很高,而推广应用的成本较低,因此控制研究往往比控制应用更为实际可行。

传统的科学家义务理论的另一个论据是,科学是善,追求科学知识本身绝对是善的活动。

在反驳这一论据中,某些社会学家走得太远,以致认为科学是恶,因为他们发现,科学家太世俗了。以致可以把科学共同体的活动描述为追逐名利的权力斗争,其成员把科学研究用作沽名钓誉的主要工具。对他们的意见,我很难苟同。然而,说一种活动是善的,是什么意思? 是否意味着,一种活动是善的,它的结果也都是好的? 一个好的活动能不能产生完全不合意的结果? 而且,也不能把知识的获得和知识的应用绝对地分开。知识要在实验室中检验,也要在实践应用中检验。再者,科学家可得到的资源是有限的,有限的资源应该优先分配去解决迫切的社会问题,促进公益。即使资源是充分的,也不是可能做的一切都应该做。可能做什么,是个科学判断或技术判断,而应该做什么,是个道德判断或伦理学判断。一个科学家极力为他的毫无功利意义的研究项目辩护,同时又极力要求社会支持他的研究,这会使他陷入尴尬境地。

与传统的科学家义务理论相反,科学家应该对技术的误用负有特殊责任,因为正是他们掌握着这个领域知识的源泉。例如,军备竞赛和环境污染都起源于技术,而技术又植根于科学研究。正是科学这种双刃武器,使得基础科学家不能逃避对他们研究成果消极后果的责任,即使最为晦涩难懂的理论也可最终导致消极的应用。因此,正如芮维茨论证,科学的目的不是一个,而是两个:求真扬善。扬善包括以合乎道德的方式获得知识和应用知识为人民和社会造福。这两个目的达到的境界是宇宙和人类。

如果我们接受科学家不仅具有求真而且具有扬善的义务的观点,我们就不得不对应该追求何种知识,或优先追求何种知识,以及应该如何应用知识作出判断,这些是道德判断或伦理学判断。……科学家的良心更为强烈地表现在对如何使用他们的知识担负更大责任的运动中。在这一运动中,科学家起着多重作用,如决策者的顾问、政府或私人企业的咨询员、法庭上的专家证人、社会批评家、科学普及者、社会团体的辩护人等等。近年来,中国科学家参与了"三峡工程"论证工作,对这一工程提出了正面或反面的意见。科学事业的这种本质的作用,与无功利研究的期望和中立性的形象是矛盾的。

3. 美德

现在,科学中的弄虚作假已成为流行全世界的瘟疫,即使在有些权威性机构中的研究人员或著名科学家也弄虚作假。在我国,有的科学家利用虚假的资料为某些观点辩护,这已导致十分严重的后果。科学中弄虚作假的事例绝不是个别的,但我们不知道它们是否仅是很快就会作为脚注进入科学史的档案库中,还是冰山之巅。不管怎样,弄虚作假已经严重损害了科学和科学家的形象。某些科学家把它归之于对科学的外部压力,而其他人则归之于整个社会的道德堕落。

弄虚作假的流行病只能用内部因素和外部因素的联合作用来说明。目前的奖励制度侧重外部奖励,对科学家的刺激是名利和权力。这些外部奖励是由别人提供的、有限的和社会安排的,取决于控制和分配这些奖励的机构的存在。至于内部因素,其中之一是,自从传统的美德伦理学被现代规范伦理学代替以来,在科学家中美德的修养越来越薄弱了。……像公正、勇气和正直等美德是科学实践的必要因素。例如,一个科学家应该有足够的勇气来提出大胆而新颖的理论,应该在检验他的理论时正直无欺,在比较评价他的和别人的相争理论时公正。出卖自己的灵魂给魔鬼的浮士德并不是一个好的科学家的样板。科学的规范必须立足于这些美德。仅仅有规范,不管是认知的还是伦理的,都不足以防止科学中的弄虚作假。

4. 分配公正

从事作为体制活动的科学实践的科学家必须处理有关各方收益和负担的公正分配问题。例如,必须权衡不同的价值,在宏观、中观和微观层次作出资源分配的决定,这一点是没有争议的。

宏观层次分配资源的伦理学问题是,在一个社会或国家可得的资源中,分配给科学技术部门的资源多少合适,以及在分配给科学技术部门的资源中分配给科学技术内部各学科或学科群多少合适,例如分配给基础研究、理论研究和应用研究多少合适等。

中观层次分配资源的伦理学问题是,在一个研究机构可得的资源中,分配给研究机构所属各单位多少合适。微观层次分配资源的伦理学问题是,一个科学家如何合适地使用他得到的资源。

在一个研究机构或由一个科学家管理的研究组内,各学科、各小组存在着相互依赖关系,这一点大家都是承认的。把资源过多地分配给一个学科,而其他学科资源分配不足,对这学科本身并不好,因为所有学科都取决于彼此的协调发展。……在我国有不少例子,资源过多地分配给某一学科的科学家,这位科学家非常善于向资源分配决策者吹嘘,但是并不善于拿出研究成果,这样做在如下两个意义上是不道德的:第一,破坏了正直的义务,因为故意吹嘘,超出了正常的误差;第二,这导致不公正的资源分配。

5. 作为专业的科学

关于作为一种专业(不是职业,请看下文)的科学,谈论得很少。有人争辩说,科学不是一种专业,因为它具有不同于医学、法律等典型专业的独特特征。现在让我们看看典型专业的特征是什么,科学与它们有无本质的区别。

第一,典型的专业成员对他们的工作对象(法律、医学、神学或大学教学中的委托人、病人、教徒或学生)提供个别服务,这种关系在某个方面是十分密切的和亲近的。似乎科学家不提供这种个别的服务,也没有这种亲近的关系。然而,某些律师或医生也并不提供个别服务,也没有与委托人或本人的亲近关系。如为单位提供法律服务或咨询或法院内工作的律师,以及在公共卫生机构工作的流行病学家等。反之,某些科学家,如提供咨询服务的心理学家或遗传学家则可以与他们的工作对象具有亲近的个人关系。

第二,这些专业控制他们提供的服务、这些服务的评价标准,以及专业成员的资格。这也适合于科学技术。在我国,虽然科学自主的范围要比其他国家小,但研究项目的审定、研究成果的鉴定、学位的评定等基本上要通过专家委员会进行。然而,目前所有专业都经受着外部的压力,这对科学也不例外。

第三,这些专业成员通常在对他们工作对象什么是好、对社会什么是好的问题上,起着道德仲裁者的作用。科学家也起这种作用。正如我们在上面论证的,科学家有义务告诉他们的雇员、人民和社会,应该用有限资源追求何种知识,以及如何应用这些知识。然而,对科学家和其他专业人员来说,这种作用都是有限的。由于事情的复杂性,对他们工作对象和社会什么是好的有时是不确定和不明确的。应该同其他学科的同行,尤其是人文和社会科学的同行一起协作来起这种作用。

第四,所有这些专业都提供一套理论来指导实践,形成一种专业文化。当普通人进入专业机构,与专业人员建立关系时,他们进入了一个新的、陌生的世界,那里人们说着不同的语言,具有不同的态度和价值。这使普通人处于不利地位,他们是外人,软弱而不平等,因而必须依靠专业人员的好意。这完全适合于科学。

第五,这些专业人员代表社会的精英,属于上层社会阶层,在教育、智能、智慧和权威上都是卓越的,在道德上也是卓越的,人们期望他们正直高尚,献身于人民福利和幸福。在我国,即使科学家的收入低于某些工厂工人,大大低于私人商贩,但其社会地位是最高的。最近对年轻人的调查表明,科学家在他们心目中的地位占第一位,医生占第二位。

第六,许多专业具有伦理准则但是科学没有。但这不能成为把科学排除在专业以外的理由,拥有伦理准则可能不是专业的特征,而是成为专业的结果。如果科学共同体感到需要一个伦理准则,他们就可以把它制定出来。

我要再增加一个论据。在所有这些专业中工作对象与专业人员之间的关系是信托关系,其中信任和值得信任是独特的特点。最近,哈雷也争辩说,科学不仅是一种认识论事业,而且是一种道德事业。科学共同体显示了以道德的方式进行理性合作的模型或理想。他主张,科学是一组物质和认知实践,在独特的道德秩序内进行,它的主要特征是信任,这种信任存在于它的成员之间,以及相互依赖的科学共同体与社会之间,而这种道德的核心是科学共同体的实践承诺他们的成果应该是值得信任的。在这方面,科学与其他专业具有同样的特征。

由上述可见,没有充分的理由把科学排除在专业以外。

科学家也许会拒绝科学作为一种专业的观点,因为这意味着准则和许可证等程序。他们习惯于非正式的集体控制,并关注个人的主权。科学学会传统上更关心鼓励"好科学",而不是控制它们成员的活动。他们认为,科学正直的要求足矣,无需任何准则。问题是,如果科学家及其共同体不自己来调节他们的活动,他们就不能够抗拒侵犯科学自主性的外部压力。自我调节是科学家保持自主性的唯一出路。阿希洛莫的生物化学家自动暂停重组 DNA 的研究,现在看起来似乎有点过分小心,但也许是避免外界干涉的一种努力。因此,通过科学共同体对他们活动的自我调节,作为一种社会控制的科学技术伦理学可以与专业自主性协调起来。

（节选自邱仁宗:《科学技术伦理学的若干概念问题》,载《自然辩证法研究》1991 年第 11 期,第 14-22 页。）

【思考题】

结合上述材料,谈谈科学家的社会责任。

中华人民共和国科技部和卫生部人胚胎干细胞研究伦理指导原则

第一条 为了使我国生物医学领域人胚胎干细胞研究符合生命伦理规范,保证国际公认的生命伦理准则和我国相关规定得到尊重和遵守,促进人胚胎干细胞研究的健康发展,制定本指导原则。

第二条 本指导原则所称人胚胎干细胞包括人胚胎来源的干细胞,生殖细胞起源的干细胞和通过核移植所获得的干细胞。

第三条 凡在中华人民共和国境内从事涉及人胚胎干细胞的研究活动,必须遵守本指导原则。

第四条 禁止进行生殖性克隆人的任何研究。

第五条 用于研究的人胚胎干细胞只能通过下列方式获得:(一)体外受精时多余的配子或囊胚;(二)自然或自愿选择流产的胎儿细胞;(三)体细胞核移植技术所获得的囊胚和单性分裂囊胚;(四)自愿捐献的生殖细胞。

第六条 进行人胚胎干细胞研究,必须遵守以下行为规范:(一)利用体外受精、体细胞核移植技术、单性复制技术或遗传修饰获得的囊胚,其体外培养期限自受精或核移植开始不得超过14天;(二)不得将前款中获得的已用于研究的人囊胚植入人或任何其他动物的生殖系统;(三)不得将人的生殖细胞与其他物种的生殖细胞结合。

第七条 禁止买卖人类配子、受精卵、胚胎和胎儿组织。

第八条 进行人胚胎干细胞研究,必须认真贯彻知情同意与知情选择原则,签署知情同意书,保护受试者的隐私。

前款所指的知情同意和知情选择是指研究人员应当在实验前,用准确、清晰、通俗的语言向受试者如实告知有关实验的预期目的和可能产生的后果和风险,获得他们的同意并签署知情同意书。

第九条 从事人胚胎干细胞研究单位应成立包括生物学、医学、法律或社会学等有关方面的研究和管理人员组成的伦理委员会,其职责是对人胚胎干细胞研究的伦理学及科学性进行综合审查、咨询和监督。

第十条　从事人胚胎干细胞研究的单位应根据本指导原则制定本单位相应的实施细则或管理规程。

第十一条　本指导原则由国务院科学技术行政主管部门、卫生行政主管部门负责解释。

第十二条　本指导原则自发布之日起施行。

第 八 讲　研究生的学术道德

学术道德的完善和提高推动着学术活动的健康发展,也促进着社会道德的完善。学术工作者不仅要学习和把握学术道德,将其内化为自身的学术道德品质,而且需要将良好的学术道德素养传递给学术后来者。研究生作为学术研究的一支重要后备力量,他们不仅要遵循一般的学术道德规范,而且由于研究生处于学习做研究的特殊阶段,因此他们的学术道德规范也就具备了一些特殊之处。

一、研究生学术道德及其特点

研究生处于通过做学术活动来完成其学习任务的阶段,研究生的学习已经具有了明显的学术研究特征。一般而言,在硕士研究生高年级和博士研究生阶段,研究生们大都直接参与学术研究活动,成为学术研究团队中的一员。作为未来学者的预备力量,研究生不仅要学会如何做专业学术,而且需要学习学术研究的道德要求。研究生的学术道德要求以一般的学术道德要求为基础,同时由于其处于学术学习阶段的特殊性,研究生的学术道德又具有其自身的一些特殊性。

（一）研究生学术道德的概念

学术研究活动的特殊性决定了学术道德作为一种道德类型的存在。学术道德是指从事学术活动的主体在进行学术研究活动的整个过程及结果中处理个人与自身的研究、个人与他人、个人与社会等方面关系时所应遵循的行为准则和规范的总和。学术道德的实施和维系主要依靠学术研究者的良心、学界以及整个社会的道德舆论。

研究生学术道德是一种特殊形态的学术道德,是指正在学习做学术研究的研究生在学习过程中、在参与学术研究活动过程中处理各种利益关系时所应遵循的行为准则和规范的总和。研究生的主要任务是学习如何从事学术研究活动,研究生的学术道德要求从总体上与一般学术道德要求是一致的,但由于其身份的特殊性,即以学生和研究人员的双重身份参与研究活动,这就使研究生在处理各种利益关系时具有了与一般学术道德的差异性。

(二)研究生学术道德的特点

研究生集学生和研究人员双重身份于一身,既要遵循一般的学术道德要求,又要处理好自身的学生身份带来的一系列特殊关系。相对于一般学术道德,研究生学术道德表现出基础性、可塑性、成长性、创新性等特点。

一是基础性。研究生学术道德的基础性,是指研究生在学习做学术、参与学术活动的过程中必须遵守基本的学术道德要求、养成必要的学术道德习惯、达到基本的学术道德水平,从而保证学术研究的正常进行。具体来说,首先研究生要遵守一般的学术道德规范。例如,中国科学技术协会颁布的《科技工作者科学道德规范(试行)》中规定"进行学术研究应检索相关文献或了解相关研究成果,在发表论文或以其他形式报告科研成果中引用他人论点时必须尊重知识产权,如实标出""对已发表研究成果中出现的错误和失误,应以适当的方式予以公开和承认""诚实严谨地与他人合作""耐心诚恳地对待学术批评和质疑""公开研究成果、统计数据等,必须实事求是、完整准确""搜集、发表数据要确保有效性和准确性,保证实验记录和数据的完整、真实和安全,以备考查""不得利用科研活动谋取不正当利益"等,其中涉及的诸如学术诚信、实事求是、严谨和耐心等等一般性的学术道德规范都是对研究生学术道德的基础性要求。

二是可塑性。研究生学术道德的可塑性是指研究生的学术活动正处于学习参与阶段,其学术道德价值观处于形成阶段,很多方面尚未定型,因而具有较大发展空间。在这一阶段,研究生学术道德的选择和判断极易受外界环境的影响,尤其是市场经济条件下社会群体利益分配的差别和价值观念多元化的影响,研究生在价值观念方面存在诸多困惑和矛盾,处于较大的不稳定状态。此外,研究生在学术道德上还具有较强烈的模仿性。研究生处于从事学术活动的初级阶段,对如何做学问、如何处理学术活动中的一些利益冲突尚无成熟的经验,对很多问题的看法没有定式,此时的研究生在学术道德上会倾向于直接模仿,例如导师、同学和相近人员的学术道德观念和行为都会对其产生潜移默化的影响。

三是成长性。研究生学术道德的成长性是指研究生开始了由道德他律向道德自律的成长转化。从道德他律到道德自律是个体道德成长的一般规律。道德他律是指人们的道德选择和道德行为受外部社会道德规范的支配和制约;道德自律是指外部道德规范内化为人的道德信念和良心,从而成为一种内在约束力量和激励力量,即道德主体对自身道德选择和道德行为起规范、约束、支配和引导作用。研究生从事学术研究之初,其学术道德行为以他律为主,其道德行为的养成主要依赖于外在的学术道德规范和良好科研学术环境的构建。基于这一特点,研究生对学术道德规范的学习是研究生接受学术道德的必然环节,研究生受学术道德他律制约的过程是其学习学术道德规范并不断内化为自身学术道德品质的过程。外部的学术道德要求和规范一旦内化成为研究生们自身内在的道德要求,就会对研究生起到自我约束的作用,为研究生从事高质量的学术研究提供强大的道德动力。

四是创新性。研究生学术道德的创新性是指在学习和遵循一般性学术道德的基础上,研究生可能基于自身的学习特点和体验,对所参与学术活动中各种利益关系形成了自己的独特认识和适合自身学习进步的独特处理方式,从而实现一种学术道德的创新。研究生涉足学术研究活动之初,遇到和面对学术利益关系之间的矛盾和冲突时,需要依靠已有的学术道德规范来解决;随着研究生参与学术研究活动的加深,当现有的学术道德规范不能处理和应对新情况、新问题时,就可能促使研究生道德思维发生变革和创新,从而可能实现研究生学术道德的创新和发展。例如,研究生通过自身的学术道德的学习和修养,可能创新出一些现代学术组织形式、现代师生关系或者更加公平的学术利益分配观念和形式等等。

二、研究生学术道德规范的具体内容

学术道德规范是指"各方共同遵守而利于学术积累和创新的各种准则和要求,是整个学术共同体在长期学术活动中的经验总结和概括"[1]。这些准则贯穿了学者学术研究活动的全过程,如在选题、具体研究活动的展开、研究成果的完成及发表、研究课题的申报和评审、学术成果的鉴定和评奖中的具体规定等。通常来说,违反学术活动道德规范的行为被看作科研不端行为(Scientific Research Misconduct),它们都是对正当学术道德要求的背离,"造假被认为是学术研究中最不可原谅的错误"。[2] 研究生处在学习做学术研究或从事学术研究的初步阶段,需要有明确具体的学术道德规范供学习、把握和遵守,从而逐步加深对学术道德的理解,形成良好的学术道德品质,研究生阶段养成遵守学术道德规范的良好习惯对其终生研究活动的意义重大。

---

[1] 叶继元等:《学术规范通论》,华东师范大学出版社 2005 年版,第 5 页。
[2] [美]唐纳德·肯尼迪:《学术责任》,阎凤桥等译,新华出版社 2002 年版,第 262 页。

（一）学术研究中的一般道德规范

科研不端行为，也被称为科研失范或者科学越轨，是指违背科学研究道德规范的行为。现代科学活动是一项与某些社会因素密切相关的活动，政治、经济以及军事等因素都会影响科学活动的过程、目的与应用。同时，现代科学活动已经从"无形学院"过渡到"有形学院"阶段，因此科学研究活动并不是科学的全部活动，还存在诸如科研基金申请、科研成果鉴定、科研论文的评审和发表等活动。因此，不端行为可能出现在科学整体活动的方方面面。但是，科学研究活动始终是科学活动的中心，因此，对不端行为的界定、认定和防范与惩罚都聚焦于科学研究活动。

从根本上说，科研不端行为是一种有悖伦理的行为，全面而又确定的界定和分类是非常困难的。但是，事实上的确存在科学研究不端行为，并且我们还需要制定相应的规范来认定和惩罚这类行为，因此，世界各国都尽力对现实中所发生的这类行为进行基本的界定和分类。例如，美国联邦政府 2000 年 12 月通过科学与技术政策办公室（OSP）发布科学研究不端行为联邦政策。其中对科学研究不端行为作了如下界定：科研不端行为是指在准备、实施、整理以及发表等科研环节出现的伪造（Fabrication）、窜改（Falsification）以及剽窃（Plagiarism）行为。其中，伪造是针对科研结果的，也就是指科研过程没有问题，但是为了迎合需要，人为导出结果，并且对结果进行记录和报告。窜改是指对研究材料、设备以及研究过程进行人为的掌控，改变或省略某些数据或结果，从而使得研究不能精确地在研究报告中表现出来。剽窃是指没有通过合适的方式占用他人的思想、研究程序、结果以及话语，也包括占用他人未发表的研究计划和手稿内容。伪造现象在研究生科研活动中也颇为常见。例如，有人专门就研究生伪造和修改实验数据问题进行调查，其中一项是："在学位论文的实验中，因实验紧迫，修改一下实验数据可以拿到学位，而按事实可能拿不到学位，你想改还是不改？"调查结果显示：回答想改动的人数占总人数的 33%。[①]

值得注意的是，许多国家在制定科研规范时对科研活动中的诚实过错（Honest Error）等行为与科研不端行为作了区别对待。由于现代科学研究活动受到多种因素的影响和制约，因此，在科学研究活动中往往会出现一些不可避免的错误和失误。就像在法理学中区分故意犯罪和过失犯罪一样，判定科学研究中的不端行为不能够不考虑动机，不能只凭借行为效果而一概而论，因此诸如英美等国家制定的

---

① 陈朝余：《加强高校研究生科学道德教育的探讨》，载《学位与研究生教育》2001 年第 12 期。

科研伦理规范中都把诚实过错、意见不同（Differences of Opinion）与故意造假、蓄意错误区别开来。

对科研不端行为的界定可以涉及更为广泛的科学活动，比如资金申请、论文发表等方面。这类科研不端行为所涉及的人员也是很广泛的，可能是具体科研学术活动人员，可能是掌握科研资金分配权的管理人员，也可能是掌握论文发表权的人员，等等。许多国家对科研不端行为的规范明确地涉及了科研基金申请等行为。例如，德国马普学会（Max Planck Society）在2000年11月修订的《认定科研不端行为的规则与程序》中把不端行为分为4类：故意的虚假陈述（False Statement）；侵害他人知识产权（Infringement of Intellectual Property）；破坏他人研究工作（Impairment the of Research Work of Others）；联合作伪（Joint Accountability）以及其他具体情况。其中，在"故意的虚假陈述"一项中特别指出：在寻求支持（比如资金支持）的申请书中作假，同属于科研不端行为。在"联合作伪"一项中明确指出：积极参与他人的不端行为是需要接受制裁的。

为了预防这些科研伦理中的一般性不端行为，世界各国都非常重视对青年科学工作者进行必要的行为规范教育。例如，英国科学理事会把对青年科学工作者的教育看作保证良好科学实践的一项重要工作，并将这项工作规定为具体科研机构的责任。德国的马普学会则要求青年科研人员到马普学会工作时要先接受何为科研不端行为、何为良好科研实践的培训，并且要求在一些文件上签字，承担相应责任，将科学道德的"软约束"变为"硬约束"。[①]

>>>>**知识链接**

哈佛大学认定科学不端行为的相关规定

1. 阶段。其中规定了处理举报、询问和调查三个阶段，对于进入每一个阶段都规定了相应的条件。

2. 机构。规定了校长、不端行为委员会、政策办公室的三级构架。其中校长具有监督权、重要人事任命权以及最终裁决权；不端行为委员会具有组织询问、开展调查、提供建议以及汇总报告的权力；政策办公室具有建议询问和调查、保存文件和证据、通告相关机构以及采取相应行政行为的职能。

---

① 孟伟：《西方发达国家如何应对科研不端行为？》，载《科技导报》2006年第8期。

3. 人员。进行询问和调查的人员组成也具有明确的规定。例如调查小组至少 5 人组成；其中至少 1 人来自委员会，1 人来自校外；小组成员应当具有调查所需的专业知识以及意愿；应当警告避免涉及利益冲突，等等。

4. 时限。规范中对各种活动都具有明确的时限规定，从而严格保证程序公正的实现。例如，一旦委员会决定询问，委员会主席需要在接到报告后的 3 个工作日内任命一个小组进行询问；询问小组需要在政策办公室首次提交报告后的至多 30 个工作日内处理询问并且决定是否进行调查；如果询问超过 30 天，询问小组需要记录耽搁原因；询问完成后 30 天内，调查应当启动；正式调查应当在询问完成后 120 个工作日内结束；等等。

5. 权利。规范对于各方当事人的权利都予以明确的保护。例如，所有接受询问的人员都可以由他们指定的代表伴随；一旦无需调查，政策办公室需要采取措施恢复被举报人的名誉；政策办公室还需要采取措施保护询问过程中的诚实合作者；调查过程中，举报人、被举报人与校方都可以由辩护人代表；应当充分听取被举报人的意见；当被举报人接到不利于自己的报告时，在校长做出最终决定前，被举报人可以向委员会提出复议；询问和调查中一旦涉及联邦科研资金，政策办公室都必须采取临时的行政行为来确保对于联邦资金所需的保护以及公共健康；等等。

6. 报告。规范对报告的提出、内容都做了相应的规定。例如，询问阶段、调查阶段都需要由询问小组和调查小组做出相应的报告；应当向校长、委员会、资助机构以及联邦机构等相关单位提供相应报告；报告应当说明不端行为的本质、严重性以及对特定科研计划的影响；最终报告需要描述调查活动的政策和程序、调查相关证据及其来源、结论和依据，还包括建议的制裁或者纠正措施；调查委员会的每一位成员都应当对赞同还是反对一项报告进行签名；等等。①

（二）研究生与导师之间的学术道德规范

在研究生培养过程中，以导师为主的师生关系、同门关系是以科研学习活动为纽带形成的一种重要关系。有人说："人生会有无数的'遇合'，会有无数的'人与

---

① Howard University: Policy and Procedures for Handling Allegations of Scientific Misconduct〔EB/OL〕.http://www.provost.howard.edu/Documents/scimisconduct.htm.

人的情谊'。但我总觉得：在其中，'师弟的遇合''师弟的情谊'，才是最崇高的人生的'精华'。"① 但是，在当前高等教育功利化的情形下，导师与研究生之间的关系出现了世俗化和扭曲化现象，不仅遮蔽了以学术为纽带的师生关系，而且对学术科研实践产生了种种不利的影响，从根本上制约了研究生的成长。从研究生与导师的交流来看，除了生活与情感的交流之外，主要集中在学术交流层面，这就涉及学术交流的道德规范问题。因此，对研究生而言，积极与导师沟通也是必须做好的功课，做好这一功课是研究生未来发展的基础。

以学术研究为核心，研究生与导师和同门之间形成了良好的道德关系，能够提高研究生学术素养，推动研究生展开更有效的科研活动。

第一，师生之间坚持真理、追求真理。坚持真理和追求真理是学术研究活动的核心价值，是处理研究生师生关系的核心标准。在西方历史上，当有人指责亚里士多德的观点背离老师柏拉图的学说时，他这样回答：吾爱吾师，吾更爱真理。这为研究生处理与导师的学术交往提供了经典的范例。

第二，尊重导师，虚心学习。尊师重道是中国自古以来形成的优良传统，是研究生在与导师的交流中应该遵循的行为规范。梁启超说："片言之赐，皆事师也。"谭嗣同说："为学莫重于尊师。"可见，尽管研究生与导师的学术观点、立场和学术风格有所不同，但是导师发挥着"传道，授业，解惑"的功能，因此尊重导师是与导师有效沟通的首要条件。从事学术研究，要掌握知识，首先就要虚心学习、刻苦钻研，虚心吸取前辈和他人的学术成果，这样才能成为一个知识渊博、人格完善的人。

第三，积极主动，合作共赢。研究生在与导师和同门交往中，不仅要做到虚心，更要树立积极心态，主动获取知识和科研技能。研究生的学习是一种创造性学习，是在对基础知识和前沿性知识的掌握基础上，形成独立分析问题、发现问题、解决问题的能力。例如能够根据选定的课题自主查阅相关资料，找出解决问题的合适路径，简明规范地表达结论，并能善于表达自身的学术观点等。这就需要研究生更加积极主动，在导师与同门共同营造的学术氛围中实现合作共赢。

第四，批判继承，合理怀疑。科学的发展和进步离不开继承，但是，科学研究更需要不断地怀疑与创新。科学进步源于怀疑，批判继承、合理怀疑是学术不断发展的内在动力。合理怀疑是在原有基础上寻找新发现的可能性，是用理性来质疑，而不是盲目的、片面追求标新立异式的怀疑。在研究生学习阶段，研究生

---

① ［日］池田大作：《我的人学》(上)，铭九译，北京大学出版社 1992 年版，第 93 页。

在获取新知、发现真理的道路上与导师处在平等地位上。研究生在与导师的学术交流过程中，要敢于对导师的学术观点合理怀疑，要将自身的新思考、新发现积极与导师交流，与导师和同门之间展开有效的学术沟通，实现研究生与导师之间的教学相长。

（三）研究生学位论文写作中的道德规范

科研论著是科研成果的常见形式，是科研工作者对创造性研究成果进行理论分析和科学总结，并得以公开发表或通过答辩的写作文体。科研论著包括学术论文、学位论文、研究报告、专著等学术成果。科研论著载体不同，撰写的特点、内容形式不同，撰写的具体要求也有所差别。但总体而言，一篇符合标准规范的科研论著，至少应该具备这些要素：题目、摘要、关键词、正文、参考文献和注释、署名和致谢等。[①] 研究生学位论文属于科研论著的范畴，它作为研究生学习阶段科研能力和科研水平的系统总结，体现了研究生阶段所受学术训练达到的水平。研究生在不同的专业学习，其研究对象也各不相同，学术论文的表述方式也会有较大差距。尽管如此，一篇高质量的研究生学位论文具备科研论著所具备的要素，同时，从题目拟定、摘要写作、关键词选定、正文撰写等几方面还要严格遵守学术道德规范。

第一，选题的学术道德规范。学位论文的选题应当遵守一定的学术道德规范，即什么题目是可以选择的，是学术道德规范允许的。学位论文题目是研究生论文的主要内容和中心思想的高度概况，是以最恰当、最简明的词语来反映论文最重要的特定内容的逻辑组合。论文题目看似简单，实则决定了论文的研究主体，因此，违背学术道德规范的选题基本决定了学位论文的失败。例如，学位论文的选题不能抄袭，尽量避免重复性的选题，否则所进行的科研工作将是无效的。还有，学位论文的选题不能违背基本的伦理要求，例如对于克隆人等课题的研究就受到伦理规范的制约。

第二，论文写作的学术道德规范。学位论文写作中也要遵守一定的学术道德规范。例如，论文写作中不能伪造和抄袭，应当做到论文写作上的实事求是，说自己的话，表达自己的思想，应当体现出研究工作的创造性。再者，论文写作中应当注意语言的客观性，避免语气的主观性批判，对待他人的观点应当秉承客观审视的态度，而非对与自己相左的观点横加指责，甚至乱扣政治或者其他学术外的理论帽子。还有，学位论文的创新离不开吸收已有研究资料和研究成果，论

---

① 叶继元等：《学术规范通论》，华东师范大学出版社 2005 年版，第 117 页。

文写作中应当客观反映对他人研究成果和研究材料的借鉴和引用,这是对他人已有研究工作的肯定和承认,也是对他人所付出智力劳动的尊重。"有责任感的学者们会在文章中保留大量的注释,包括对自己观察的解释,也包括对来自他人的重要资料的说明。"最后,研究生论文写作中应当对老师学术上的指导、同学同门的帮助以及对他人研究成果的借鉴等表达诚挚的感谢,这也是论文写作上的一种学术道德要求。

第三,论文研究中的学术道德规范。学位论文是前期研究活动的总结,因此,在学术研究过程中也应当遵守学术道德规范。例如,科研活动离不开观察、实验和数据的搜集、整理,观察与实验结构的客观性、数据资料搜集与整理的准确性等直接关系到学术成果的质量和水平;而这些往往是学术活动不端行为的多发处,诸如捏造事实、编造实验数据、篡改实验结果等现象都违背了基本学术道德规范。

第四,成果发表与应用中的学术道德规范。学术研究成果的发表、推介和应用是实现学术研究成果在学术共同体内外交流的主要方式,使研究成果从少数人的知晓扩大到整个学术共同体和社会的评价,显示了该项研究中的新贡献和占有的优先地位,同时也使该项研究成果被进一步质疑和修正并不断得以完善。研究生在学术研究过程中也将会涉及学术研究成果的发表、推介和应用。由于研究生的学术研究活动刚刚起步,研究生在学术研究成果的发表、推介、应用中可能会发生一些违背学术道德规范的事情。例如,署名不规范、一稿多投等。署名权体现的是对研究人员的承认和尊重,关系到他在科研活动中的责任、地位甚至某些具体的利益。因此,研究生在成果发表、推介、应用时,应当规范署名,在包含导师和同门在内的科学共同体内充分协商、实事求是,避免出现署名上的学术道德失范和争议。再如一稿多投现象,一般严格来说,同一篇学术论文不允许同时投往不同的刊物,只有在一种刊物退稿之后才能投往另一刊物;此外,把一篇论文加以改头换面重新投稿也是变相的一稿多投,这些都是违反学术道德规范的行为。

> > > > **知识链接**

"论文发表催生假论文,研究生导师成新兴'高危职业'"

2014年2月以来,日本理化学研究所发生与再生科学综合研究中心的小保方晴子陷入学术造假漩涡,加州大学戴维斯分校的生物学家保罗·诺普夫勒（Paul Knoepfler）教授等公开质疑她在《自然》上的文章造假。当年 7 月 2 日，《自然》杂志宣布撤销此论文。

一个月后，一则令人震惊的消息占据了日本所有大报的头版。世界再生医学领域的大师级学者、日本发生生物学的领军人物、日本理化学研究所发生与再生科学综合研究中心副主任、小保方晴子的导师笹井芳树于 8 月 5 日在位于兵库县神户市的该中心研究大楼内的楼梯扶手处自缢身亡，终年 52 岁。根据日本理化学研究所对小保方晴子的调查结论，笹井芳树虽不涉及学术不端行为，但因"处在对本论文的撰稿提供实质性的指导的立场"，却在未亲自确认数据的正当性及正确性时而放任论文投稿，因此负有重大责任。

相应的，美国科学家查尔斯·维坎提（Charles A. Vacanti）辞去在哈佛大学附属布里奇汉姆（Brigham）妇女医院的职务，并宣称"休假一年"。维坎提是小保方晴子在美国求学时的导师，是该文的共同通讯作者，在另一篇造假论文上也署了名。

在日本本土，悲剧也在继续发酵。早稻田大学认为，小保方晴子在 2011 年递交的博士论文被发现存在盗用他人成果的问题。因此，对于指导教授常田聪给予停职一个月的处分，同时，大学总长镰田薰也被减去职务补贴 20%。2015 年 11 月 2 日，早稻田大学正式宣布取消小保方晴子的博士学位。

中国科学院院士、北京大学研究生院常务副院长严纯华说，研究生导师肩负的使命和职责，应体现在研究生的招生、入学、选课、选题、研究、写作、毕业、推荐、就业的各个环节，甚至贯穿于研究生离校后的生活、工作整个过程。"要营造'家'的心态，至少也应该有'铁打的营盘、流水的兵'的'守营人'的责任。"比如，告诉学生为什么要上研究生以及怎么做一个优秀的研究生。

（邱晨辉：《论文发表催生假论文，研究生导师成新兴"高危职业"》，载《中国青年报》2015-06-05。）

【思考题】

结合上述案例，你如何看待研究生与导师在学术伦理道德关系中应当扮演的角色？

《学位论文作假行为处理办法》中华人民共和国教育部令（第34号）

《学位论文作假行为处理办法》已经 2012 年 6 月 12 日第 22 次部长办公会会议审议通过，并经国务院学位委员会同意，现予发布，自 2013 年 1 月 1 日起施行。

第一条 为规范学位论文管理，推进建立良好学风，提高人才培养质量，严肃处理学位论文作假行为，根据《中华人民共和国学位条例》《中华人民共和国高等教育法》，制定本办法。

第二条 向学位授予单位申请博士、硕士、学士学位所提交的博士学位论文、硕士学位论文和本科学生毕业论文（毕业设计或其他毕业实践环节）（统称为学位论文），出现本办法所列作假情形的，依照本办法的规定处理。

第三条 本办法所称学位论文作假行为包括下列情形：

（一）购买、出售学位论文或者组织学位论文买卖的；

（二）由他人代写、为他人代写学位论文或者组织学位论文代写的；

（三）剽窃他人作品和学术成果的；

（四）伪造数据的；

（五）有其他严重学位论文作假行为的。

第四条 学位申请人员应当恪守学术道德和学术规范，在指导教师指导下独立完成学位论文。

第五条 指导教师应当对学位申请人员进行学术道德、学术规范教育，对其学位论文研究和撰写过程予以指导，对学位论文是否由其独立完成进行审查。

第六条 学位授予单位应当加强学术诚信建设，健全学位论文审查制度，明确责任、规范程序，审核学位论文的真实性、原创性。

第七条 学位申请人员的学位论文出现购买、由他人代写、剽窃或者伪造数据等作假情形的，学位授予单位可以取消其学位申请资格；已经获得学位的，学位授予单位可以依法撤销其学位，并注销学位证书。取消学位申请资格或者撤销学位的处理决定应当向社会公布。从做出处理决定之日起至少 3 年内，各学位授予单位不得再接受其学位申请。

前款规定的学位申请人员为在读学生的，其所在学校或者学位授予单位可以给予开除学籍处分;为在职人员的,学位授予单位除给予纪律处分外,还应当通报其所在单位。

第八条　为他人代写学位论文、出售学位论文或者组织学位论文买卖、代写的人员,属于在读学生的,其所在学校或者学位授予单位可以给予开除学籍处分;属于学校或者学位授予单位的教师和其他工作人员的,其所在学校或者学位授予单位可以给予开除处分或者解除聘任合同。

第九条　指导教师未履行学术道德和学术规范教育、论文指导和审查把关等职责,其指导的学位论文存在作假情形的,学位授予单位可以给予警告、记过处分;情节严重的,可以降低岗位等级直至给予开除处分或者解除聘任合同。

第十条　学位授予单位应当将学位论文审查情况纳入对学院(系)等学生培养部门的年度考核内容。多次出现学位论文作假或者学位论文作假行为影响恶劣的,学位授予单位应当对该学院(系)等学生培养部门予以通报批评,并可以给予该学院(系)负责人相应的处分。

第十一条　学位授予单位制度不健全、管理混乱,多次出现学位论文作假或者学位论文作假行为影响恶劣的,国务院学位委员会或者省、自治区、直辖市人民政府学位委员会可以暂停或者撤销其相应学科、专业授予学位的资格;国务院教育行政部门或者省、自治区、直辖市人民政府教育行政部门可以核减其招生计划;并由有关主管部门按照国家有关规定对负有直接管理责任的学位授予单位负责人进行问责。

第十二条　发现学位论文有作假嫌疑的,学位授予单位应当确定学术委员会或者其他负有相应职责的机构,必要时可以委托专家组成的专门机构,对其进行调查认定。

第十三条　对学位申请人员、指导教师及其他有关人员做出处理决定前,应当告知并听取当事人的陈述和申辩。

当事人对处理决定不服的,可以依法提出申诉、申请行政复议或者提起行政诉讼。

第十四条　社会中介组织、互联网站和个人,组织或者参与学位论文买卖、代写的,由有关主管机关依法查处。

学位论文作假行为违反有关法律法规规定的,依照有关法律法规的规定追究法律责任。

　　第十五条　学位授予单位应当依据本办法,制定、完善本单位的相关
管理规定。

　　第十六条　本办法自 2013 年 1 月 1 日起施行。

第九讲　技术是什么？

　　普罗米修斯盗取天火为人类驱除黑暗和恐惧，从神话的角度诠释了技术与人固有的内在关联性。马克思提出劳动创造人本身、创造和使用工具是人从自然中分离出来并区别于其他动物根本标志的论断，则从科学的视角揭示了人与技术的天然联系。随后从旧石器到新石器，从手工工具到机器，再到自动化、信息化和智能化的现代技术体系，人类与技术相拥相携一路走到今天。可以说从人类诞生之日起，技术与人就如影随形，厮守相伴。对于人来讲，技术是人类生活的重要组成部分，甚至是人的一种存在方式。但技术又经常被人忽视，让人感觉不到其存在，在漫长的历史发展过程中，人类很少去思索相伴他们一生、对其影响深远的技术本身。"技术无所不在，却又无处可见。"① 这主要是由技术与人的复杂关系以及技术本身的复杂性决定的。由此可以看出，界定技术与追问技术的本质也是困难重重的。

一、技术的内涵

　　界定技术的内涵，也就是寻找技术的定义，即追问：什么是技术？在技术思想史和当前学术研究中不乏技术的定义，有实质性定义，也有描述性定义。尤其进入20 世纪以后，由于技术在社会发展中的突出地位，技术成为一个使用频率非常高的词汇，引发的学人对其的思考和争论此起彼伏，各种关于技术的解释和描述接踵而至。但对技术定义的理解仍旧众说纷纭，见仁见智，难以百虑一致。"承认技术的多重决定因素就无法设想人们会一致同意任何一个定义。"②

---

① ［法］让·伊夫·戈菲：《技术哲学》，董茂永译，商务印书馆 2000 年版，第 2 页。
② ［德］拉普：《技术哲学导论》，刘武等译，辽宁科学技术出版社 1986 年版，第 20 页。

对技术进行词源学的考察对于澄清各种技术思想和分歧的根源有所帮助。从词源上来看,英语中常用的技术(Technology)一词来源于希腊语的 Techne,原意包括木匠、技艺、技能、手艺等含义。柏拉图曾将知识分为两类,即与教育和抚育有关的知识以及与制作和生产有关的知识,后者关于技能的知识又分为两种:一种是仅仅由建立在实践和经验基础上的猜测和直觉发展起来的,如音乐、医学和农学;另一类则是有意地使用计数、测量和称重等,如木作。后一种关于技能的知识具有更大的准确性或精确度,代表了 Techne 的原始意义。亚里士多德也认为,技术是"制作的智慧"。可见,在古希腊,技术是与人类的政治活动和知识相区分的,主要与关于操作非人类的物质世界的制作活动和生产活动紧密联系。古希腊时期,技术(Techne)与科学或知识(Episteme)和艺术(Poiesis)常紧密联系,但三者之间的区分却比较模糊。随着科学的发展以及科学与技术之间联系的加强,技术一词从 Techne 开始转化为 Technology,后缀 -ology 有学说、学问之意。

在我国古代,技术对应的是"百工",包括生产工具、其他物质设备以及生产过程和工艺等。在战国时期已经流传的《考工记》中讲到"天有时,地有气,材有美,工有巧,合此四者,然后可以为良",指出了精美器物的形成与天时、地利、材料和工巧等之间的关系,并记述了木工、金工、皮革工、染色工、玉工、陶工等 6 大类、30 个工种制作对象的形制、结构、制作规范和工艺等。"技术"一词最早出现在西汉历史学家司马迁的《史记·货殖列传》中:"医方诸食技术之人,焦神极能,为重糈也。"东汉史学家班固的《汉书·艺文志》中则有:"汉兴有仓公,今其技术晻昧。"古汉语中,与"技术"含义比较接近的词汇有"技""术""工""巧""劳"等。

古往今来,通过技术本意引申出来的技术定义达上百种之多。有人从学科方法上把技术定义归为六类[①]。一是形而上学或哲学意义上的定义。如海德格尔将技术定义为"引导、促成自然的显露"、德绍尔认为技术是"发明和超验形式的物质现实化"。二是社会学意义上的定义,即把技术看作社会中的一个决定性因素。如埃吕尔在《技术社会》一书中,把技术定义为"在一切人类活动领域中通过理性得到的(就特定发展状况来说)、具有绝对有效性的方法的整体"。三是人类学意义上的定义,即把技术看作一种人类活动。如麦吉恩(R. E. McGinn)把技术看作同科学、艺术、宗教、体育等一样,是人类活动的一种形式。四是历史学意义上的定义,主要是指技术史学家所给出的定义,这类定义通常突出技术的历史性,认为技术随历史的发展而发展并呈现出不同特征。第五类是心理学意义上的定义,即把

---

① 刘文海:《技术的政治价值》,人民出版社 1996 年版,第 31 页。

技术和人的心理状态联系起来去定义技术。如荣格认为技术是实现工人格式塔心理的手段。六是工程技术学科上的定义。例如,把技术定义为"设计"或者"效率"等。

这些从学科角度着眼给出的定义,虽然突出了技术的学科特点,但又都不同程度地带有学科的局限性。除了技术定义的学科特点外,还可以根据技术的外延将其分为广义的技术和狭义的技术。狭义的技术通常指的是"搞'技术工作'中的技术,是生产技术、工程技术、医疗技术,是针对人与自然关系的技术"。[①] 狭义的技术指的是自然技术,广义的技术"大体上指人类改造自然、改造社会和改造人本身的全部活动中,所应用的一切手段和方法的总和,简言之,一切有效用的手段和方法都是技术。"[②] 显然广义的技术除了处理人与自然关系的技术外,还包括处理人与社会、人与自身等关系的技术。如埃吕尔认为,技术是合理、有效活动的总和、是秩序、模式和机制的总和。从技术发展史的视角可以把技术分为:机会的技术(史前人类和当代的原始部落,技术包含在自然生命的无思维的动物性活动中,没有熟练的工匠,发明只是偶然的事情,并不是有意识进行的);工匠的技术(古代和中世纪,各种工艺发展到十分复杂的程度,从而引起了劳动分工,特定过程的知识和实践还仅局限于特定的行业,行会制度);工程科学的技术(现代技术,技师和工程师占主导地位,工具或机器有了一定的自主性,不再由人直接操纵,而是与人相分离)等。

技术定义的多样性彰显了技术的多重属性和本质,也说明了要给出一个全面准确、能够揭示全部内涵的技术定义是非常困难的。但为了便于对技术概念的把握和使用,较为明确和简便的定义又是必不可少的,也是颇有意义的。鉴于自然辩证法视域中谈到的科技观,是以自然科学技术为主要研究对象,因此,此处谈论的技术主要指狭义的技术,即主要指的是自然技术,也就是认识和改造天然自然,创造人工自然过程中的技术。在此种意义上,我们这样来界定技术的内涵:技术是为了满足人自身和社会需要,运用科学知识,改造、保护和利用天然自然,创造人工自然的活动,及其过程中积累的各种经验、方法、技能、工具和手段的总和。 理解该定义要注意以下几点:首先,该定义强调了技术的目的性,即任何技术都体现了人的一定目的和愿望,技术是合目的性的对象性活动。其次,该定义指出了技术的实践性,即技术是改造、保护和利用天然自然,创造人工自然的活动,并且这种实

---

① 陈昌曙:《技术哲学引论》,科学出版社 1999 年版,第 94 页。
② 陈昌曙:《技术哲学引论》,科学出版社 1999 年版,第 95 页。

践活动是建立在对客观规律认识和利用的基础上的。因为是运用科学知识,这就与自然带出的、无意的、偶然的原始机会技术区别开来。再次,该定义兼顾了自然改造论和世界建构论,技术在改造和控制自然过程的同时,还要创造人工过程,其创造的人工自然就是人的生活方式,就是人的存在方式,就是世界的建构方式。最后,该定义指涉的技术既包括非物质形态的技术,如经验、方法、技能、技巧、技术知识等;也包括物质形态的技术,如工具、机器等技术人工物。

二、技术的特征

从技术的内涵和本质可以看出,技术包含着目的性、工具性、知识性、系统性、实践性、价值性、社会性等属性,具体概括为以下几个方面[1]:

(一)技术是主体要素与客体要素的统一

技术既是人的主观思想作用于外部客观世界的桥梁,又是人类改造自然的中介,是人的本质力量的外化。在人及其思想意识作用于客观世界的过程中,主体的知识、技能和经验具有重要作用。即使是在现代技术活动中,经验性的技能、诀窍和知识仍然是重要的。然而,仅有主体性要素是不够的,还必须具备客观的物资设备条件。技术既包括方法、程序和规则等软件,也包括工具、机器设备等硬件,正是软件与硬件的相互作用和不断发展,使得技术不断向前发展。

(二)技术是自然属性与社会属性的统一

首先,技术是人与自然(包括天然自然与人工自然)相互作用的中介,是人与自然之间物质、能量和信息的交换过程,是物质产品的创造和生产过程,是作为自然界组成部分的人对其他自然物的能动的作用过程。它们存在并统一于自然界中,受同一自然规律的支配。无论是技术原理的形成,还是技术手段或方法的构思以及技术实践,只有遵从自然规律才能实现。

同时,技术作为人用来延长他的自然肢体和活动器官的人工自然,是由人创造并由人掌握、控制和使用的,是人类活动的重要组成部分,具有明显的社会属性。它既要服务于人类目的、满足社会的需要,又要接受社会的制约与整合。不断发展着的社会生产和生活是推动技术向前发展的不竭动力。不同的社会历史条件以及可获得的资源、工具水平、劳动者的素质又制约着技术发展的方向、路线、进程、速度和规模。技术的社会属性决定了技术的存在方式和技术的社会应用与发展。

---

[1] 黄志斌:《自然辩证法概论新编》,安徽大学出版社2007年版,第260-262页。

（三）技术是工具性与价值负载性的统一

技术的工具性是指技术仅仅是方法论意义上的手段或工具体系。每一种技术都被用来解决特殊的问题或服务于人类特定的目的。但技术绝不仅仅局限于工具和手段，技术在解决问题的同时，也是伦理、政治和文化价值的体现过程。任何技术后果都内在于技术本质之中，是技术本质合逻辑展开的必然结果。因此，任何技术都既有工具性又具有价值性，其统一源于技术的内在价值与现实价值的统一。

（四）技术是自主性与社会建构性的统一

技术的自主性是指技术是一个相对独立和自组织的系统，有其发展的内在动力和自我发育、自我增长的特性。人虽是技术的创造者，但技术一经产生，便具有相对的独立性与自主性，技术甚至把人纳入自己的发展轨道，而不仅仅是屈就于人类的目的。特定的技术系统一旦投入使用，便会带来高度一致性的后果，而不管使用者的意图如何。从这个意义上来讲，技术的后果和影响是内在于技术系统的，它们被设计在技术系统之中，而不管设计者是否意识到它。

技术的社会建构性是指技术是一种由社会建构的产物，社会对技术的形成与发展起着举足轻重的作用。技术发展依赖于特定的社会情境，技术活动受到技术主体的实际利益、文化选择、价值取向和权力格局等社会因素的强烈作用。也就是说，在现实的技术活动中，技术是社会利益和文化价值取向所建构的产物。技术的进步和创新是自主性和社会建构性综合作用的结果。

【思考题】

结合现代科学技术革命的发展，谈谈如何理解科学与技术的联系与区别。

三、正确理解技术的本质

技术的本质也就是技术是其所是，区别于其他事物的属性，这是学界长期关注和争论的一个问题，技术定义的困难性也源于并反映了技术本质的多样性和复杂性，这就决定了在技术的本质问题上会存在诸多分歧，并会长期争论下去。理解技术的本质应注意以下几点：

第一，在技术本质上，争论比较多的是关于手段和目的的问题。有人认为技术是人达到目的的手段，满足人的需要才是最终目的。这样一种观点的依据就是，技术是由人发明的，并且是按照自己的目的和意愿发明的，因此技术应该服务于人，技术会按照人的旨意发挥作用和向前发展。在人与技术的关系中,人是主动的,技术是被动的,技术是从属于人、依附于人的。但这种观点在近现代技术体系下遭遇到了尴尬和挑战。有人认为,资本主义机器大工业的发展,异化了人类劳动,使人依附于机器生产过程。现代技术则形成了对人的逼促,剥夺了人的闲暇宁静的生活,人不再是按照自己的逻辑发明技术,而是被技术赶着,按照技术的逻辑去运作,人成为技术进化和发展的手段。这就背离了人最初发明技术的初衷。因而,现代技术体系下,目的和手段的界限日趋模糊。

第二,与手段和目的的争论相联系,还出现了工具论和实体论之间的思想分歧,这主要体现在对技术价值本质的研究。工具论者把技术视为单纯的工具,是人们实现目的的手段,其本身是不负载价值或价值中立的。工具技术带来的善恶后果都是由工具的使用者造成的。而实体论则认为技术是一种体现其自身特定价值且相对独立的社会力量,也就是技术本身是包含社会内容的相对独立实体,因而技术是负载价值的。技术实体论者反对技术中性论,认为技术进步绝不是价值中立的效率提高,而是一种全新的生活方式。实体论虽然也承认技术是工具理性,但绝不局限于工具、手段和服务功能,而日益突出其统治性和自身的发展逻辑。有人认为工具论和实体论都是技术本质主义,为了调和工具与实体、手段和目的的矛盾,提出了反本质主义和非本质主义,他们把技术视作负载价值的社会产物,对其进行批判性的反思和建构。

第三,在理解技术的本质时,不能简单地理解为手段还是目的,更不能离开人的本质和本性来谈论技术,把技术看作外在于人的某种东西。技术与人是密不可分的,技术丰富和强化着人的本性,人性中富含着技术性,技术是人的本质力量的外化,技术是人的一种存在方式。技术与人本质上存在一致性的同时,技术也会背离人性,当技术在处理人与自然关系时超过了必要的限度,忘记了人之为人的各种条件时,就走向了人性的反面。现代技术的统治性、挑衅性、无机性、封闭性正日益将自身推向人性的反面。

技术与人的密切关系还表现在技术是人与自然关系的中介。人在改造自然的过程中,受到自身条件的限制,很多时候并不能直接地作用于客观物质对象,而是借助于一定的工具和手段,也就是技术。技术在人们改造自然和社会的活动中起着延长人的自然肢体和活动器官,放大人的感觉器官和思维器官的作用。在人类长期的社会实践活动中,人们改造自然和社会的手段日益多样化,人们对技术的发明和应用也越来越复杂化,技术上的每一次重大进步都标志着人类改造自然和社会能力的提高,标志着人的本质力量的增强。技术的广泛应用使人工自然更为多样和丰富。技术的本质就在于它是人对客观物质世界进行能动作用的手段和方法,是联系人与客观物质世界的中介。

第四,理解技术的本质还应该坚持实践的观点。技术不是独立于人之外的某种抽象之物,而是来源于人的实践活动,是人对自然实践关系的表达。不少技术哲学家都把技术看作人类的活动,马克思也持此种观点,并从人类最基本的实践活动即物质生产劳动出发来把握技术的本质。在《资本论》中,马克思指出:工艺学会揭示出人对于自然的能动关系,人的生活的直接生产过程,以及人的社会生活条件和由此产生的精神观念的直接生产过程。此处的工艺学主要指的就是技术,指出人对自然的能动作用、改造作用,也就是人对自然的实践关系正是技术本质的反映。人通过技术活动,不仅改造自然,而且塑造着人自身,使人的本质力量不断增强,正是通过改造对象的实践活动,才真正地证明了人是有意识的类存在物,才确立了人的主体地位。同时人还会通过对象性活动把自己的意志和本质力量传递给自然界,使自然界打上人的烙印。这种人对自然的能动关系和实践活动就是技术。

第十讲 技术选题与技术方法论

技术的社会化与社会的技术化使现代技术社会的性质愈发明朗和清晰，技术已成为现代社会的一种存在方式、生活方式和认知方式。正是技术在现代社会中的核心地位和突出效应，使得人们开始关注技术创新及其引发的各种问题，从而形成了各种技术研究的选题。同时，人们也从技术研究及其创新过程中发现和认识到了技术思维和技术方法的重要性，并产生了相关的理论。本讲主要探讨技术本身与技术创新和使用过程中存在的问题，即技术选题，以及技术方法论问题。

一、技术选题

任何一门学科或学问都有其相应的研究对象和问题，从自然辩证法学科的体系结构来看，科学技术辩证法是其重要构成部分之一，这就涉及对科学和技术的哲学反思和追问，科学和技术就成为这部分内容的研究对象。我们所探讨的技术选题，主要是指从哲学的视角反思技术研究和创新过程中所遇到的技术问题。技术问题是技术认识的起点，它是从事技术认识和技术实践过程中所要解决的矛盾。选择和确定技术课题是技术研究和创新的必备阶段。正确的选题乃是技术研究走向成功的关键。

（一）技术选题的含义和特征

1. 技术选题的含义

宽泛地说，技术选题是指技术研究所指向的技术问题。正如科学研究始于科学问题一样，技术研究也始于技术问题。就这点而言，有人认为技术认识是从科学理论开始的，是对已有科学理论的应用性研究，这种认识源于把技术看作应用科学或科学的应用的观点。该认识对于古代技术认识和实践的发生缺乏解释力，即使现代技术认识也并非全都来源于科学理论的应用性研究。还有人认为技术认识开始于技术活动中的经验,是对经验的总结,该观点对于现代工程师和技术人员的工作和责任的起始范围,对于技术认识从什么时候开始的也不能予以很好的解答。从认识论的角度看,技术认识只能是从技术问题开始的,是问题引发了技术人员的思考,引导着技术人员去认识、去创新、去解决问题,该问题也就成为技术研究的选题。

技术研究又可以分为两类:一类是工程技术人员从事的技术研究,其目的在于实现技术发明和技术创新,从学科划分来看属于工科的范畴,该种技术研究指向的大都是某种或某类技术发明、创新和使用问题,常常与人们的生产、生活直接相关,具有较强的实践性,这类技术研究可以笼统地被称为技术创新研究。一类是哲学视域的技术研究,或者技术的人文社会科学批判,是对技术进行的哲学审视和思考,即以技术为研究对象进行的哲学研究,也就是技术哲学的研究。这两类研究所面对和要解决的技术问题是不同的,前者是工程技术人员在技术活动过程中所遇到的问题,后者大多指的是对技术的认知和技术的负面影响问题。此处探讨的作为技术认识起点的技术问题主要指的是前者,即工科范畴的技术创新意义上的技术选题。

从技术创新研究意义上讲,技术研究的选题是在发现和提出技术问题的基础上,通过分析和评价,选择和确定某一技术问题作为技术研究的进攻方向或突破口,是形成、选择和确定所要研究和解决的技术课题的过程。技术选题是技术研究的基本构成要素,也是决定科研成败的重要因素。把潜在的技术问题发掘出来,并使之成为技术研究的课题,这是技术研究选题的核心,在整个技术研究过程中具有战略意义。英国科学家贝尔纳指出:"课题的形成和选择,无论作为外部的经济要求,抑或作为科学本身的要求,都是研究工作中最为复杂的一个阶段。一般来说,提出课题比解决课题更困难。"[1] 技术选题的关键是提出和发现技术问题,作为技术选题的技术问题是"技术活动中某种未知的情况与已有的技术情境之间的不协调或者冲突"[2],是技术认识和技术实践过程中遇到的矛盾,是技术活动中已知与未知、已行与未行的矛盾。技术选题来源于生产、军事、政治、科学技术、文化教育、医疗卫生、环境等社会领域的各个方面。一般来讲,技术选题与社会需要有着直接的关系,主要来源于下列方面:① 生产发展和技术改造的需要;

---

① 中国社会科学院情报研究所:《科学学译文集》,科学出版社 1980 年版,第 28-29 页。
② 程海东、陈凡:《解析技术问题的认识论地位和作用》,载《东北大学学报》2012 年第 1 期。

② 市场调研、用户信息反馈与技术人员的研究构思；③ 技术预测与长远发展规划；④ 上级部门下达的任务；⑤ 科技情报与学术交流；⑥ 各单位互相委托的研究开发项目。

2. 技术选题的意义

首先，技术选题是技术研究活动的起点，也是它的难点。技术选题是确定技术研究的对象和目标，是一项技术研究从准备阶段到实际开展阶段的关键步骤。课题的形成和选择，无论是作为外部的经济技术要求，抑或作为科学本身的要求，都是科研工作中最复杂的一个阶段。爱因斯坦曾说提出一个问题往往比解决一个问题更为重要，因为解决一个问题也许只是一个数学上或实验上的技巧问题。而提出新的问题、新的可能性，从新的角度看旧问题，却需要创造性的想象力，而且标志着科学的真正进步。一般认为提出问题就等于问题解决了一半。所以评价和选择课题便成了研究战略的起点。要在一大堆课题中挑出带实质性的课题来，而不能把它们同非实质性的课题混杂在一起。第二，技术选题有着重要的技术认识论意义。"不同类型的技术问题对技术活动的影响是不同的，其中最重要的一种类型是常规技术问题与非常规技术问题。在技术演变的过程中，在原有基本技术原理的范围内所产生的技术问题即常规技术问题；突破原有基本技术原理所产生的技术问题即非常规技术问题。"[1] 确定了作为选题的技术问题的类型，就能决定解题的范围和方向，并在此范围内寻找解题路径。因而技术选题是对技术研究过程的一种规划，对技术问题现实情境的解析、对技术问题所包含信息的分解、对技术问题类型的定位、对技术问题解决方案的预设等，都是技术选题的重要思维过程，因此，技术选题有着重要的技术认识论价值。第三，技术选题对技术研究的成败与成效都有决定性意义。从理论上讲，可供研究、开发的题目是无限的，而能提供的研究条件是有限的。在选题时，如果把主观与客观、理论与现实、需要与可能统一起来，是使研究、开发得以顺利进行并取得成功的基本保证。如果选题不当，缺乏适用性、先进性、可行性、竞争性，则会使研究、开发无法顺利进行，徒耗人财物力，或者使取得的成果没有多大的价值和收益。美国物理学家巴丁（John Bardeen）强调"决定一个研究所是否取得成就，很重要的一点是选择研究项目"。第三，技术选题对科学技术的发展有重要的影响。严格来说，技术选题应包括课题选择与方向选择。课题是为了解决一个相对独立的问题而设置的研究题目，若干相互联系、有共同目标的课题组成项目，课题、项目按一定的结构组成研究方向。研究方向指示技

---

① 程海东、陈凡：《解析技术问题的认识论地位和作用》，载《东北大学学报》2012 年第 1 期。

术研究、开发的主攻目标。技术选题既依赖于现有的科学技术发展水平，又是现有科技水平的重要突破口，因而，对科技发展意义重大。第四，技术选题还常常作为衡量科技工作者学术水平、创新能力和研究能力的重要标准。技术选题的优劣与工程师和技术人员对现有技术水平、技术理论状况、技术发展趋势、技术发展的社会背景、各种技术条件、技术发展规律等的综合把握密不可分，是工程师及技术人员综合能力的显现。

3. 技术选题的特征

一般情况下，人们探讨科学选题较多，把科学选题与技术选题分开讨论的较少，这是由科学与技术的相互关联性所致，尤其在科学技术一体化发展的当代社会，科学问题与技术问题常常是交织在一起的，这就更为科学选题与技术选题的区分增加了难度。此外，科学研究与技术研究也有着一些共同的规律和特点，有着通用的研究方法，这也是二者不能绝对分割的重要原因。但是，二者有联系，有时难区分，也并不意味着二者之间就没有区别。相对于科学选题而言，技术选题具有以下几个特点。

首先，与基础研究的科学选题相比，技术选题的一个突出特点是涉及面广、制约因素多、选择的自由度小。科学选题的目标一般是探索新发现、寻找新原理、认识新本质、揭示新规律，受各种社会因素的制约较小，选题较为自由。而技术选题以应用和解决某种工程技术难题为目标，计划性较强，受社会条件的影响较大。因此，技术选题比较重视条件性。其次，从选题目标的时效性来看，科学研究常常表现为基础研究，是一种长远的科学储备，而工程技术研究重点是对国民经济近期和中期会发挥效应的研究开发工作。由于技术发明或创新有较强的应用目的性，因此，技术选题一般会考虑与现实密切相关的技术问题，会着眼于解决当前的技术难题和技术应用问题，大多预计在 5~10 年内就会产生效益。个别重大技术问题或战略性技术问题可能时效性会长一些。而科学的目的在于认知，在于提升人们的认识水平或者开辟新的认识领域，其很少有具体的应用目标，因而科学选题的时效性就没有那么强烈，一般眼光放得比较长远。当然，随着科学技术一体化的趋势，科学选题也越来越关注其潜在的应用性，也越来越重视短期效应，也开始走短平快的路线。但总体上看，二者在选题上还是存在着上述时效性区别的。第三，工程技术研究选题同基础研究选题相比具有"定向性"和"实用性"。技术的根本目的是为了使用，技术课题是技术研究与生产、经济相结合的具体环节。技术研究必须面向生产，为经济建设服务，这就首先要确定好技术课题，通过课题把研究与生产、经济建设直接结合起来。因而，技术选题一般有明确的使用方向和目标，计划性强，时效性强,对研究的成效和结果比较在意。第四,技术研究中要注意"旧技术"在新条件下的"复活"。技术重应用,一定条件下被淘汰的技术,在新的条件下又会崛起,成为有力的竞争者。技术追求效率,如果对旧技术的改造会带来较高的效率,同样可以被作为技术选题。科学研究中一般不会把已确定为事实的老问题再作为选题,除非其真实性无法确定,或者说这个科学问题没有被根本解决。[①]

(二)技术选题的原则

技术选题与技术的理论基础——自然科学理论,解决技术问题的人力、物力和财力的条件,技术的社会效益和环境影响等密切相关。因此,选择技术课题就必须正确处理上述关系,认真遵循下列基本原则。

1.需要性与可能性相统一

技术需要是技术选题的基本来源和出发点。但是,技术需要往往是从比较理想的角度和条件出发提出来的,并且它相对于现有技术的发展状态来讲是超前的,甚至是过于超前的。所以,技术选题如果单纯从需要性出发,则难免会遭受挫折甚至失败。这就是说,技术选题除了应考虑到它的需要性以外,还必须考虑到完成技术课题的可能性,努力做到需要性与可能性的辩证统一。这里的可能性主要包括以下几个方面的含义:其一是科学上的可能性。自然科学理论是技术得以形成和发展的理论基础,技术所能达到的能力和水平归根结底是由相应的自然科学理论决定的。所以,技术选题必须考虑到其在科学理论上的可能性。其二是技术上的可能性。这就是说,技术选题不能离开,特别是过远地离开技术在未来的实际的和符合规律的发展过程中所能达到的水平的可能性,特别是材料、能源、动力和加工能力的可能性。其三是经费的可能性。现代的技术课题一般都具有较高的难度和复杂程度,完成一项技术课题也往往需要大量的经费。所以,经费上的可能性往往成为选择技术项目的一个不可忽视的方面。其四是人才的可能性。技术课题是通过一定的技术人才去进行研究和开发的,一定水平的技术课题在客观上也就决定了它所需要的技术人才的知识水平、研究能力以及技术人才的整体结构。所以,人才的可能性是选择技术项目时必须注意的一个根本方面。

2.创新性与实用性相统一

创新是科学研究的灵魂,创新性是指技术选题应当具有新颖性和先进性。技术课题创新则要求发明新技术、新材料、新工艺、新产品,或是将原有技术应用于新领域。所谓选题有新意,是指选题所提出的目标与技术路线将可能导致后来居上,

---

① 陈念文、杨德荣、高达声编:《技术论》,湖南教育出版社1987年版,第306-308页。

打开一个缺口,占领一片市场,而不只是提出了与别人不同的解决方案,或所谓填补了国内空白。只有创新才能更好地满足技术需求。但是,技术选题不能单纯地、片面地追求创新,因为有些新技术发明出来以后长期得不到应用,就是因为它不适用,没有实用价值。所以,在选择技术项目时,既要注意创新,同时又要考虑到实用,努力做到创新与实用的辩证统一。实用性要求进行技术选题时,必须着眼于技术的实用价值和适用程度,着眼于技术的后果和影响。创新性和实用性这两个方面互相补充、互为基础,是不可偏废的。

3. 社会效益与环境效益相统一

技术选题的社会效益本来是一个广义的概念,它理应包括经济效益、安全效益以及心理、道德、审美等各个方面。其中,技术选题的经济效益包括该项目开发费用的高低与该项目开发成果的应用所带来的经济效果的大小。技术选题的安全效益包括该项目的开发过程及其成果的掌握和使用对于人体健康和生命安全的影响程度。技术选题的心理效益主要是指其开发过程与最后成果对于人们或社会的心理,其中特别是消费心理的影响程度和符合程度。技术选题的道德效益主要是指该项目的开发过程及其成果的应用对于人们或社会的道德观念、道德标准、道德规范的影响和符合程度。技术选题的审美效益则主要是指该项目的开发产品对于人们的审美需求、审美观点或审美意识的影响和符合程度。要合理地进行技术选题,首先就必须全面地分析和权衡它的社会效益,既着重于其经济效益的分析,同时,又不能忽视其安全、心理、道德和审美等方面效益的考虑。一个技术选题即使有较大的经济效益,如果它危害着人的安全,违反了人们的心理、道德及审美观点,那也不是一个好的技术选题。

技术选题,在注重综合社会效益的同时,也必须认真对待它对于自然环境的影响,应当有利于自然环境的保护,努力做到社会效益与环境效益的辩证统一。此处环境主要指的是自然环境,包括宇宙环境和地球环境,地球环境又包括大气、水、岩石(土壤)、生物等四大圈层,因而,环境效益是自然、环境、资源、能源、生态等多方面效益的综合。技术选题,不能只突出它的经济效益,而忽视它对自然环境的危害,更不应当造成环境污染的连锁效应。目前,自然环境的污染和破坏已经成为全人类面临的一个急待解决的重大问题,在技术选题时必须给予高度的重视。

技术选题除了遵循上述三项原则外,还要注意选题应该把市场与技术发展的综合趋势相结合,也要注意局部效益与整体效益相结合、近期效益与长远效益相结合,还有技术选题也要符合的科学性原则,使选题符合实际、符合规律,有一定的理论和实践依据。总之,技术选题的各种原则是一个有机的整体,选题时应该通盘考虑、全面权衡,才能保证选题的合情、合理、合法。

（三）技术选题的程序

技术选题是一项复杂而艰巨的工作,又是技术研究活动的关键环节,因而在技术选题前,应做好充分的准备工作。研究者在科研能力、学术水平、知识技能等方面要有一定的储备,还要有持之以恒、刻苦攻关的意志力。提高对研究领域的熟悉和把握程度,增强技术研究训练,养成勤于思考、细心观察、善于总结的习惯。技术选题的程序一般主要包括以下几个既相互联系又相互制约的必要环节。

1. 通过了解技术需求发现技术问题

发现技术问题就是通过对技术课题各种可能来源的考察,在科学技术成果和社会需要的交叉点上,在现有技术和社会需要的矛盾关系中,抓住线索,发现可供研究的技术问题。技术需求是技术发展的动力,也是技术选题的重要来源。技术需求相对于现有的技术状态来说是具有超前性的。通过了解技术需求以发现现有的技术状态同需求的技术状态之间的差距和矛盾,即发现技术问题。如对需求的分析可以采取设问的方法引出技术问题,比如:

（1）生产中存在什么问题?怎样解决?

（2）生产中有什么新的技术要求?怎样达到?

（3）用户最迫切的需要是什么?怎样满足?

（4）用户将来可能需要什么?怎样引起或刺激这种可能的需求?

（5）市场变化的趋势如何?应采取什么具体的技术对策?

2. 进行技术预测

技术需求相对于现有技术的实际的未来发展状态来说是具有理想性的。现有技术实际的未来发展会受到各种相关的随机性因素和条件的制约。而技术需求则往往是从比较理想的角度提出的,或者是从现有技术未来发展过程中所受到的某些设想的影响因素和制约条件出发的。因此,应当预测现有技术在未来发展中各种可能的影响因素和制约条件,并根据具体的因素和条件预测现有技术在未来发展的实际可能性。

3. 表述和分析技术问题

根据了解技术需求和进行技术预测所形成的技术问题,并不一定都具有科学上的合理性和社会经济上的可行性。要把它们变成技术选题,还必须给以明确的表述。运用专门的技术语言,严格地表述技术问题,以明确技术问题的实质、要求、边界范围和制约条件。在此基础上还要对解决该技术问题的可能途径进行初步的构思和比较分析。通过对技术问题的要求及其制约条件的分析,明确解决技术问题的可能性和各种可能的途径;通过分析解决技术问题的可能成果及相应水平,明确它可能带来的效益和影响,以及该技术问题被选定为技术项目的价值,等等。通过对技术问题的分析,进一步地修改、补充,使相关表述更加明确、严谨。

4. 论证和评价技术选题

在定义和分析技术问题的基础上,若认为可以初步将该技术问题确定为技术选题,就要对该技术选题进行论证和评价。对技术选题的论证和评价,主要是根据选择课题的基本原则,在观念上把课题在研制、生产、使用阶段展开,就选题的科学依据、完成课题的主客观条件以及实现课题技术目标的后果等,从输入和输出关系上,对课题进行系统分析,进一步辨识和确认选题的价值。

5. 确定技术选题

在上述一系列环节的基础上,通过对各种明确表述的技术问题的分析和比较,并根据相关科学技术发展的方针和政策以及技术开发部门的能力和水平,进行最后决策,选定其中某一或某些技术问题作为技术选题,进行研究和开发。

上述程序只是从一般意义上对技术选题的程序进行的大致描述,有些具体的技术选题并不一定严格地遵循上述程序。

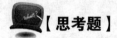【思考题】

结合自身实际从事的专业,谈谈你如何开展技术选题活动。

二、技术方法论

技术方法论既是技术论的重要内容,又是方法论的重要构成部分,主要指的是研究技术方法的学说和理论。技术方法论与技术研究密不可分,技术方法论是对技术研究和技术实践过程中一般方法的概括和总结。同时,技术研究离不开方法的运用,合理有效的方法是技术研究顺利完成的重要条件,技术方法论对于技术研究有着重要的指导意义。技术方法论的研究也丰富和发展着方法论理论。

(一)技术方法的含义和特点

相比于科学方法论,技术方法论的研究起步较晚,并且其影响力和关注度也不如前者。究其原因,可能有如下几点:一是技术哲学比科学哲学发展较晚,相应地对技术方法的研究也相对落后;二是从科学与技术的关系来看,科学对技术具有理论指导作用,技术是对科学理论的运用,由此推出技术方法也是科学方法的创造性运用,技术方法论应该从属于科学方法论;三是受"技术是应用科学"理论的影响,把技术包括在广义上的科学之内,技术方法论自然就不被认为是独立的理论;四是技术观的影响,通常认为技术就是手段、方法、技能、技巧的总和,技术就是方法,研究技术就包含研究方法,无需再强调技术方法论;五是技术哲学的传统更注重对技术形上本质、技术伦理道德和技术社会批判的研究,从而导致技术认识论和方法论被边缘化的倾向;六是技术方法本身的特点导致的,技术方法常常零散地分布于各门具体的技术学科中,因此认为有了技术学科就可以不要技术方法论。

正如科学方法论能够成为科学哲学研究的中心问题,技术方法论也应该成为技术哲学的基础理论和核心内容,因此,从拉普在 1974 年强调要研究技术方法论开始,技术方法论日益成为技术哲学家研究和关注的重要内容,尤其在世纪之交,技术哲学的研究出现了经验转向以后,技术方法论开始成为技术哲学的重要主题。

技术方法论就是关于技术方法的理论。技术方法是人们在技术研究过程中所使用的各种方法、程序、规则、技巧的总称。人们在长期的技术实践中,创造了众多的技术方法,从适用的范围来看,技术方法同科学方法一样也可以分为特殊技术方法、一般技术方法和具有最大普适性的哲学方法。特殊技术方法是适用于某种特定技术的特殊方法,它们分属于各门技术学科,并且构成了这些技术学科的内容。如计算机技术、激光技术、基因技术、核技术等。哲学方法是最高层次的方法,是人们认识世界和改造世界的世界观和方法论的统一,它既是科学研究,又是技术发明和创新中普遍性的方法论。一般技术方法是介于哲学方法与特殊技术方法之间的中间层次,是适用于大多数技术学科的一般性方法,如技术试验方法、技术预测方法、技术评估方法、技术研制方法、技术模型方法等。一般技术方法反映了各种特殊方法的共性,比特殊方法有更大的普适性,也是技术方法论研究的主要内容。

技术方法与科学方法属于同一层次,它们具有许多共同的方面。它们都必须以对自然规律的认识为前提,都应用已有的成果,都以实践为基础,都有一定的可操作性、规则性;选题的原则类似,都需要有信息资料的搜集及调研;检验的方式相同,都要有数据处理、分析、综合和归纳等。特别是随着技术与科学的关系日益密切,自然科学中诸如观察、实验、归纳、比较、分析、综合等方法被移植到技术研究中。但是,由于科学认识是在自然过程中最少受到干扰的地方考察的,而技术认识则受技术过程的各种复杂因素的影响和制约,因而技术方法与科学方法又有区别,表现在:从思维方向来看,科学创造的形式是科学发现,技术创造的形式是发明和创新。发现是客观见之于主观的过程,是从客观事物中总结规律,思维进程是从特殊到一般、从实践到认识;发明是主观见之于客观的过程,是将主观形成的规律性认识运用于客观,提出一个具体的工艺和设计,得到一个具体的产品和工具,思维进程是从一般到特殊、从认识到实践。从方法的形式来看,科学研究常常是扬弃经验方法,崇尚理性方法,形成了实验、归纳、假说、抽象、证实和证伪等理性的方法论体系。技术方法中则保留了经验方法、崇尚实践方法,以功利、效用等为标准。技术方法论体系中包括了试验、试错、方案评价与选择、设计方法、技术的人文评价、美学标准等带有明显主观性和经验性的东西。

具体来讲,技术方法具有如下特点:

一是技术方法具有实践性。技术方法的实践性是由技术活动的实践本质决定的。科学方法实现的是人类认识过程的第一次飞跃,即从物质到精神、从实践到认识的飞跃。而技术方法是实现人类认识的第二次飞跃,即从精神到物质、从认识回到实践的飞跃。它的最终成果主要是物质的东西,如生产工具、机器设备等。技术方法更多的是为技术实践活动提供严格意义上的实践操作规则或模式。

二是技术方法具有社会性。作为实现技术目标、规范技术活动的技术方法要全面把握技术本身的两重性,即它的自然属性和社会属性。技术的物质形态作为自然界的存在物,它受到自然规律的支配;但作为社会的存在物,它又受到社会经济规律和各种社会因素的支配。技术方法既要应用自然规律又要应用社会规律,对技术方法的选择,不可避免地要考虑各种社会因素的制约。

三是技术方法具有经验性。科学研究的目的在于认识世界,揭示事物的本质和发展变化规律是其主要任务,因此其研究方法以理论方法为主,取得的成果主要表现为理论知识。而技术的目的在于改造世界,控制自然过程、创造人工过程是其主要旨趣,经验性的知识和技能在技术方法中占有重要地位。自古以来漫长的历史时期内,技术问题完全依靠工匠的经验、技艺来解决,主导的技术方法是经验方法。不仅如此,现代技术专家同样离不开丰富的实际经验。

四是技术方法具有综合性。自然科学是在绝对纯化和理想化条件下去研究自然事物,绝对理想化的模型是它的研究对象。自然科学研究中常常会舍弃一些偶然的、次要的因素,在理想化的条件下进行探索。而工程技术的研究对象是特定的人化的自然物,它必须把原来在科学研究中被舍弃的因素和关系——恢复起来,加以综合考虑。如钢结构强度问题,力学研究可以撇开大气和电化学腐蚀问题,工程技术研究中则必须考虑腐蚀因素。每一项技术往往都不是仅与一门学科有关,而要运用多学科综合知识。

(二)技术方法的类型

关于技术方法论的研究,学界有两类不同的观点,一种观点是对技术方法论持否定态度,这种观点又有两种情况,一是认为技术方法不过是对自然科学方法的应用,技术方法的研究应从属于科学方法论的研究中,这种情况我们称为从属论;二是认为技术方法的内容大都涵盖于技术学科中,技术学科就包含技术方法的研究,不需要再有专门的技术方法论,这种情况我们称为包含论。另一种观点则对技术方法论持肯定和积极态度,这种观点认为,科学与技术的不同,也导致了科学方法和技术方法存在本质区别,技术方法论有着与科学方法论和技术学科所不同的研究领域和内容,应当把技术研究的方法作为专门课题进行研究和探索。尤其随着科学技术的深入发展,科技日益转化为直接的、现实的生产力,对以科学—技术—生产的运行和转化方法为主要内容的技术方法进行专门研究就显得非常必要。

技术方法与科学方法一样,按其研究对象、性质和适用的普遍性程度不同,也可以分为三个层次,即特殊技术方法、一般技术方法和哲学方法。人类在生产实践中,运用技术来改造、控制自然,改善人类生存的自然环境,提高人类的生活质量和推动社会进步,创造了众多的特殊技术方法,它们是各种专业技术所采用的特殊的方法,从属于各专业技术学科的范畴。不同的技术领域或不同的技术问题,常常有自己特有的技术方法,如电子技术、电力技术、生物技术、化工技术、核技术等专业技术所使用的特殊技术方法。不仅如此,技术方法还与个人的经验、技能密切相关,会带有鲜明的个人烙印,这也是特殊技术方法的重要表现。技术方法中除了各专业技术领域或不同个人所适用的特殊技术方法外,还包括适用于多个技术领域和技术门类,具有一定普遍适用性,以及社会性的、非生产技术性的方法,如社会工程技术、决策技术、管理技术、预测技术、评估技术等领域中所使用的各种方法。这些方法就是一般技术方法,特殊技术方法是一般技术方法的基础,一般技术方法是对特殊技术方法的概括和总结。哲学方法是最高层次的方法,是人们认识世界和改造世界的世界观和方法论的统一。所以,它既是科学研究,又是技术发明、创新中普遍性的方法论。

一般技术方法是在哲学方法论的指导下,总结、概括各种特殊技术方法中的共性和规律性的基础上形成的技术方法。一般技术方法处于特殊技术方法和哲学方法的中间层次,是二者联系的纽带。技术方法论的对象是从整体上研究一般技术方法,它是贯穿在技术开发过程中所共有的规则、研究、设计、试验、试制等一系列方法论问题。所以,一般技术方法各自具有不同的性质、特点和使用范围,它们之间有着内在的联系,又有其发展规律。一般技术方法主要包括技术预测方法、技术评估方法、技术原理的构思方法、技术设计方法和技术试验方法等。

（三）技术预测方法

技术预测是技术开发过程中课题规划阶段重要的程序和方法，它是伴随着现代技术革命的兴起而产生的。技术预测最早出现于 20 世纪中叶的美国，这一概念是美国人林茨（R. Lenz）在 1959 年提出的。现在已经得到了广泛应用，取得了重大发展，成为技术方法论研究的重要内容。

1. 技术预测及其类型

技术预测是预测科学在技术领域中的应用，是指通过对过去和现有技术的研究和分析，发现技术发展的基本规律，以此推测和判断技术未来发展的特点和趋势。技术预测是科学管理的重要组成部分，如果没有必要的预测或者预测不准确，将会导致决策失误而造成损失。技术预测的组成要素有：预测者、预测对象及其有关信息、预测手段和方法、预测结果等。

目前技术预测的种类繁多，从不同角度或根据不同的标准，可以将技术预测分为不同的类型。这里主要从逻辑的角度，把技术预测方法分为类比性预测方法、归纳性预测方法和演绎性预测方法。

类比性预测方法。类比性预测方法，也称类推法，是利用两个技术系统之间具有相同或相似的特征，已知其中一个的发展变化过程（先导技术），根据类推原则，用来类推另一种技术系统的发展趋势（类推预测）。人们常常利用历史上发展较为成熟的技术为先导技术，进行类推，得到类比预测。例如，以历史上军用飞机的发展为先导技术，来对民用飞机的发展作出类比预测。类比预测的关键是选好先导事件。类比预测的逻辑基础是类比推理，所以类比预测的结论是或然性的。特别是同一技术在不同国家、不同社会条件、不同文化背景和不同的发展时期，其发展状况不可能相同，差异甚至会是很大的。

归纳性预测方法。归纳性预测方法是利用归纳推理，从若干个别的预测判断和陈述，概括出关于未来的普遍的判断和陈述。归纳是从个别到一般的逻辑过程。由于个别判断之中包含着一般性，因此，归纳推理的结论具有一定的可靠性。然而，由于技术预测的归纳性，预测往往属于不完全归纳推理，特别是作为归纳基础的个别判断和陈述本身也是一种预测，因此由归纳推理得到的结论也具有或然性。

演绎性预测方法。演绎性预测方法是根据有关预测对象的历史和现状资料，选取一个恰当的数学模型，运用数学方法求解所选预测模型的待定系数，从而得到一条表示预测对象发展趋势的曲线，据此进行外推就可以得到预测对象未来发展的技术特征。常用的演绎预测法有趋势外推法、计算机模拟法等。这类方法都是根据一定的规则、原理或数理逻辑而进行的演绎推理过程。演绎预测法的逻辑基础是演绎推理,根据演绎推理的逻辑性质,如果演绎依据的前提准确性高,使用的规则和程序合理,预测所得到的结论可靠性比前两类要高。

2. 技术预测的原则和程序

技术预测所要解决的根本问题就是如何根据过去和现实去认识未来,根据预测学的基本原理以及当代技术进步理论和发展实践,要做好技术预测需要遵循以下几项基本原则。

其一是惯性原则。技术的发展变化总是承前启后带有一定的延续性,这种延续性,被人们称为技术发展的"惯性"。惯性越大,表示过去和现在对未来的影响程度越大,未来趋势的确定性程度越强。所以,只要了解了技术的过去、现在的形态和规律,就能够大致预测技术未来的形态和规律。这就是利用事物发展具有的惯性对未来进行预测的惯性原则。但利用惯性进行预测要注意使用的条件,那就是系统结构的稳定性。只有在系统结构具有稳定性的前提下,才会表现出时序的随机平稳性,如果被预测的系统不具有时序的随机平稳性,其惯性很小,就无法用时序来进行预测。

其二是类推原则。各种事物在发展变化上常常有前后的不同,而在发展的表现形式上却有着惊人的相似之处,根据事物的这些特点就可以用先发展的技术发展过程类推到后发展的技术发展过程进行技术预测,这就是技术预测的类推原则。例如,研究技术先进国家某些技术产品换代的情况,可以类推预测我国同类技术产品更新换代的发展过程。类推预测的首要条件是两事物的发展变化要具有相似性,否则就不能进行类推。当然,类似不是等同,再加上其他许多条件的差异,即使可以进行类推预测,也不能认为这种预测是必然性的。并且,由于先后技术发展时间上的差异会导致诸多条件的变化,所以,为了使技术预测较为准确,就要认真考察各种变化了的条件的相似情况。

其三是相关原则。按照系统论的观点,任何事物都可以看作是一个系统,并与其他系统构成更大的系统。所以,事物的发展变化是在相互联系、相互影响的过程中确定其轨迹的。这就是事物之间的相关性。如果一事物对另一事物具有较强的相关性,并且可以找出它们之间的相关关系,建立起相关模型,那么就可以根据一事物的发展变化预测另一事物的发展变化,这就是相关原则。利用相关原则进行预测,首先要找到与被预测事物之间具有的较强相关性及其发展变化趋势,然后还要找出这些事物与被预测事物的相关关系。如果找不出较强的相关关系,就难以建立相关模型,就不能按相关原则进行预测。

其四是概率推断原则。在技术研究与开发活动中,由于受各种因素的影响,预测目标的发展具有很大的随机性。在这种情况下,预测对象发展的时间序列不能认为是由某个确定的函数产生的,只能看作是由某个随机过程产生的。据此,可以用概率预测方法对预测目标未来发展的各种状况出现的可能性大小加以估计。首先假定所研究的时间序列是由某个随机过程产生的,然后要用实际统计序列去建立该随机过程的模型,最后用此模型来计算未来的最佳预测值。对随机过程的概率预测,不仅要给出预测结果,而且要给出该结果出现的概率。

技术预测的程序是指人们根据技术预测的基本原则和方法进行技术预测的主要过程。该过程主要包含下述七个步骤:

第一,提出课题和任务。根据社会需求、一般情报及技术资料,运用创造性思维,提出技术预测的课题,规定预测的目标和任务、对象、基本假设,确定研究方案、组织机构等。

第二,明确预测目标,分析预测对象。根据课题和任务提出所预测的目标、时间范围,对预测的技术要求(结果的准确程度、时间期限、计量单位)应以书面形式明确规定。对于预测对象的性质和状态、发展趋势和规律,都要详细分析。同时还要研究和分析对象所处环境条件的现状和动态变化,进行比较和协调。

第三,收集、处理情报信息。根据预测目标的具体要求,通过各种途径,收集、整理有关预测对象历史和现状的情报资料,并对这些情报资料进行归纳、分析、加工和处理,以便从中找出规律性的东西。

第四,选择预测方法。根据预测的目标、资料的占有情况、预测的精度要求、预测的费用、时间等因素,在众多的预测方法中,择优选用一种或几种方法,以取得预期的预测效果。

第五,建立并评价预测模型。对于计量经济模式分析,建立表示因果关系的模型,对于时间序列分析,则要抓住主要变动的因素找出数学模型。

第六,利用模型进行预测。根据搜集到的预测所需的有关资料,利用经过评价所确立的预测模型,进行计算或推测出预测对象发展的未来结果。

第七,评定预测结果。对每一个预测结果加以分析和评价,以检查、判断预测结果是否合理,是否能满足预测精度要求,以及未来条件的变化会对实际结果产生多大的影响等等,以确定预测结果是否可信。此外,还应设法对预测结果进行修正,使之更接近实际。

(四)技术评估方法

1.技术评估及其特点

当今科技时代,社会生活的方方面面都打上了技术的烙印,技术给人类社会带来的影响无与伦比。但技术给人类带来的并不只是福祉,还会伴随着风险和祸端;技术也并不总是在人们的控制下开展,还会超出人们的控制力和预期。因此,技术活动及其后果纷繁复杂,到底是造福还是为害,是情理之中还是意料之外,就需要进行技术评估。技术评估的目的就是对技术活动可能产生的后果进行分析和预测,以期实现技术更好地为人类服务。

技术评估,广义上讲就是通过分析技术与各相关因素(如生态环境、社会政治、物质经济、人的价值观念等)的相互影响来解决技术社会发展问题的一种方法,或者说是一种与技术有关的社会宏观决策分析活动,是系统的、高度有序的、跨学科的和关于未来发展的决策性研究。技术评估的本意是对技术进步的社会后果的评价,后来扩展为探讨达到预期目的的可供选择的技术手段。

一般而言,技术评估由阐述、说明、预测和论证四大要素组成,贯穿着分解—分析—判断—综合的智能思维模式。依据技术评估的四大要素,技术评估的一般工作内容有:明确评估目的,掌握技术概要,掌握问题和实施环境,分析影响的方式及其力度,制订改良方案和综合评价。

技术评估以追求社会总体利益的最大化为目标,着眼于人与技术、社会与技术之间的关系,着力于长期的、重大的、全局性的问题。它具有以下特点:

第一,评估内容的系统性。技术评估是从政治、经济、生态环境、技术、法律、文化、伦理道德、宗教信仰等各个方面对技术可能产生的后果做出的全面评价,它包括对近期利益和长远利益以及不同地区、不同部门、不同学科领域、不同社会阶层、不同利益集团的利益的系统考察与均衡,既有对技术的直接效果如经济效益等的评估,也有对价值、文化等潜在方面的考虑。

第二,评估主体的多学科性。为保证评估的客观性、公正性,技术评估需要来自不同学科领域的评估者的通力合作。由于这些评估者容易习惯于将自己学科中的方法论的局限性甚至在价值观、利益等方面存在的分歧带到评估工作之中,技术评估有时会成为这些各行业代表工作的简单相加,这就要求这种多学科的研究模式变为跨学科的研究模式。

第三,评估对象的广泛性。技术评估以广义上的技术为评估对象,因此,自然技术、社会技术,甚至有关法律的制定、社会制度的理想状态等都是技术评估的对象。其中,现在和未来的技术、技术规划、技术政策是评估的直接对象,主要着眼于技术对社会的影响。

第四,评估方案的可操作性。技术评估通过对技术预测所形成的各种方案作出定性和定量的分析评估,从需要和可能、现实和未来、政治道德和经济利益、技术基础水平和长远开发能力等多方面进行审定和可行性分析,提供适用于实践的具体方案、策略和规划,具有较强的可行性。

第五,评估过程的动态持续性。在技术评估过程中,对评估的深度、范围和评估时间等各方面的预算经常要随着研究工作的进展对研究内容作相应的调整,同时,鉴于预警性技术评估的局限性,技术评估也逐渐倾向于对技术的建构性评估,它贯穿技术开发—创新—应用的全过程,直接作用于技术发展的取向。

第六,评估视野的开阔性。技术评估不仅对技术作用的效果进行预测分析,而且直接作用于技术开发—创新—应用的全过程;不仅关系到技术的直接的经济效益,而且关注技术间接的、潜在的、重大的全局性问题。对目标的评估是客观的描述性和主观的规范性,兼顾近期利益和长期发展的有机统一。

2. 技术评估的种类和一般程序

技术评估可以分为不同的种类,按评估对象的范围,可分为技术项目评估、一般技术评估、全球性技术评估等。按评估重点或导向,可分为后果评估、问题评估、政策评估。角度不同,技术评估的划分也不同。技术评估的对象、阶段和主体不同,采用的技术评估方法也不尽相同,技术评估的方法迄今已有上百种之多,有专家评价法、经济分析法、运筹学评价法、综合评价法等。还可以分为矩阵技术法、效果分析法、目标评估法、环境评估法、技术再评估法等。虽然不同类型的技术评估,评估的程序和方法会有不同,但一般而言,技术评估大致可以分为以下七个步骤[①]:

第一,明确评估目的,也就是要确定评估报告最终使用者的需求,限定评估范围,过宽则泛泛而论、偏离要求;过狭则容易片面。

第二,掌握技术概要,包括掌握新技术开发目的,对技术性质、产品结构、工作原理、生产方法、服务方式以及开发方法等技术内容有深入了解。

第三,了解问题和环境,要求弄清问题产生的原因以及与技术的相互关系,可能产生的后果与社会影响,并要特别关注不同社会价值观带来的认识上的差异。

第四,分析潜在影响。这是技术评估的核心环节,从寻找显现的正面影响和潜在的负面影响两个方面入手,对影响的性质、程度、条件先作单个分析,进而作相关分析,从整体上掌握该技术造成的影响全貌。

第五,查明非容忍性影响。这是对负面影响做出会否带来危害或具有致命缺陷的判断,如果新技术会引起社会恐慌、造成人体伤残或死亡,即可视作存在非容

---

① 许为民主编:《当代自然辩证法》,浙江大学出版社 2011 年版,第 175-176 页。

忍性影响。

第六，制订改良方案。针对致命的非容忍性影响制订改良方案，通过修正开发方向、补救开发措施、限制使用范围等方法予以改良。如果仍不能解决问题，最终只能停止开发和使用。

第七，综合评价。通过综合评价得出总体的、全面的最后结论，要用系统分析的方法权衡各种利弊，使技术的正效应得以最大限度地发挥，负效应最大限度地减少。

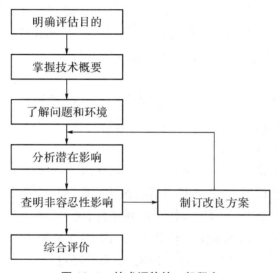

图 10-1　技术评估的一般程序

（五）技术原理的构思方法

技术是发明，发明是人类有史以来就在进行的一种技术创造活动。发明的核心在于构思一种新的技术原理，或创造一种技术原理的新的运用方式。解析技术原理的构思方法对于研究技术方法具有重要意义。

1. 技术原理的构思及类型

技术原理是实现一定技术目的的途径、手段、方式和方法的理论规范，表现为概念、关系、原则以及图像和数学公式等理论形式。技术原理的构思是指在实现技术目的的技术实践中，根据已有的科学原理和技术经验，通过创造性思维和技术试验来获得技术原理的过程。技术原理构思的主要任务就是要明确技术项目的解决应利用何种原理，如何利用这种原理把涉及的相关部分连接起来，技术构思的结果就是形成具体的技术原理。技术原理的构思过程是一个提出问题、分析问题和解决问题的过程。在这个过程中，不仅离不开逻辑思维方式，而且灵感、直觉和形象思维也发挥着重要作用。因此,技术原理的构思是一个创造性思维过程。

技术原理构思的类型多种多样,随着技术实践的发展而发展,概括起来主要有如下三种类型:

(1)技术构思的局部性改良。这是技术原理的渐进性发展,是在核心技术原理范围内的技术原理的完善和发展。

(2)技术构思的整体变革,即技术原理的突变性发展,是指一项技术的原理在质上发生了根本的变化,即利用全新的技术原理代替已有的技术原理。

(3)技术构思的连锁性发展。当一项新的技术原理确立之后,它不仅对本技术领域产生影响,并且还会向其相关甚至原本无关的技术领域扩散,引起一系列的技术发生原理性的改进或变革,以至创立新的技术原理。

2. 技术原理构思的主要方法

在技术研究中,技术原理的构思是最关键、最富有创造性的一环。人们在技术研究与开发的长期实践中积累了许多宝贵的经验,创造了诸多行之有效的方法,在此,择其常见的几种主要方法列举之。

(1)科学原理推演法。以科学突破为先导,利用新的科学原理形成技术原理的方法。在有些情况下,并非利用新的科学原理,而是采用各种科学原理的新组合或创造出某些使科学原理起作用的新条件,也可以形成新的技术原理。这种方法也属科学原理的推演法。从技术发明的内在机制来看,新的科学原理所反映的技术端倪,并不直接导致技术发明,它还要经过一系列中间过渡环节。其中最重要的是要把握和选择科学原理所反映的自然规律起作用的条件,及其在特定条件下发挥作用的特殊表现形式。这样才能把科学原理所反映的普遍规律转化为技术的特殊规律。在这里,技术科学的新原理要比基础科学的新原理更容易转化为技术原理。

(2)实验提升法。科学实验是科学前沿最活跃的一个领域。在实验中发现的新的自然现象,往往隐含着新的科学技术原理。所以,科学实验常常是新兴技术的生长点。如电磁感应的实验导致电机技术原理的应用;电磁波发送和接收的实验是无线电通信技术的起点等。蕴含在实验发现中的新的科学技术原理,是以形象的形态表现出来的。如果人们只停留在对这些现象了解上,是无法完成新技术原理的构思的,所以必须对新的实验现象进行"挖掘"和"提炼",弄清其中出现的机理和条件,才能由人工设置这些条件,使实验中发现的现象按人的需要在人工系统中再现出来。

(3)自然模拟法。模拟方法不但是基础科学研究中的一种重要方法,而且是技术原理构思的有效工具。如果把自然界中可以利用的结构或功能的客观事物作为原型,利用模拟法建构相似的人工系统,就可以使该系统具有人们所需要的类似于原型的结构或功能。在这样的技术创造中,技术原理就是通过模拟自然物或自然过程构思出来的。例如仿生方法就是以生物为原型的模拟方法,在技术发明中经常会用到。按照从自然界选择模型的不同,模拟方法在技术创造中的运用可以分为三种类型,即拟非生物类比、拟生物类比和拟人类比。

（4）回采法。指在新的条件下"回采"已经被否定了的技术原理,使之在新的条件下得以实现的方法。技术史表明,一个技术原理被构思出来以后,不一定能实现。技术原理被否定,可能是由于实现这种原理的条件不成熟。因此,随着时间的推移,当条件已发生了变化,使这种原理可能得以实现的时候,就可以采用"回采"这一原理。当然,在这种情况下,常常也需要按照新的条件对原来的技术原理构思进行一定的调整。

（5）逆向发明法。采用反向思维进行创造发明的方法叫作逆向发明法。1800年,意大利物理学家伏打发明了化学电池,第一次将化学能变成了电能。英国化学家戴维作逆向思考：既然化学能可以转化为电能,那么电能是否可以转化为化学能从而电解化合物呢？1807年,他实现了逆反应,用电解法发现了钾和钠两种元素,从而使电解技术得以产生。逆向发明摆脱了传统思维方式的束缚,使"思路倒转",就有可能引出崭新的技术思想。

（六）技术设计方法

构思新的技术原理是一种创造,应用技术原理去设计一种新产品或一项新工程则是再创造。这是因为,技术原理还是一般的、抽象的东西,而技术设计则要把它变成特殊的、具体的东西。从抽象的原理到具体的设计,需要解决在技术原理构思时尚未解决的一系列实际问题。

1. 技术设计及其特征

设计（Design）一词源于拉丁文 Designate（制造出）,指发展的程序、细节、趋向以及达到某种新境界的步骤、过程。现在,从广义上讲,设计是指运用科学技术知识和实践经验,通过分析、综合与创造,形成满足某种特定功能系统的一种活动过程。技术设计,是根据技术项目的要求,运用有关的知识和经验,按照技术构思的原理设想,使构思方案具体变为实施图纸和说明书的过程。其任务主要是确定产品的结构、造型、色彩等。技术设计师从理论到实践的过程,是技术发明的核心。

技术设计方法是随着人类生产技术的进步而不断发展的,一般认为经历了经验设计、经验与理论并行设计、现代化设计三个时期。技术设计的主要特征表现如下：

（1）目标导向。技术设计为了实现预定的技术目标,按照各种技术性能指标的规定而进行,不能脱离甚至违背已经确定的技术目标,技术目标规定了技术设计的基本方向。当然,技术目标是可以调整和修改的,但不能构造新的目标,否则就变成了另一技术设计。

（2）约束性。技术设计是一种创造性活动,应当充分发挥创造性思维的能动作用,但它又不是无限制的自由创造,而是受到多种多样条件的影响和制约。这些条件主要包括:设计的理论依据;社会的经济状况和市场状况;能获得的加工制造能力及人力、物力、财力;社会法律、道德、心理、美学、宗教及生态环境等。

（3）多解性。这是指任何一项技术项目的可能解都不会是唯一的,而是有多种,这意味着实现同一个技术目标可以有多个设计方案。设计者应当思想开放、思路开阔、思维敏捷,在众多设想中择优付诸实施。

（4）综合平衡性。在技术设计中,由于多种目标的共存,它们之间又可能相互冲突,在这种情况下,就需要设计者在把握基本目标的前提下,兼顾各方要求,做出权衡取舍,求得综合平衡。

2. 技术设计的典型方法

技术设计的方法多种多样,比较典型的有以下几种:

（1）常规设计法。它是从现有的技术规范、技术手段、技术信息中寻找解决问题方案的最常见设计方法。常规设计法的最大特点是立足于现有技术思想。大量的设计手册、零部件目录、专利说明书,都是常规设计法的重要工具。常规设计法创新的途径包括:从已有的设计规范中找答案,从已知结构元件组合中寻求设计方案,从前沿技术信息和情报资料中寻找思路。

（2）系统设计法。系统设计法主要适用于复杂的设计对象,它把功能研究作为设计的重要内容,从整体功能出发,辩证地协调结构和功能的关系,从而为设计方案的优化提供了基本保证。系统设计法的基本步骤包括系统分析和系统综合两个阶段。

（3）价值设计法。这是价值工程提出的设计方法。如果以 V 代表产品的价值,以 F 代表产品的功能,以 C 代表产品的成本,则公式 $V=F/C$。提高 V 的基本途径有五条:提高功能 F 并降低成本 C;功能 F 不变降低成本 C;成本 C 不变提高功能 F;稍微降低功能 F 带来成本 C 大幅下降;稍微提高成本 C 带来功能 F 大幅提高。价值设计法通过简化产品结构和加工方法、减少原材料消耗等途径使产品价值提高。

（4）可靠性设计法。该法是以 20 世纪 50 年代产生的可靠性技术为基础的设计方法。采用可靠性设计法,运用数理统计工具处理含有不确定因素的设计数据,能使所设计的产品在满足给定可靠性指标的前提下,做到结构合理、尺寸适宜,避免凭经验选定安全系数的过于保守或过于冒险的偏颇。可靠性设计法的基本措施包括:原材料与零部件有机选配,贮备设计、耐环境设计,人—机系统设计等。可靠性设计法离不开系统的观点,需要统筹兼顾,整体思考。

（5）最优化设计法。最优化设计法以数学最优化理论为基础,在满足各种给定的约束条件下,合理地选择设计变量数值,以获得一定意义上的最佳设计方案。最优化设计法的设计过程主要是两步:第一步先把技术问题转化为数学问题,建立可用计算机求解的数学模型;第二步就是对数学模型求解,寻找最佳方案并进行试验验证。

（七）技术试验方法

1. 技术试验及其特点

技术试验是在技术研究中对技术原理、技术设计和技术成果（如新的设备、工艺、方法和新产品）进行考察和检验的实践活动,也是实现技术原理、技术方案向技术实体转化的技术研究方法。它贯穿于技术研究与开发的全过程。技术试验在技术研究和开发中具有重要的作用。它可为技术概念的提出、技术项目的确定、技术原理的构思、技术方案的设计和技术产品的试制提供必要的实践基础和事实根据。还可以验证技术原理、方案设计及试制成果的科学性和可行性。

技术试验与科学实验是科学技术领域中两种不同的实践活动,二者既有共性,又有差别。从认识论的一般原则来看,试验和实验的共性主要表现在以下几点:首先,它们都属于认识事物的实践环节,都是利用科学仪器、设备等物质手段来控制自然、变革对象,在人为有利的条件下研究事物的方法;其次,试验和实验都是获取反映事物特性、关系的数据资料的手段;再次,它们都是检验认识的真理性的标准。

正如科学与技术之间存在着差别一样,分属于科学和技术的实验和试验也存在诸多不同。一是从整个认识过程看,实验是由实践上升为理论的科学认识过程,它主要承担认识世界的职能,即揭示未知的自然规律;而试验是由理论（或实践经验）转化为实践的技术创造过程,它主要承担改造世界的职能,即把科学理论、技术原理转化为技术成果和直接的生产力。二是研究对象不同。实验的对象是自然客体,是为了探索自然过程与自然规律;而试验的对象则是人工自然物,是为了建立人工自然或人工自然过程。三是经验的因素在实验和试验中的地位不同。实验过程是在科学假说和科学理论的指导下进行的,是科学家追求理想化、精确化和完美化的结果。在科学探索中,有时也用经验方法,但经验估计往往是不能令人满足的。而在技术试验中,由于技术问题非常复杂,受到多种因素的制约和影响,所以,它一方面可以把研究对象当作理想模型进行理论计算,另一方面仍需要借助于经验方法(如经验数据、曲线和公式等)加以估算。在这里,经验方法常常成为自然科学理论过渡到技术领域的桥梁。不仅古代的工匠主要依靠生产经验解决技术问题,即使对于现代的工程师来说,经验方法仍得到普遍的运用。四是试验比实验更接近于社会生活和经济生活。科学实验的目的,是在纯化的自然条件下,揭示自然现象和自然规律,追求的是对自然界的了解,它的社会经济效益是不明确的或间接的;而在技术试验中,必须逐步恢复那些在基础研究中被舍弃了的因素,去接近生产现场的实际条件,而且要慎重考虑现实可行性以及能否取得较好的社会经济效益。

2. 技术试验的类型

根据不同的划分标准,可将技术试验区分为多种类型。根据试验的目的不同,可将技术试验分为试探性试验、验证试验与析因试验;根据试验结果性质的不同,又可分为定性试验与定量试验;根据试验方式和方法的不同,有对比试验和模型试验等;根据试验主要影响因素的多少,有单因素试验、双因素试验与多因素试验之分。以下主要就几种常用类型加以分析。

(1)析因试验。它是根据技术发明中已经出现的结果,通过试验来分析和确定产生这一结果的原因。在许多场合,原因找到了,问题就会迎刃而解。由于技术发明是一个涉及众多因素的动态过程,某一结果的产生往往是若干因素综合作用所致,因而析因试验中能否抓住主要原因是能否成功的关键。

(2)对比试验。它有两种基本形式,其一是在相同条件下比较不同技术的性能优劣;其二是在不同条件下比较同一技术的性能异同。确认技术的优劣、材料的好坏、工艺的效果、适用的范围,都可通过对比试验进行。要提高对比试验结论的可靠性,必须严格控制比较的条件。

(3)中间试验。也称为试生产试验、半工业试验,是把实验室技术成果推向工业性生产的中间环节。实验室的成果是在条件控制严格、操作比较精细的环境下产生的,一旦扩大规模,条件变化大,就会出现新的情况。通过中间试验,以接近或相当生产的规模进行,就能掌握可能出现的技术问题,为正式投产提供完备的技术资料。中间试验具有验证性和探索性双重作用。

(4)性能试验。技术研究中的性能试验目的主要是检验研究对象是否具有所要求的性能,以及如何运用技术措施提高性能。性能概念的外延广大,材料的强度、韧性、塑性、抗腐蚀性,机械装置的抗震性,电视机的清晰度、灵敏度,汽车的能耗、速度、舒适度等一切工程技术的功能特性都属于性能的范围,因而性能试验是技术研究中最基本的实验类型。

（5）模型试验。这是一种间接性的技术试验,它首先在与原型相似的模型上试验,再把模型试验结果适当地应用于原型。模型试验有物理模型试验和数学模型试验两种主要形式,前者以模型与原型之间的物理相似为基础,如水坝模型、飞机模型;后者以模型与原型之间的数学形式相似为基础,运用的模型是电路或模拟计算机。由于计算机技术的高度发展,数学模型试验得到越来越多的应用。

3. 技术试验的基本程序

试验活动技术性强,涉及面广,要使试验做得卓有成效,研究者必须努力提高试验技巧,掌握试验方法,清楚地了解试验的基本程序或一般步骤。技术试验的全过程大致包括试验准备、试验操作和试验数据资料的处理分析等三个基本阶段。

（1）试验的准备。试验的准备工作包括确定试验的中心任务、写出试验大纲、准备好科学仪器和其他物质条件。试验的任务和目标要十分明确,这是拟定试验大纲、进行试验设计和其他准备工作的基础,这需要围绕研究对象进行调查研究和理论分析。试验大纲是指导试验工作的依据,是把试验实施的技术路线具体化,也是对试验工作的科学论证。它包括:试验的目的、任务、内容、设计、方法、仪器的选配、数据资料的处理方法、试验所能达到的精确度分析等内容。它是试验实施具体指南和试验成功的可靠保证。

（2）试验的操作。试验准备工作就绪之后,接下来就是按试验大纲规定的步骤和程序进行具体的操作实施。为了得到准确可取的记录,需要注意如下问题:一是准确地记录试验中得到的所有数据。在试验中,除靠仪器自动记录数据、信号外,试验者应聚精会神地密切注视各个细节,系统地做好观测记录。二是注意意外情况。试验过程往往不会完全按预料的情况进行,可能会出现意料之外的新情况。试验者要随时注意实际发生的各种现象,不仅留心预期出现的情况,而且还要警觉那些意外的变化,搜索各种有价值的线索。在试验中,即使发现有错误或条件有变化,一般也不要立即中止试验,而要把试验做完,并做好记录,以便进一步研究。三是试验观测应重复进行多次。一般的试验研究,并不能进行一次就得出结论,特别是出现意外情况的时候,试验更应反复进行。

（3）试验数据的处理与分析。技术试验程序的最后一个环节是处理、分析数据资料和撰写试验报告。试验数据必须加以分析整理,进行去粗取精、去伪存真、由此及彼、由表及里的改造过程才能取得试验因素对试验指标影响的规律性认识,才能把试验结论用于以后的技术实践。试验数据处理和分析的方法很多,比较常用的有极差分析、方差分析和回归分析等。处理试验数据要采取实事求是的科学态度。此外,还要重视技术报告的撰写工作。试验报告是对完整试验的总结,是对试验中所获得的数据通过加工处理,从感性认识上升到理性认识的结论性的资料。它对于找出技术研制中的问题、完善技术设计都具有重要的作用。因此,试验报告要客观、公正地反映试验情况,有依据,有分析,有结论,不回避存在的问题。

【思考题】

结合实际,谈谈你对技术方法中某一环节的理解。

第十一讲 技术伦理与技术共同体的责任

科学技术是生产力,是推动社会历史发展的革命力量,科学技术的发展必然会促进人类社会关系的变化,最终也将使人们的思想观念,包括道德观念在内的社会意识形态发生相应的变化,从而有力地促进旧道德的消亡和新道德的诞生。近代以来的人类社会发展的历史表明,科技领域的革命性变革,深刻地影响着世界政治、经济、文化和军事格局。建立和完善高尚的科技伦理已经成为 21 世纪人们所要解决的一个重大问题。

一、技术与伦理的关系

科技理性的发展在给人类带来丰富的物质生活和极大便利、推动物质生产力高速发展的同时,也恶化了人与自然的关系,引发了人类的生存和发展危机,这也导致了近代以来哲学家对技术问题进行的揭露和批判绵延不断。尤其现代高技术的发展,对现存的伦理道德产生了强烈的冲击,催生了诸多的道德问题,不仅如此,技术本身也成为技术社会的核心道德问题。另一方面,由于技术的迅猛发展和影响力的加深,伦理学的对象也不断地从人的关系延伸到与自然以及人工制品等非人的关系上。这样,技术与伦理的关系由远及近、由内而外、由潜到显,成为当代哲学思考的一个重要问题。技术与伦理分属于不同的研究领域,二者既存在着根本的区别,又存在着内在联系。

(一)技术与伦理的区别

1. 超前与滞后

技术是人们认识世界和改造世界的工具和手段,它作为一种直接的生产力,对于推动人类社会的发展和文明的进步起到巨大的作用。伦理(包括道德)则是人们在长期的社会实践中所积淀、形成的一种维系人类社会稳定,协调人与人、人与社会之间的关系,规范人类自身行为的行为规范或行动准则。伦理的形成要经过相当长的时间,因为它要使大多数人承受它、认可它并在此基础上按照它的标准来行动。伦理一旦形成,就具有很强的稳定性,不容易轻易地改变,容易落后于社会、时代的发展。因此,伦理又具有很强的滞后性,伦理是与传统文化密切相关的。

2. 中立性与区域性

技术由于常常以工具、机器设备、物质产品的物化形式表现出来,而这些物化的东西又能为任何国家、阶级或民族所利用,它所具有的效用价值又能很快、很容易地被各个国家、民族的人所认识和承受,因此,技术表现出鲜明的中立性;相反,伦理由于是某一国家或地区的民族所形成的一种价值规范和行为准则,因此,每一个国家、地区或民族的伦理是不同的(中国文化中的伦理就和西方文化中的伦理不同,这是人所共知的),而且,每一个时代、社会中各自所形成的伦理也是不同的(如封建社会中的伦理就和资本主义社会中的伦理不同,这也是有目共睹的),因此,伦理表现出鲜明的地域性、时代性和国家阶级性。

3. 转移与固守

技术由于具有中立性的特点,因此可以从一个国家转移到另一个国家,从一个地区转移到另一个地区。这种现象叫做技术转移。而伦理由于具有区域性、阶级性等特点,因此,它很难在不同的国家和地区之间进行转移。

显然,技术与伦理各自居于两个相异的领域,而且,二者在发展中也有很大差异。如此,似乎让人感到技术与伦理没有关系,不足以构成被关注的对象。但实际上并非如此,技术与伦理之间通过技术价值发生关系,它使技术的发展对居于落后状态的伦理带来冲击。就是说,技术价值使技术与伦理发生联系;滞后的伦理使技术冲击伦理成为可能。

(二)技术与伦理的联系

马克思主义主张从社会的生产力与生产关系、经济基础与上层建筑之间的辩证关系出发进行认识和思考科技与伦理的辩证统一关系。恩格斯指出:"一切以往的道德论归根到底都是当时的社会经济状况的产物。"[①] 科学技术作为生产力的一个基本因素,无疑对经济状况起着一定的决定作用,从而影响着人们的道德观念和行为规范。因此,科技与道德是一对处于共构状态的矛盾,二者的关系是辩证统一的。

---

① 《马克思恩格斯选集》第 3 卷,人民出版社 1995 年版,第 435 页。

技术与伦理作为矛盾双方它们之间的关系不是一方消灭另一方或二者同归于尽,而是二者在相互制约和相互斗争的过程中长期共存并相互促进,矛盾双方不仅以各自的发展为对方提供发展的动因和条件,同时也因自身发展的要求对对方的发展提出要求,表现出对对方发展的信赖性,从而在整体上促进了矛盾统一体的发展。在人类发展史上,科技和道德共同推动着人类从蒙昧走向开化,从野蛮走向文明,从落后走向进步,从弱小走向强盛。技术与伦理之间的联系表现在相互关联的两个方面:

第一,技术发展对伦理道德的促进和背离。技术进步必然导致生产力的变化,促进生产力和生产关系的发展,改变人类的生产方式和生活方式,从而推动社会由低级向高级发展。技术进步还推动着社会分工的发展,形成新的社会关系,从而形成与之相应的新的伦理关系和伦理规范,并提升人们的道德观念。技术不只是能推动道德进步,它是一把双刃剑,有时也会刺伤道德,造成伦理道德的堕落。"技术的胜利,似乎是以道德的败坏为代价换来的。"① 例如,科技的进步、生产的发展,虽然极大地增加了社会财富,但也带来了穷奢极欲、享乐腐化、自私自利、尔虞我诈,不道德的事情层出不穷。

第二,伦理道德对技术发展的促进和制约。社会道德对技术发展具有导向和约束作用。在阶级社会里,统治阶级的道德舆论与科技政策相互配合,相互补充,直接影响甚至决定着技术发展的方向。对于符合统治阶级利益和价值观念的技术,统治阶级就会倡导和推行,反之则限制和约束。社会道德对技术发展具有促进作用。这里所说的社会道德是指进步阶级的道德或高尚的社会公德。大公无私、以人为本、淡泊名利、勇于探索、团结协作等道德理想和道德信念,是一种强大的精神原动力,推动着科技工作者去排除艰难困苦,从事科研活动,从而推动技术进步。当然,社会道德对科技发展也具有制约作用,这种制约作用有两方面:一是反动阶级的道德禁止和阻碍技术的发展,二是进步阶级的道德抑制或禁止不良技术活动的开展。

在技术与伦理两方面的联系中,二者之间的相互促进是主要方面,这也是总的趋势和方向。而二者之间的背离和不一致是次要方面。两方面决定了技术与伦理在人类社会的历史发展中沿着迂回曲折的路线波浪式前进、螺旋式上升。

二、技术发展的伦理挑战

伦理指人与人以及人与自然的关系的基本准则,多数表现为社会行为规范。

---

① 《马克思恩格斯选集》第 1 卷,人民出版社 1995 年版,第 775 页。

新的科学技术也可能冲击社会伦理,从而引发人们的某些担忧。现代特别是当代技术的迅速发展对人类社会传统的伦理、道德产生了巨大的冲击。

(一)各种技术的伦理挑战

随着生命科学技术、材料科学技术、信息科学技术、能源科学技术等一些新兴科学技术的发展和应用,引发了一系列伦理难题。如生命科学技术的一系列重大突破,在给人类经济社会生活带来巨大利益的同时,也极大地改变了人在自然界地位的传统观念。人不再是严格区别于其他动植物的天之骄子,物种之间的生物屏障被打破,人类的一些传统形象和原有的价值观念也随之改变,如克隆人、基因治疗、基因增强等事实,极大地冲击了人类社会固有的道德观念,引发出克隆人的伦理问题、基因治疗和基因增强的伦理问题。因此,社会伦理需要伴随着科技发展而与时俱进,个人和群体也需要根据社会伦理的变化调整自己的行为规范和行为方式。

1. 网络伦理问题

微电子与计算机和通信技术的发展,把人类社会推进到信息时代。网络已成为当今社会与人类生产和生活密不可分的技术形式,也是人类生活的一种样态。在网络带给人们方便、快捷、娱乐的同时,相应的社会和伦理问题也随之而来。

第一,个人隐私问题。由于计算机的社会化,网络本身的开放性使得诸如个人的姓名、性别、身体状况、家庭状况、财产状况、私生活资料等有关个人隐私的权利比过去更容易受到侵犯。保护个人隐私是一项基本的伦理要求,是人类文明进步的一个重要标志。

第二,知识产权的保护问题。随着社会文明程度的提高,人们制定了许多保护知识产权的法律。社会舆论也普遍谴责如剽窃、假冒、仿制等侵犯他人知识产权的不道德行为。网络的出现使知识产权的保护又出现了新的问题,由于科技发展水平的差异,不同国家、不同地区、不同组织、不同阶层、不同群体之间肯定存在着对信息占有程度不同的差异,例如,具有信息优势地位的国家和群体可能借助知识产权的保护而保持信息垄断地位,从而带来垄断利润,由此而产生的信息社会的贫富差距远大于传统社会。

第三,网络色情问题。从目前的情况来看,随着网络多媒体技术的发展以及网络传输信息的增多,网络色情信息和网络色情活动正呈现出一种愈来愈烈的趋势。

第四,信息垃圾问题。当代的网络文明也在滋生着无数的信息垃圾,而且正日益演变成信息污染。人类社会尚未摆脱原有的环境污染的困扰,现在又要面临信息污染的挑战。

第五，网络信用危机问题。在信息网络繁杂的电子商务中也可能存在着大量的虚伪信息，本以为是公平高效的交易网络可能成为令人望而生畏的欺诈之地。从伦理学的角度看，制假和欺诈行为将导致社会普遍的信用危机，而信用危机又将导致人际关系的冷漠、社会政治经济诸方面的混乱，严重的必须运用法律加以严惩。

第六，网络黑客问题。黑客行为广义上是指一种试图进入未被允许进入的计算机系统的活动。"黑客"一词在 20 世纪 60 年代早期指一群麻省理工学院的计算机狂热者；1970 年代指那些沉迷于掌握计算机系统的人；1980 年代，"黑客"指能够打入公司和政府计算机系统的能手。今天大多数黑客行为已发展到了故意进行数字破坏和敲诈的程度。这不仅对网络信息和网络安全构成了巨大的威胁，而且也严重扰乱了网络社会中的正常秩序。

第七，网络沉溺问题。所谓网络沉溺，是指人们进入和沉浸于虚拟化的网络空间的过程中，由于不能很好实现其在现实社会和网络社会两个不同的生活世界中的角色转换和行动协调问题，从而造成一种行动变异、心理错位乃至生理失调的状况。网络的出现，无疑对现实社会人与人的关系造成了巨大的影响。从人与人之间的交往关系来看，与现实社会交往活动相比，人们在网络社会中的交往具有了交往范围更大、关系更加平等等特征。但与此同时，由于人们是通过计算机在虚拟空间交往，这也造成了人与人之间感情的淡漠和疏远，减少了人与人之间的实际接触，从而产生出了一种网络孤独状态。

2. 生命科学技术中的伦理问题

第一，人工选择与生命客体化。人类通过科技多方面征服外在自然后，现代生物技术提供了征服内在自然的可能，如产前诊断、基因增强、克隆等一系列生物技术的突破。现代生物技术首次使人类有机会改变自身的自然本性以提高生命质量，步入"完美生命"时代，生命个体的出生、成长及死亡都可以照计划按部就班地进行。个体依赖基因剪接技术似乎生活得越加美好，社会却因个体追求完美而问题重重。现代生物技术在给人类带来巨大帮助的同时，也使人类文明面临着巨大的威胁。

第二，优生技术与人种单一化的困境。现代生物技术的发展，一方面延长了人的生命，但同时也带来了生命的质量问题。透过基因改造工程，可以消除与基因有关的疾病；但负面影响是，人们可能干预自然，有意制造更聪明、更完美、更长寿的人类。基因治疗中非医学目的的增强，如基因优生学会使我们成为"进化的商业制造者"。

第三,改写生死观与社会退化的风险。死亡是生物进化到较高阶段的产物,自然生死观使人类在设立价值尺度的同时,也确立了终极价值根源和人类自身繁衍进步的根据。生是人的自然欲望,这种欲望使人总是怀着抗拒死的情绪,在与死亡的不断激烈抗争中获取生。基因技术在疾病防治、健康保健直至延年益寿方面带来的革命性变化勾起了人们对未来美好生活的无限憧憬。但个体过长的寿命对整个社会而言是一种退化,宇宙的运行需要靠正反两极的交互作用,只有生命的正极而无死亡的负极是违反宇宙法则的。

>>>>**知识链接**

人兽胚胎、换脸术等7大前沿科技遭伦理挑战

人兽胚胎、基因测序、克隆人、换脸术、设计婴儿……当这一系列让人眼花缭乱的新名词所代表的现代生物、医学技术革命一路高歌猛进时,它也越来越多地与生命伦理这一被赋予全新内涵的古老课题狭路相逢。

英国人工受精与胚胎学管理局(HFEA)决定,批准研究人员用动物卵子和人体遗传物质混合形成胚胎,为医学研究提供干细胞来源。研究人员称"混合胚胎的构成99.9%是人,0.1%是动物"。这是HFEA首次准许开展此类研究。

生物学界一直期待着这样的场景:电脑上先"编程"设计某种生物,摁下"打印"键,接着按图纸生产出需要的DNA,最后植入某个细胞,一个全新生命便制造出来了。"科学怪人"文特尔一直从事人造生命研究。其研究分三步,文特尔称,目前他们已经完成"三步走"中的第二步,离人造生命只有一步之遥。

胚胎干细胞的研究目的是通过从胚胎中提取干细胞,利用干细胞分化成各类组织、器官的能力,来医治人类各种疾病。但却要通过毁掉胚胎的方式提取干细胞,这让人类陷入了一个"罪责的怪圈"。

从医学意义上说,基因测序对于提前预知人类某些顽症的发生,具有重大意义。但为了创建完备基因库,对比人种基因的优劣,挑选出最佳基因组合,很多研究团体是在人们不知情的前提下抽取血样做研究。至此,基因测序引发了新的伦理争议:公民对自身基因的"知情权"和"隐私权"能否保证?

"设计婴儿"的出现,靠的是飞速发展的遗传基因技术。从未来的发

展看,人类可以任意"设计"婴儿:可兼顾到高智商、最健康与相貌最佳的理想标志。当然"设计婴儿"也可以是带某种缺陷的孩子。既然有人能要求"健全"婴儿,那么"残缺"婴儿的设计要求似乎也合情合理。

"换脸"手术是人类器官移植技术高度发展的产物。整容与变脸的概念,部分由于电影得到了流行与传播。法国首例"换脸"手术的成功,正刺激着世界各国争相尝试科幻般的"换脸"术。

对于克隆人,很多国家都明令禁止,因为克隆技术一旦被滥用于人类,将不可避免地失去控制,带来空前的生态混乱,引发一系列严重的伦理冲突。无论某些人的愿望如何美好与强烈,"克隆人"似乎永远不会被伦理接受。

3. 核技术伦理问题

核能是一种高效清洁的新能源,其对于缓解当前人类面临的能源危机有着重要的意义。因而核技术在二战后得到迅速发展。越来越多的国家和地区加入"核俱乐部",越来越多的核电站被建造在世界各地,但从生存和安全的基本需要出发,人类不得不认真探讨核技术引发的伦理问题。

第一,蔑视生命价值,与人道主义伦理原则相冲突。20世纪中叶以来,高技术的巨大发展已经把人类推入到核战争的阴霾之中。核技术在战争中的应用突破了传统战争中人道主义原则的底线,潜藏着巨大的文明灾难。二战期间,美国在日本的广岛和长崎投掷了两颗原子弹,这虽然对于反法西斯战争有利,对结束战争起到了重要的作用,但其毁灭性的破坏作用也震惊了世界。它造成了大量和平居民的伤亡,并造成了严重的污染后遗症,带来了空前的人道主义灾难。原子弹所造成的残酷事实,在人们的道德良心中投下了阴影。不仅当时参与原子弹研制的爱因斯坦和奥本海默受到了良心的谴责,而且时任杜鲁门总统助理的威廉·李海军上尉也沉痛地说:"由于我们第一个使用了它,我们采用了同黑暗世纪野蛮人同样的伦理标准。我没有学过用那种方式进行战争,战争不能靠毁灭妇女和儿童来赢得胜利。"二战结束后,一些国家仍然在进行核武器的制造和核军备竞赛,对人类的生存构成了巨大威胁。可见,核技术在军事中的应用,潜藏着灭绝种族甚至灭绝人类文明的风险,完全有悖于尊重生命的人道主义道德理念。

第二,破坏生态环境,与和谐生态伦理原则相冲突。核武器及核军备竞赛不仅耗费了巨大的社会资源,而且还对生态环境造成了极大的危害,严重地威胁着整个人类的生存和发展。从1945年至1989年,全世界约在35个核试验场共爆炸了 1800 多枚核弹。这些试验有约 25% 是在大气层中进行的,散发到大气层的反射性物质,对生态环境具有极大的破坏作用。同时,地下核试验也导致了地下水的污染,对人类和自然界都造成了严重危害。在核战争的毁灭性后果方面,科学家提出了"核冬天"的预测性理论,这个理论警告人们,核爆炸除了核辐射、冲击波、热辐射、放射性沉降和电磁脉冲干扰等破坏作用外,还将产生改变地球气候这一灾难性的后果。由于大气层中充满了致命的放射线、化学物质以及烟尘而会出现长期的寒冷和黑暗。人类不仅会在核辐射、冲击波和热辐射的危害中死亡,而且将面临"核冬天"的巨大威胁,因缺乏食物而大量死亡。可见,核技术的军事应用严重违背了人与自然生态和谐发展的伦理原则,将会给人类造成不可逆的生态环境灾难。

第三,凸显本体霸权,与社会正义伦理原则相冲突。核技术在军事中的应用,往往与本体霸权相联系,与社会正义伦理原则发生对抗和冲突,这至少可以从以下两个方面体现出来。一方面,从横向的国际关系来看,核技术的军事应用是多种复杂因素作用的结果,但是根本在于国家、集团之间利益的纷争、"权力话语"的争夺等,核武器发展和使用往往成为推行强力和霸权的重要条件和工具。这就为某些国家和集团凭借核武器的强大威力而对其他民族和国家进行主宰和控制,进行新的殖民奴役,践踏人类正义原则提供了潜在甚至是现实的可能。另一方面,从纵向的代际关系来看,核武器的使用不仅给当代人的生命安全造成巨大的威胁,而且其巨大的放射性亦通过代际的延续而遗传给子孙,剥夺后代人享有健康的权利。另外,核战争所造成的对人类生存环境的巨大破坏是不可逆的、无法修复的,核战争严重破坏了后代人的生存环境,掠夺了他们的生存资源。这无疑将给后代人的生存带来巨大的困境和危机,严重违反了代际公平和正义。[①]

第四,和平利用的风险对科技人员道德品质的考量。解决核技术军事应用带来的伦理问题的唯一途径就是对核能的和平利用。冷战结束后,有核国家都在致力于核能的和平利用,如美国在核道德观上也作了相应的调整。一是强调核战略不应以毁灭对方为目标,而应以有限的威慑为目标;二是主张用"核控制"取代"核裁军";三是强调非核扩散的迫切性和重要性。但由于国家、民族本位利益的对立冲突,核技术的军事应用并没有从伦理上根本解决。同时,民用或和平利用方面也产生了新的伦理问题,由于各国核电站发生的核泄漏与核辐射事件,人们的核恐惧情绪依然存在,核能的推广利用、核电站建设等与公众的反核、恐核心理与行

---

① 薛贵波:《核技术在军事应用中的伦理冲突及生态范式的价值选择》,载《道德与文明》2009年第 5 期。

为就形成了社会矛盾。这就需要科学家和工程师有较高的道德修养和素质,例如做好核技术的科普工作,保证公众对相关工作的知情权,把公众利益和长远利益放在第一位等,对其工作及其产生的后果负有相应的伦理责任。所以,科学家和工程师在从事核技术工作时,首先要受到伦理道德及各种职业规范对自己良心的考问,要有强烈的责任感。

>>>>知识链接

人类历史上最惨重的 12 大核泄漏事故

1. 苏联 Kyshtym 核事故

1957 年苏联 Kyshtym 核事故。事故当时造成 70~80 吨核废料发生爆炸并散播至 800 平方公里的土地上。

2. 英国原子弹燃料基地轻微核泄漏

1957 年 10 月 10 日,英国的原子弹燃料基地温德斯格尔工厂由于反应堆芯过热,导致燃料起火,使整个系统完全失去了控制。幸运的是,反应堆没有爆炸,受到的辐射都不怎么严重。

3. 美国爱达荷州反应堆事故

1961 年 1 月 3 日发生在美国的核事故是最为早期的大型核电站事故之一,当时的蒸汽爆发和熔毁导致 1 号固定式小功率反应堆的 3 名工人死亡。这座反应堆位于爱达荷州瀑布市西部大约 40 英里(约合 60 公里)的国家反应堆试验站,采用单一大型中央控制棒,现在已经废弃。

4. 苏联海军核潜艇核泄漏

1961 年 7 月 4 日,苏联海军最富核威慑作用的"K-19 号"核潜艇在挪威沿岸北大西洋海域举行秘密军事演习时艇身密封装置突然发生漏气现象,反应堆过热,随时可能发生爆炸。

5. 美国图勒核事故

1968 年 1 月 21 日图勒核事故。由于舱内起火,美国一架 B-52 轰炸机的机组人员被迫作出弃机决定。B-52 轰炸机最后撞上格陵兰图勒空军基地附近的海冰,导致所携带的核武器破裂,致使放射性污染物大面积扩散。

6. 加卡平地核事故

1970 年 12 月 18 日加卡平地核事故。在巴纳贝利核实验过程中,美国内华达州加卡平地地下一万吨级当量核装置发生爆炸,实验之后,封闭表面轴的插栓失灵,导致放射性残骸泄漏到空气中。现场6名工作人员受到核辐射。

7.捷克斯洛伐克核泄漏

1977年,捷克斯洛伐克(现在的斯洛伐克)Jaslovské Bohunice的Bohunice核电站发生事故。当时,核电站最老的A1反应堆因温度过高导致事故发生,几乎酿成一场大规模环境灾难。A1反应堆也被称为"KS-150",由苏联设计,虽然独特但并不成熟,从一开始就种下灾难的种子。

8.美国三哩岛核泄漏事故

三哩岛核泄漏事故,通常简称"三哩岛事件",是1979年3月28日发生在美国宾夕法尼亚州萨斯奎哈河三哩岛核电站的一次严重放射性物质泄漏事故。是美国核电经营历史上最严重的核泄漏事故,尽管它并没有造成人员伤亡。事故起因是核电厂2号机组部分反应堆堆芯融化。

9.苏联切尔诺贝利核泄漏

1986年4月26日凌晨1时23分,苏联切尔诺贝利核电站4号反应堆发生爆炸。8吨多强辐射物质混合着炙热的石墨残片和核燃料碎片喷涌而出。核泄漏事故后产生的放射污染相当于日本广岛原子弹爆炸产生的放射污染的100倍。

10.巴西戈亚尼亚放射性事故

1987年9月,巴西戈亚尼亚市癌症研究所丢弃的放射性同位素铅储罐,被当作废品卖给一收购站。这些罐内的放射性物质外泄,3人死亡,20多人患上严重的放射病,还有200多人受到不同程度的伤害。

11.日本东海村核临界事故

1999年9月30日,日本东海村JCO公司的一座铀转换厂由于人为错误以及严重违背核安全原则,发生了核临界事故。放射性污染仅限于厂区内。

12.日本福岛第一核电站核泄漏

2011年3月11日,受东日本大地震影响,日本福岛第一核电站1号反应堆所在建筑物发生爆炸,日本政府13日承认,在大地震中受损的福岛第一核电站2号机组可能正在发生"事故",2号机组的高温核燃料正在发生"泄漏事故"。

4. 医学技术伦理问题

随着高新技术在医学中的应用,医学面临着许多前所未有的新的伦理问题:器官移植在使用人体器官供体、异种器官移植方面存在的伦理、法律困境;基因技术应用在信息保护和基因歧视方面所面临的伦理难题;干细胞研究涉及的生命界定的伦理阻碍;人工授精在异源人工授精、"生物父亲""代理母亲"上的道德纷争;临终关怀的法律维护与有限卫生资源的巨大支出之间的困惑;等等。这些都对传统的生命伦理理念提出了一系列新的挑战,涉及了更多的医学伦理道德研究内容。高新生命科学技术的发展、医学模式的转变、生命价值观的变化、经济发展与卫生经济社会、卫生制度的改革,涉及人的生命与健康道德综合研究,特别是生物医学技术的飞速发展,一个又一个的伦理难题,使传统的生命神圣论开始动摇,促进了现代生命伦理学的产生。

医学技术的过度临床应用淡化了医患关系,使医患矛盾加剧。一方面,医务人员过分依赖高新技术,尖端的仪器检查代替了以往询问病史、体格检查和临床思维,忽视了心理、社会因素对病人的影响;病人也过分相信新技术而不是尽可能地向医务人员提供更多的心理、社会和生物信息,以便于医生分析诊断。这些原因减少了医患之间的直接交流,影响了医生与患者之间感情的表达和信息的传递。另一方面,医学技术的临床应用致使有的医务人员出于本位主义和个人私利,为追求"回扣",让病人过度做各种检查。由此可见,医疗技术发展引发的不和谐的医患关系,很大程度上是医学伦理的缺乏和失范导致的。除了加强相应的法制建设外,医学伦理建设也必不可少。

5. 人工智能的伦理问题

随着新一代信息技术的发展,科幻世界中的智能机器人越来越接近现实。日本、欧洲科学家已经发明出与真人外形类似,甚至具有部分自主意识的机器人。在不久的将来,能力远超过人类的机器人和人工智能必然会出现。机器人和人工智能能更充分地利用互联网上的海量信息和遍布世界的传感器,且不会受到体能和生理上的限制,相对人类将具有明显优势,这不免让人类产生恐慌心理和伦理矛盾。人类是否可听命于机器,人类将把多大的自主权让渡给机器,人类是否有权毁灭高度智能的机器人及人工智能产品,机器人和人工智能是否可能超越并支配人类,是否应享受人权等等,这些问题都将成为对于人类伦理的考验。

(二)对当代技术伦理挑战的思考

第一,技术发展的目的性何在?现代特别是当代技术的发展及其在社会各个领域被广泛使用,使其在产生出巨大正面价值的同时,也产生出了相应程度的负面价值。在饱尝了使用技术所带来的一系列苦果(如使用技术涂炭生灵、破坏环境等)以后,人们不禁对技术或对自己发问:技术究竟为谁服务?为什么目的服务?技术是被用来造福于人类还是危害于人类?是为人类的整体福利和进步,还是为了一部分人或集团的私利?技术能否在终极意义上,促进人类社会走向文明?技术的负面价值在很大程度上是受到人类及人类社会的影响所致,因此,这些问题主要是涉及与技术相关的我们人类及社会的问题。对此,不同的经济关系、社会制度和文化价值观念体系决定了对这些问题将会作出不同的甚至是完全相对立的回答。

要回答这些问题,就要求我们改变传统伦理观念,形成新的伦理观。这就是德国技术伦理学家汉斯·尤纳斯在其《责任原理》一书中所倡导的"责任伦理"观。这种伦理观倡导要关心未来、自然、人类后代及整个生命界和生态界,主张我们对技术的发明、创新和使用要对人以外的自然负责,要尊重和保护未来人类及未来世界的尊严和权利。新的伦理观认为,符合自然规律的技术的应用未必就符合人类的目的,因此,技术自身的合规律性应该与其应用的合目的性相统一。我们对于技术的研究、开发和使用只有将人类的近期、中期和长远利益、局部与整体利益、个人与他人利益、当代与后代利益统一起来,才是合乎道德伦理的,否则就应该受到道德伦理的谴责。

第二,人类能否以及如何减少技术的负面价值?人类从受控于自然界到能够(在相对程度上)控制世界,主要凭借的(除科学等以外)就是技术,技术增强了人类控制世界的能力。但是,由于人类不能完全了解自然和社会的规律,对其技术在被使用的过程中所产生的负面价值或效应,不能完全进行科学的预测,当然也就不能实现预先对其负面价值或效应进行完全的控制。在使用技术后所造成的诸如环境生态遭到破坏、全球气候变暖、化学有害物质在全球范围内流动并危及生命健康和安全、地球臭氧层日益被损毁等问题,正是对人类不能预测和控制技术的负面价值或效应的佐证。另外,人们对诸如基因技术、克隆技术、纳米技术和网络技术等高技术究竟会带来什么负面价值,也不能完全达到预测和控制。

应该说,在终极意义上,人类不能预测和减少技术的负面价值,不能控制世界。但是,人类并不能因此望而却步和悲观失望,极端意义上的技术乐观主义和技术悲观主义都是不可取的。自然、社会和技术的发展是无限的,但人类对它们的认识和探索也是无限的,并且,在这个过程中,人类的智慧和能力也是无限的。人类虽然不能完全预测出技术的负面价值或效应,但能够在一定程度上对其进行预测。另外,人类虽然不能杜绝技术的负面价值,但是一定程度上,可以通过科学发现和技术创新减少技术的负面价值或效应。

第三,技术所追求的最高伦理是什么? 一般认为,科学追求的是真,即科学给人以理性或理智;艺术追求的是美,即艺术给人以感情或激情;信仰追求的是善,即信仰给人以悟性和虔诚。真、善、美是人类精神世界的三大支柱,是文明社会的最高目的。那么,真、善、美能否成为技术所要追求的最高伦理价值呢? 对此,著名学者夏甄陶给予肯定的回答:人们改造世界,实际上是要改变那本来如此的现实世界的现状,创造对人来说是应当如此的对象世界。这个对象世界不仅是人们已经掌握了的真理的对象化,而且是人们善的、幸福的、美好的愿望的对象化。因此,对人来说,这是体现着真、善、美的统一的对象世界。可见,夏甄陶把技术看成是人们改造世界,追求"真、善、美的统一的对象世界"的手段和方法,当然后者自然也成为技术所追求的最高目的。

技术理性强调逻辑和计算的方法以及使用计算机等技术处理各种问题,并伴随着技术在社会各个领域中的广泛运用,成为工业化社会乃至后工业化社会时代的一种重要世界观、价值观,成为人们追求"真"的一种思维方式、方法和手段。从"可欲之谓善"(孟子语,即为人所需要的就是善的)和"善的定义就是有利于人类"(F. 培根语)这个意义上说,技术在满足人类和社会发展需要的过程中,也成为人类追求"善"的手段和方法。人类利用技术创造人工自然,美化自己周围的环境,通过以技术为支撑的文化艺术,陶冶人们的心灵,塑造美好的精神世界。因此可以说,实现真、善、美的统一,完全可以成为技术追求的最高伦理价值,技术所体现出来的负面价值,不能完全替代技术的这种最高伦理价值。[①]

技术发展中的上述伦理问题,构成了技术伦理学研究的主要内容。我们可以对其研究内容进行如下概括:研究用技术改造自然和人类自身的价值标准和道德界限;研究技术应用于社会、战争的善恶标准;研究技术工作者应遵循的一般道德规范;研究对技术应用过程的动机和效果进行道德评价;研究技术伦理与技术立法之间的关系;研究高技术发展对人类传统伦理的影响;研究技术伦理与社会道德之间的关系等。对于这些问题的研究,有助于对技术发展进行伦理建设。

第四,正确认识现代高科技的负面作用。科学技术造成一系列负面效应的根源很复杂,如社会政治经济因素的制约、人文文化的缺乏、人类认识方法的局限等。科学技术发展中存在负面作用并不是说它本身是恶的,科技是中性的,关键是看人

---

① 王玉平:《科学技术发展的伦理问题研究》,科学技术出版社 2008 年版,第 73-76 页。

怎么用。片面地、夸大地和不适当地运用科技,会导致科技发展迷失方向,给人制造麻烦,带来罪恶。第二次世界大战后,现代高科技的迅速发展对社会的影响日益深刻,现代科技效应具有正、负两重性,而负效应严重困扰着人类。这些问题大多已成了全球性的问题,必须制定全球性的相应的伦理规范予以遏制,对现代科技伦理矛盾问题的评价方式也应该从人与自然、人与社会、人与自身的角度上去考虑,使现代高科技的发展朝着有利于当代大多数人的利益和人类长远利益的方向前进。按照马克思主义的辩证唯物主义和历史唯物主义,科学技术作为一种重要的社会现象,对社会发展起着重要作用,但其作用发挥的机制存在于社会基本矛盾的运动中。它的作用大小、效应正负,既受其内在规律支配,更受诸多环境因素的影响,特别是受着社会制度和国际政治经济秩序的制约,要把科学技术本身与科学技术的应用及其社会后果区别开来,全面把握造成全球问题的原因,寻求解决问题的措施,防止和克服现代高科技发展中的各种负效应,寻求人与自然的和谐、人与人的和谐和人自身内心世界的和谐,建立一个和谐的人类社会,使科技与人文实现最高层次的统一与协调发展。

>>>>知识链接

中国 Bt(转基因)抗虫棉破坏环境事件

2002 年 6 月 3 日,南京环境科学研究所与绿色和平组织在北京召开会议,6 月 4 日《中国日报》(China Daily)上发表了题为 "CM Cotton Damage Environment" 的文章,亦即 "转基因抗虫棉破坏了环境"。绿色和平组织也于当天在其网站上刊登了南京环科所、绿色和平组织顾问薛达元先生长达 26 页的英文报告,从而再次引发国际争论,在欧、美产生巨大反响,成为国际上争论转基因作物安全性的重大事件之一。6 月 5 日德国《农业报》发表了题为 "中国研究:Bt 棉破坏环境巨大"(Chinese Research: Large Environment Damage by Bt Cotton)的文章。绿色和平组织的 "中国项目主管" 卢思聘声称:棉农 "将面对不受控制的超级害虫" "可以减少农药使用的转基因抗虫棉,不但没有解决问题,反而制造了更多的问题" "(棉农)将被迫使用更多、更毒的化学农药"。同时,中国、美国、德国、加拿大、比利时、印度各国的许多科学家纷纷发表评论,反驳绿色和平组织的观点。

第五,用正确的伦理道德引导科学技术的发展。人们现在已清楚地认识到,科学技术的发展给社会带来的不都是福音,也会带来许多消极的后果。同样,如前所述,科学技术的发展既可能促进伦理道德的进步,也可能对伦理道德产生一些消极负面影响。那么,科学技术为什么会产生负效应呢?产生负效应的根源何在呢?我们怎样才能更好地发展科学技术呢?

科学就其本身目的而言,是一种人文活动,科学所要做的是揭示客观世界固有的本质和规律,使人们获得真理性的知识,提高人类认识世界的水平和能力,技术则是把科学理论应用于实践,提高人类改造世界的水平和能力。科学技术本身并不涉及怎样从事科学研究、怎样发展科学技术才有利于人类社会发展,不负责如何运用科学技术才是正当合理的和有价值的,即科学技术本身是无所谓伦理价值的。科学技术的伦理价值、科学技术对社会发生什么样的影响体现在它的应用上。由于科学技术是人创造的,科学技术如何运用也在于人,而人们如何运用科学技术又取决于人们受何种伦理价值观念指导,所以,科学技术对社会产生什么样的影响是与人们的伦理价值观念密切相关的。因此,科学技术发展会给社会带来消极的后果,会对伦理道德产生一些消极负面影响,这些从表面上看是科学技术引起的,但其深层次的原因却是人们道德价值观念的扭曲、错位。如科学技术发展所带来的生态危机的恶果,就是长期以来人类被征服自然的成功冲昏了头脑,没有摆正人在自然界中的位置,误把自己当作自然界的主宰者、统治者,而对自然滥加开发,肆意开采各种资源所致。可以说,科学技术究竟向何处发展,是造福于人类还是祸害人类,这不是科学技术本身所能决定的,而必须借助于伦理道德的力量。科学技术的发展只有在正确伦理道德的引导下,才能更好地发挥其积极效应,使之朝着造福于人类的方向健康发展。科学技术发展给社会、伦理道德所带来的消极影响也只有通过道德调节才能加以消除和缓解。因此,科技进步需要伦理道德的正确引导。

当然,为了更好地发挥伦理道德对科技进步的引导作用,伦理道德本身也应是不断发展的。我们应关注科学技术发展的动向并及时修正传统的伦理观念,使伦理道德根植于科学技术土壤之中,不断汲取科技进步成果的丰富营养,随着科学技术的发展不断改变自己的形式,充实和完善自己的内容。只有这样,它才能成为正确指引科学技术发展的向导,否则会阻碍科学技术的发展,并阻碍社会的发展。

第六,加强科技伦理的道德约束和科学家的社会责任。科技给人类带来的一切危害都不是它本身的过错,但科技方法、科技活动、科技成果以及成果的运用,明显渗透着社会文化和伦理道德的因素。科学上"能够的"并不是伦理上"应该的"。作为先进文化的重要组成部分,科技伦理道德的发展方向对整个社会伦理道德的建立和完善有着极为重要的意义。

科技伦理是对科技活动的道德引导,是调节科技工作者相互之间、科技共同体与社会之间各种关系的道德原则、道德规范。科技伦理不仅蕴含一般的伦理价值,而且包容科学技术真价值。如果一个科学家明明知道某项科学发现将会严重危及人类的生存,那么他就不应该把这一发现公布于众。另外,不论科学研究还是它的社会运行,都是在社会中进行的,而这一舞台的导演是各国政府,因此政府必须规范科技运用,采取措施加强科技发展中的道德伦理约束极为必要。

由于科技工作者是科学技术活动的主体,科技工作者如何从事科技活动在很大程度上决定着科技活动的走向,科学工作者的社会责任关系到整个社会的道德取向和道德规范,因此,全社会必须关注科技伦理和科学工作者群体的社会责任问题,科技工作者本身也应加强社会责任感,在从事科学研究活动和面对种种新的技术成果的同时,不能忽略其自身涉及的种种现实及潜在的危险,树立起真、善、美的普遍信念,从纯粹的求真转向求真与求善、求美的统一,牢牢把握住科学研究的方向和技术的实际运用,充分考虑活动的后果,谨慎地衡量各种技术抉择是否符合人类需要,会不会给人类带来危害,注意把科学研究与人类整体长远利益紧密结合起来。必须正确地利用科技成果为人类造福,维护人类的健康和生命,最大限度地避免由于科技成果的使用不当而给社会带来的负面影响。

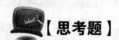【思考题】

结合某一项技术领域中的伦理问题,谈一谈如何应对技术伦理的挑战。

三、技术共同体的责任

(一)技术共同体的概念及特征

随着科学社会建制的形成,作为与科学紧密相连的技术也逐渐走向体制化。相对于科学共同体,同样也存在技术共同体,并将成为技术社会学的主要研究内容。

参照库恩"科学共同体"和"科学范式"的概念,美国技术史家康斯坦(E. W. Constant)于1980年提出了"技术共同体"和"技术范式"的概念。技术范式就是根据一定的物质技术以及从自然科学中推导出来的一定的原理,解决一定技术问题的模型或模式。技术共同体就是以共同的技术范式为基础形成的技术专家群体。这个技术专家群体是相对独立的,有自身的评价系统、奖励系统等,可以不受外界的干扰。技术共同体的表现形式很多,如国际技术共同体、国家技术共同体、行业技术共同体等。由于科学与技术的体制目标不同,技术共同体的结构、技术共同体内成员间的互动方式与科学共同体的结构、科学共同体成员间的互动方式有明显的不同。

我们已经进入大科学高技术时代,技术所显示出来的威力越来越大,技术与社会的互动之网也越来越复杂,技术共同体有着更广泛的涵义。广义的技术共同体是由与从事技术工作(研究、开发、生产、销售、管理等)相关的人员,包括工程师、技术专家、政府官员、资本家、技术人员等组成的人类集合体。这种技术共同体中的技术主体角色是多样化的。技术共同体的一种重要形式叫"创新者网络",它提供给创新者非正式直接互动的机会,从而提高创新活动的效率。

技术共同体与科学共同体既有着一些共同的特征,也有着不同于科学共同体的特质,结合起来可以概括为以下几方面[①]:

第一,技术共同体与科学共同体一样,也是一种社会的亚文化群,具有自己独特的行为规范和价值构成。技术共同体之所以成为社会的亚文化群是因为它具有与一般群体或组织不同的精神气质,信奉、约束于某些特定的规范和价值标准。随着技术的发展,这些独特的行为规则和价值规范不断超越种族、地域、文化和语言的障碍,在世界范围内趋同。

第二,技术共同体也存在社会分层。在技术共同体内部,做出重大技术发明或技术创新者,将会处在共同体的上层,成为技术时代的技术精英,而一般的技术人员则处在技术共同体的下层。技术共同体是一个等级制的社会结构。

第三,技术共同体中同样存在"马太效应"。"马太效应"是普遍存在的一种社会现象。但技术共同体中的"马太效应"相对于科学共同体而言,没有后者那么严重。因为技术共同体的主体存在多元化,对技术成果的奖励也是广泛的,只是在资源分配和成果承认、奖励上,共同体还是偏向知名人士和有特殊贡献的技术专家和工程师。

第四,技术共同体的技术主体多元化。科学共同体由科学家组成,主体单一,且数量有限。而技术共同体的主体呈现多元化,他们是来自技术的研究、开发、生产等各环节的工程师、技术专家和一般技术人员等,数量很大。

第五,技术共同体的制度性目标是解决实际应用问题并增长一定的技术知识。科学共同体的目标是增长准确无误的知识,而技术共同体成员把这些科学知识加以应用,来解决实际当中的问题,在解决问题的同时附带有技术知识的产生,这种知识当被公众接受后,就成为公共的知识,并且这种知识的更新速度比科学知识要快。

[①] 张勇等:《技术共同体透视:一个比较的视角》,载《中国科技论坛》2003 年第 2 期。

第六,技术共同体成员得到承认的渠道是多样化的。科学家需要的是科学共同体的承认,而技术共同体成员可以得到技术共同体承认,也可以由专利得到承认,还可以得到整个社会的承认。

(二)技术共同体伦理规范的内容

面对科学技术的迅猛发展和大规模运用所带来的消极后果,人们围绕着科学技术的合理性问题、科学与伦理的关系问题、科学与自然的关系问题进行了反思和探讨,与此同时对技术共同体的伦理规范和责任也提出了要求。马克思认为,技术活动有其道德合理性,科学技术发展的同时也推动了社会道德的进步。自由应该建立在非异化的技术基础上,未来技术的社会发展目标应该是"人向自身、也就是向社会的合乎人性的人的复归",[①] 目的是实现自然主义和人道主义的统一。这就从人类、社会、自然三者和谐发展的角度,为技术共同体的伦理规范指明了最高目标。

技术共同体的主体是工程师。工程师既是工程活动的设计者,也是工程方案的提供者、阐释者和工程活动的执行者、监督者,还是工程决策的参谋者,在工程活动中起着至关重要的作用,对社会的影响巨大。正因如此,工程师在工程技术活动中,应该遵循一定的职业伦理和社会伦理准则,应该承担对社会、专业、雇主和同事的责任,应该对工程的环境影响负有特别的责任,规范自己的行为,为人类福祉和环境保护服务。国外一些发达国家公布的工程师伦理准则明确指出,工程技术活动要遵守四个基本的伦理原则:一切为了公众安全、健康和福祉;尊重环境,友善地对待环境和其他生命;诚实公平;维护和增强职业的荣誉、正直和尊严等。

20世纪以来,国内外科学组织对科技工作者伦理规范做出了很多详细规定,因此技术共同体伦理规范的内容主要体现在这些国际和社会组织、科技团体的具体文献中。例如, 1997年11月11日,联合国教科文组织第29次全体会议通过的《关于人类基因组与人权问题的世界宣言》既保证了对人权的保护和尊重,又给予科学研究以基本的自由和保障。长期以来,国际社会为了确保基因技术造福于人类,已经制定了许多法律、法规,强调必须尊重伦理的可接受的科学活动的自由,并保护科学应用所达到的利益,尊重病人的权利与尊严,展示了人权至上的原则。对科研、医务人员个体而言,还应形成高尚的道德伦理理念,按照《日内瓦宣言》(1969)提出的精神践履道德原则和道德规范,用良心和尊严履行"救死扶伤"的

---

① 《马克思恩格斯文集》第1卷,人民出版社2009年版,第185页。

崇高职责,即使在受威胁的情况下,也坚决不做违反人道主义的事情。

由于技术具有过程性的特点,因此人类的道德伦理也渗透在技术的研发及应用的全过程中。作为实践技术的主体的人类为了有效解决生物技术发展中的伦理难题,也必须建立基本的伦理原则和统一的规范。1964 年的《赫尔辛基宣言》是具体指导医生进行人体生物医学研究的国际性建议,提出了首先考虑病人健康是医生的道义责任及知情同意的基本原则。生物芯片技术的应用在当前涉及内容最紧密的是人体试验的基本原则,科学家应在病人知情、自愿选择的前提下,严密科学研究的各项准备,将风险降低到最小限度,并保护个人隐私,不对个人的心理、精神和人格产生严重的影响和致命的损害。

在航空航天技术方面,1966 年联合国《关于各国探索和利用包括月球和其他天体在内的外层空间活动原则的条约》规定,各国有权探索和利用外层空间,但不得据为己有。1975 年联合国《关于各国在月球和其他天体上活动的协定》又明确提出,空间资源为全人类共同的财富,应由各国人民公平分享。有人就根据联合国的文件精神和各国在航天领域的冲突事实和行为后果,总结了航天领域的技术伦理原则:一是要公正公平地分配太空资源,坚决反对任何国家任何形式的太空殖民控制;二是开发太空的国家要有太空环保意识,坚决反对在太空抛弃垃圾的不道德行为;三是要坚持开发航天技术的正确方向,使之用于维护人类的和平与安全,特别是解决当今人类可持续发展的问题,应用于发展全球的经济、科学文化,包括和地球外文明的和平交往,坚决反对这个领域的军备竞赛和霸权主义。

在各种关于科技伦理规范的文献中,1984 年瑞典的乌普斯拉制定的"科学家的伦理规范",应该是面向各个领域的全部科研人员作出的伦理规范,是具有较大普遍性和代表性的规范性文件,对以后各国伦理规范的制定有着重要的影响,其中制定的几条规范也成为以后制定科技人员伦理规范的重要参照。美国计算机协会制定的《伦理与职业行为准则》和"计算机伦理十诫",则是专门针对计算机技术做出的伦理规范,也是今天技术共同体伦理规范的重要依据和内容。

>>>知识链接

1984 年制定的"乌普斯拉规范"摘录

科学家的伦理规范。科学研究对于人类(包括人类对世界的描述和理解、人们的物质条件、社会生活和福利等)是必不可少的重要活动。科学研究有助于解决人类面临的大量问题,如核战争的威胁、环境的破坏以及天然资源分布的不平衡等等。此外,被用来寻求纯知识的科学研究,应该采取将其方法和成果自由交流的方式以促进其发展。

然而,科学研究也会直接地或间接地恶化人类的生存环境。人类已经制定出的这一科学家的伦理规范是对科学研究的影响及其后果做出的反应。特别是由于将现代技术用于战争所带来的巨大的潜在的危险,使人们怀疑科学家对发展武器的任何支持在伦理上是否都应该受到谴责。

此规范适用于科学家个人,首先在于他(或她)将如何估价自己研究的后果。这种估价往往是难以做出的,有时甚至是不可能做出的。科学家一般并不能控制研究成果和它的应用。在很多情况下,甚至不能控制他们的工作计划。然而,这并不妨碍科学家个人致力于不断地对其研究的后果做出判断,并公开其判断,进而抵制他(或她)认为是与伦理相悖的科学研究。人们应着重考虑下面几个方面:

(1)应该保证所进行的科学研究及应用和后果并不引起严重的生态破坏。

(2)应该保证所进行的科学研究的后果不会对我们这一代及我们的后代的安全带来更多的危险,因此,科学成就不应该应用于或有利于战争和暴力。应该保证所进行的科学研究的后果不应与国际协议提到的人类基本权利(包括公民、政治、经济、社会和文化等权利)相冲突。

(3)科学家对认真地估价其研究将产生的后果并将其公开负有特殊的责任。

(4)当科学家断定他们正在进行或参加的研究与这一伦理规范相冲突时,应该中断所进行的研究,并公开声明做出这一判断的理由。做出判断时就应考虑不利结果的可能性和严重性。

(1984年1月于瑞典乌普斯拉)[1]

计算机的伦理规范

美国计算机协会(ACM)1992年10月通过并采用的《伦理与职业

---

[1] 刘凤瑞主编:《简明科技伦理学》,航空工业出版社1989年版,第65页。

行为准则》其"基本的道德规范"有八条:(1)为社会和人类的美好生活做出贡献;(2)避免伤害其他人;(3)做到诚实可信;(4)恪守公正并在行为上无歧视;(5)尊重包括版权和专利在内的财产权;(6)对智力财产赋予必要的信用;(7)尊重其他人的隐私;(8)保守机密。其"特殊的职业责任"有六条:(1)努力在职业工作的程序中,使产品实现最高的质量、最高的效益和高度的尊严;(2)获得和保持职业技能;(3)了解和尊重现有的与职业工作有关的法律;(4)接受和提出恰当的职业评价;(5)对计算机系统和它们包括可能引起的危机等方面做出综合的理解和彻底的评估;(6)重视合同、协议和指定的责任。美国计算机伦理协会制定了"计算机伦理十诫":(1)你不应当用计算机去伤害别人;(2)你不应当干扰别人的计算机工作;(3)你不应当偷窥别人的文件;(4)你不应当用计算机进行偷盗;(5)你不应当用计算机作伪证;(6)你不应当使用或拷贝没有付过钱的软件;(7)你不应当未经许可使用别人的计算机资源;(8)你不应当盗用别人的智力成果;(9)你应当考虑你所编制的程序的社会后果;(10)你应当用深思熟虑和审慎的态度来使用计算机。

(三)技术共同体的社会责任

一般认为,"责任"包括两部分:一是分内应做之事,一是未做好分内之事而应受到的谴责和制裁。在伦理学中"责任"是指行为主体应当做与其角色相应的有利于自然和社会的事和承担有害于自然和社会的后果。技术共同体的社会责任就是技术共同体的主体,一般主要指工程技术人员及其共同体在工程技术活动中所应承担的分内义务及其由此造成的后果。

随着生命科学技术、信息科学技术、材料科学技术等新兴科技的发展应用,引发了一系列如克隆人等伦理问题,故而科技工作者伦理责任素养的培养应受到更广泛的重视。科技主体之所以负有伦理责任,是因为他们具有专业科学知识,能比一般群众更全面、更长远、更准确地预见到科技发展和运用对人类社会生活所造成的后果。他们有责任去预测和评估有关科技选题及其成果所可能产生的正面或负面的社会影响。当然,在这方面,科技主体所负的伦理责任的分量是不同的。对于从事基本理论研究的科学家来说,他们很难预测自己所研究的基本理论的应用前景,虽然不能苛求他们对该基本理论应用的全部后果负伦理责任,但是他们毕竟为后来依据该理论设计研制作恶或有明显负作用的人工制品或工艺程序提供了基础概念,因而也多少负有一定的伦理责任;对于把基础理论应用于实际(例如工业和军事等)的工程师来说,他们的科技成果或科技活动所造成的或可能造成的后果是明确的、清晰的、善恶分明的,虽然他们的工作在很大程度上是受政治家或经营者控制的,而不是完全由他们自己自由支配的,但是他们仍然必须承担一定的伦理责任。

科技主体之所以负有伦理责任,还因为他们经常参与政府或企业经济活动的重大决策。从政治家或社会管理者的角度看问题,现代社会是一个系统工程,而工业、农业或第三产业、第四产业,或者政治、军事、文化,则是一个子系统工程。政治家和社会管理者为了实施科学决策,常常聘请一些科学家作为"智囊团",参加社会重大工程的重大决策。由于他们是专家学者,是科技权威,他们的意见无论是赞成的还是反对的,往往都会受到格外的重视,许多意见被政治家和社会管理者所采纳,最后变成了政府的政策的有机组成部分。因此,他们应当对自己的科技活动(包括对社会重大工程的献计献策)的后果作慎重的考虑。

具体说来,科技主体必须承担以下伦理责任:

第一,对科技活动的后果负有趋利避害的责任。科技是一把双刃剑,它的社会功能是利弊并存的。科学家和工程师应该把人民群众的安全、健康和幸福放在首位、提高自己的道德责任感,对科技活动所造成的后果全面负责,做到趋利避害,不能只见其利不见其害,只计其得不计其失,要尽一切努力防止可能产生的危害或把这种危害减少到最低程度。对于那些明显对人类有害的科技活动则有责任公开表达自己的反对意见,甚至退出或拒绝参与某些科技活动。这是科学家和工程师应有的良心。

>>>>知识链接

科学家谈伦理责任

☞　　爱因斯坦对学生的忠告:"你们会以为在他们面前的这个老头子是在唱不吉利的反调。可是我这样做,目的无非是向你们提一点忠告。如果他们想使你们一生的工作有益于人类,那么,你们只懂得应用科学本身是不够的。关心人的本身,应当始终成为一切技术上奋斗的主要目标;关心怎样组织人的劳动和产品分配这样一些尚未解决的重大问题,用以保证我们科学思想的成果造福于人类,而不致成为祸害。在你们埋头于图表和方程时,千万不要忘记这一点!"[①]

☞　　苏联科学家谢苗诺夫 1963 年 9 月在伦敦召开的第十次帕洛沃什讨论会上曾旗帜鲜明地提出:"一个科学家不能是一个'纯粹的'数学家、'纯粹的'生物物理学家或'纯粹的'社会学家,因为他不能对他工作的成果究竟对人类有用还是有害漠不关心;也不能对科学应用的后果究竟使人民境况变好还是变坏,采取漠不关心的态度。不然,他不是在犯罪,就是一种玩世不恭。"[②]

第二,对全人类的未来负责。现代科技的发展,不仅能使原来的一些自然过程按照人类的意志发展,而且能使地球上本来不存在的"自然过程"在人工控制下发生;不仅能使人类向地球深处进军,开发地下和海洋的各种资源,而且能使人类向宇宙空间进军,开发地外各种资源。可以说,地球上整个人类的未来已经不再是人力无法控制的纯粹自然过程,而是可以利用现代科技有目的地加以选择和控制的人工自然过程。实际上,在过去 60 多年里,由于人类在某种程度上滥用科技成果,造成了相当严重的生态危机,已经给地球和人类的未来发展造成了麻烦。因此,在这个意义上可以说,科学家和工程师是人类未来发展的设计师,任重道远。

科技工作者是从事智力劳动的执业群体,具有特殊的社会责任。只有具备相应的伦理责任素养才能扎根于科学、服务于社会。在思想境界上,科学工作者应该具备以下几点:为人类谋福利,为真理而献身,坚守爱国主义,坚持人道主义。科技工作者应具备以下素养:责任、诚实、严谨、理性。当然,由于科学和技术也有一定的区别,科学工作者进行科研活动,应遵循社会伦理、生命伦理、环境伦理、生态伦理等;技术工作者则应遵循一定的执业伦理和社会伦理准则,应该承担对社会、专业、雇主和同事的责任并对工程的环境影响负有特别责任,规范自己的行为,为人类福祉和环境保护服务。

如今,高新技术的迅猛发展出现了令人担忧的问题,克隆等生物基因工程技术、纳米技术、智能技术给人类带来福音的可能性越大,危及人类生存、挑战人类种群的消极影响的可能性亦越大。在克隆问题上,国家固然可以通过制定政策法规进行限制,但最主要还取决于从事此项研究的科学家通过良知来进行自我约束。

---

① 《爱因斯坦文集》第三卷,商务印书馆 1979 年版,第 73 页。
② [英]M. 戈德史密斯,A.L. 马凯:《科学的科学——技术时代的社会》,科学出版社 1985 年版,第 27 页。

在科学技术的发展已进入大科学时代的今天,科学技术研究的高投入、高风险和高回报,必然使功利追求成为科学技术的重要目标。这就需要从事科学技术研究的科技人员,用其自身的道德约束,承担尤其是"有责任性"规范的社会责任,把科学技术引向有利于人类发展的道路。科技人员应当全面预测和评估科学技术应用中的正负效应并对公众进行科学教育,科技人员这种"有责任性"的强化甚至超越了其本职工作。

>>>>知识链接

国际社会对科学家责任的规定

1946 年 7 月,在伦敦成立了世界科学家协会。作为第一次世界性的科学家组织会议,第一次在世界范围内讨论了科学家的社会责任问题,会议上明确了如下宗旨:1. 充分利用科学,促进和平和人类幸福,尤其要保证科学应用于解决当代的迫切问题;2. 促进科学和技术的国际合作,特别是通过同联合国教科文组织的密切合作来推进这项工作;3. 鼓励科学知识和科学工作者的国际交流;4. 维护和鼓励各国和国际间的科学工作自由和协作;5. 鼓励改进科学教学,在各国人民中普及科学知识,扩大其社会影响;6. 在自然科学和社会科学之间建立更密切的结合;7. 改善科学工作者的职业、社会和经济的状况;8. 鼓励科学工作者积极参加公众事务,并使他们更自觉地成为在社会中起作用的进步力量。

1949 年 9 月,国际科学协会联合会第五次大会通过了《科学家宪章》,其中规定了科学家应尽的义务:1.要保持诚实、高尚、协作精神;2 要严格检查自己所从事的工作的意义和目的,受雇时须了解工作的目的,弄清有关道义的问题;3. 用最有益于全人类的方法促进科学的发展,要尽可能地发挥科学家的影响以防其误用;4. 要在科学研究的目的、方法和精神上协助国民和政府的教育,不要使它们拖累科学的发展;5. 促使国际科学合作,为维护世界和平、为世界公民精神做出贡献;6.重视和发展科学技术所具有的人性价值。

第 十二 讲　科学技术的社会功能

随着社会生产和科学技术的发展,科学技术同人类社会的关系日益密切,成为影响社会和人类发展的重要推动力量。科学技术的社会功能是指科学技术能够满足人类的社会需要,实现一定的社会目标。一方面,科学技术与社会广泛结合,给世界经济、政治、军事、文化以至意识形态带来深刻的影响与变革,给人类带来巨大恩惠;另一方面,它又带来种种难以解决的负面效应,威胁人类的生存和发展。正是由于科学技术"兼起的建设和破坏作用",使得人们"不得不对它的社会作用进行考察"[1]。贝尔纳在其1939年出版的《科学的社会功能》一书中,认为"科学既是我们时代物质和经济生活的不可分割的一部分,又是指引和推动这种生活前进的思想的不可分割的一部分"[2]。科学技术不仅提供了满足人类生活所需要的物质手段,而且提供了种种思想,促进人类科学意识的形成和对未知领域探索的合理希望。鉴于科学技术的本性以及人类运用科学技术的主要目的和愿景,科学技术的社会功能主要体现为它对人类社会发展的积极意义,其最突出的功能主要表现在物质文明功能、政治文明功能和思想文化功能三大方面。

一、科学技术与物质文明建设

物质文明是人类在改造自然界、创造自身生活条件的过程中所创造的成果的历史积累,任何一项成果的创造都是人类对自然界和劳动过程的科学认识的具体表现,因此科学技术对于物质文明的创造与发展具有重要的推动作用,其作

---

[1]　［英］贝尔纳:《科学的社会功能》,陈体芳译,商务印书馆1982年版,第34页。
[2]　［英］贝尔纳:《科学的社会功能》,陈体芳译,商务印书馆1982年版,第408页。

用力主要通过推动生产力发展、推动产业结构变化、促进经济增长与改善人们的物质生活来体现。

（一）科学技术推动生产力发展

物质文明的发展以社会生产力的发展为基础，而科学技术是促进生产力发展的关键因素。早在 100 多年前，马克思和恩格斯就根据近代资本主义工业的发展明确提出生产力中也包括科学，"科学的力量也是不费资本家分文的另一种生产力"①。按照马克思的观点，科学技术是知识形态的生产力，即一般生产力，这种知识形态的生产力一旦进入生产过程，便会转化为现实的生产力。

科学技术虽不构成生产力的实体性要素，但它对经济增长的决定作用主要是通过渗透到实体性生产力要素中来实现的，它的变化必然引发其他要素的变化，从而引起生产力整体的变化。

第一，科学技术对劳动力的渗透作用。科学技术对劳动力的渗透作用在于能够提高劳动者的素质和技能。现代化生产对于劳动力的要求，已经从以体力劳动为主，转向以脑力劳动为主的方向发展。在现代生产力系统中，劳动者的智力、素质和能力对于生产的贡献率，已经远远超过体力的贡献率。劳动者的智力、素质和能力的获取一方面与遗传相关，更主要的是通过科学技术经由各种各样的培训教育活动培养出来。劳动者掌握技术的程度与他们对生产发展的贡献成正比。据挪威一个科研机构分析，在 20 世纪上半叶，固定资产每增加 1%，生产增长 0.2%；经过训练的人员每增加 1%，生产增加 1.8%。由此我们可以发现，掌握科学技术的劳动者对于生产力提高的贡献率是非常大的，科学技术是劳动者智力发展的能源。

第二，科学技术对劳动资料的渗透作用。马克思认为，"各种经济时代的区别，不在于生产什么，而在于怎样生产，用什么劳动资料生产。"②劳动资料即劳动手段，其中最重要的是生产工具。人类历史上任何一次新的生产工具的发明和应用，都是科学技术的结晶。进入 20 世纪以来，科学技术创造了电子计算机和现代化的机器设备等全新的劳动工具，大大提高了劳动生产率，创造了巨大的社会生产力。

第三，科学技术对劳动对象的渗透作用。科学技术的发展使得人类不断发现、改造和扩大劳动对象，新的劳动资源和生产部门不断涌现。伴随着科学技术的进步，人类的认识范围不断扩大，从微观世界到宏观宇宙，再至海洋空间，人们逐渐地对所居住的地球有了更全面的认识。人类从这些新认识的空间中进行技术提取与

① 马克思：《机器自然力和科学的应用》，人民出版社 1978 年版，第 190 页。
② 《马克思恩格斯全集》第 23 卷，人民出版社 1972 年版，第 204 页。

开发,创造出大量新型人造材料、复合材料,扩大了人类对自然资源的利用。核技术的产生和发展,单是原子核裂变反应,据目前已勘探到的裂变铀元素,它们所包含的能量,就相当于地球上"化石燃料"总能量的几十倍。现代高新技术的发展,使得劳动对象不断被改造、升级和扩大,并且越来越趋于丰富化和高级化。

"科学技术是第一生产力"是一个历史命题,只有当科学技术进入生产过程之后,被"物化"而转变为现实生产力,才能真正从现实意义上决定社会生产力的水平。因此,在现代社会生产中必须注重科学技术由潜在生产力转化为现实生产力的转化机制。

第一,转化的动力机制。实现科学技术向现实生产力的转化需要有一定的动力驱动,这种动力驱动包含两方面,即物质生产力一方的需求动力和科学技术一方的供给动力。需求动力是最基本的动力,要使科学技术成果迅速而充分地在物质生产中转化应用,一定要依赖于物质生产提出的强力需求。只有企业真正具有科技需求,才能促使科学技术实现现实转化。除了需求动力外,供给动力也必不可少,如果没有科学技术的供给,转化就无从谈起。而且供给成果应用价值的大小直接决定转化后生产力的价值,因而,作为转化起点的科技成果的质量、水平无疑具有重要意义。

第二,转化的能力机制。科技转化中即使已经具备需求和供给动力,但转化也不是一件轻而易举的事情,作为转化的主体除了需求外,还必须具备相应的能力。其中,企业决策者应具有经营决策能力和创新管理能力,劳动者应具备承担高难度操作的劳动能力,同时企业还应具备经费保障以为科学技术的应用提供资金基础。

第三,转化的运行机制。科学技术向现实生产力转化在运行中需要科研人员、工程技术人员以及企业决策者几方面的共同参与,每一方都是创新链条上的一个环节,缺失任何一个方面,转化都难以实施。因此,应有良好的运行机制保证三方面的有机结合。

(二)科学技术推动产业结构变化

所谓产业结构指社会生产领域中各个生产部门之间质的关联方式和量的比例关系,它是国民经济各个组成部分以不同规模和速度发展的综合结果。产业结构的布局和比例直接影响一个国家中生产力水平的性质和状况。一般来说,第一产业占优势的国家是农业国;第二产业占优势的国家是工业国;第三产业占优势的国家是进入知识经济社会的国家。现代科技的发展使三个产业发生了巨大变化。

第一,第一产业比重下降、内涵升级。以农业、畜牧业、林业、渔业为主体的第一产业是欠发展社会的主要产业,随着科技发展,第一产业中劳动者的数量比例、产值比例呈现下降趋势。据统计资料表明,美国1880年第一产业的劳动力占总劳动力的比例是50%,而到1950年,第三产业人数超过总劳动力的50%;而产值比例方面第一产业在1950年为7.3%,1988年已经降到2.3%。与此同时,第一产业内涵不断升级,原来单纯温饱性食品向绿色食品转化,并兴起了信息农业、基因养殖业等,使古老的第一产业发生了质的变化。

第二,第二产业科技含量增加,不断升值。以工业、制造业为主体的第二产业,在发达国家早已被称为"夕阳工业",而在发展中国家是有使经济快速增长与对环境毁坏双重作用的主要支柱性产业。科学技术使传统工业更趋合理,一方面用新技术、新工艺、新设备各对传统工业进行改造,从根本上改变传统工业的面貌;另一方面,采用新技术、新工艺使资源重新配置,用功能更优、成本更低的新材料代替老材料,取消或转换消费性或污染性工业,使第二产业科技含量迅速增加。

第三,第三产业迅速增长。以信息业、服务业、商业、金融业和文化娱乐业为主体的第三产业是全球新兴的"朝阳工业"。早在17世纪,英国古典经济学家威廉·配第就指出产业将走向无形的服务性生产趋势,被称为"配第法则"。到20世纪中叶,现代科技革命导致第三产业规模超过了传统工业跃居主要产业部门。美国经济1996年创造的260万个就业机会中,服务性行业占240万个(92%),国际旅游业50年间已增长为全球三大产业(汽车、石油、旅游)之一。2016年我国旅游业对国民经济综合贡献率达11%,对社会就业综合贡献率超过10.26%。目前,以数字化、网络化、信息化为特点的信息业迅速发展,带来了一群全新产业,使传统劳动和资本密集型产业向技术和知识密集型产业转化。在许多发达国家,直接从事生产的劳动力迅速减少,仅占总劳动力的20%,而在第三产业已达80%。

(三)科学技术促进经济增长

经济增长是指一个国家或地区在一定时期内生产总量的增加。经济增长方式可以归结为扩大再生产的两种类型:外延式扩大再生产和内涵式扩大再生产。外延式扩大再生产主要是通过增加生产要素的投入来实现生产规模的扩大和经济总量的增长。内涵式扩大再生产主要是通过技术进步和科学管理来提高生产要素的质量和使用效益来实现生产规模的扩大和生产水平的提高。科学技术促进经济增长,直接是通过促进技术进步来实现的,科学、技术、管理等集约型因素的密集程度和转化程度,深刻影响着社会经济增长速度。在此过程中,科学技术促进经济增长的功能主要表现在以下四方面。

第一,科学技术为社会生产提供新方式和新思路。伴随着科学技术的进步,自然科学不断展开对自然界的研究和探索,从而提出对自然界的新认识、新思想和新技术,并研制出新设备,这就为社会生产的改进提供了理论和技术支撑,从而促进新的社会生产方式和生产方法的产生,使社会生产得到不断改进和完善。

第二,科学技术为新产品和服务的开发和生产提供了理论和技术条件。自然科学新的理论和技术大大拓宽了人们对自然界的认识视野,不仅可以使原有的产品和服务得到改进和完善,更能够促进新产品和服务的开发与生产,并由此带来整个社会的变革。例如,正是由于德国物理学家赫兹以其巧夺天工的实验证实了电磁波的存在,从而极大推动了无线电技术的发展,人们才发明了无线电报、无线电话、传真、雷达、电视、射电天文望远镜等等,这些新技术新产品如雨后春笋,不断涌现,深刻影响着人们的生活,也使整个世界的面貌发生了巨大变化。

第三,科学技术为社会生产效率的成倍提高提供现实技术手段。科学技术的发展可以使社会生产从方法、技术等方面得到改进,从而推动社会生产力的发展,提高生产效率,从而促进社会产品质和量的增长。例如,中国工程院院士、"世界杂交水稻之父"袁隆平,以他几十年在杂交水稻方面的技术成果,解决了我们这个泱泱大国的吃饭问题,从"三系法"杂交水稻到"两系法"杂交水稻,再至超级杂交稻一期、二期,使水稻产量从平均亩产 300 公斤左右先后提高到 500 公斤、700 公斤、800 公斤,极大提高了水稻的生产效率,为我国水稻的丰产提供了现实的技术手段。

第四,科学技术促进社会经济管理水平的提高。现代科学技术不仅为实现社会经济管理的进步提供了理论和方法,还为社会经济管理提供了更先进的技术手段,促进了经济管理的科学化与高效化。当今信息技术、计算机技术、互联网技术在经济管理方面得到日益普遍的运用,各类企业组织管理软件的运用使经济管理效率上了一个新台阶,经济管理水平也有了很大提高。现代科学技术的发展,推进了社会经济管理的科学化和现代化,使各生产要素的作用得到充分发挥,使用效率得以显著提高。

根据发达国家经济增长的预算,20 世纪初科学技术对国民生产总值增长率的贡献占 10%~15%,20 世纪中叶上升到 40%,20 世纪 70 年代又上升到 60%,20 世纪 80 年代以后上升到 80%。由此可见,科学技术对经济增长的拉动作用已经明显超过资本和劳动力的作用,信息和知识成为财富的主要资源,社会经济发展对于劳动力的需求也由体力劳动变为创造性的脑力劳动,这一切都使当前经济发展呈现出知识经济的特征。

知识经济是继农业经济和工业经济之后发展起来的一种新型经济形态。"知识经济"这一概念首次出现于 1996 年世界经济合作与发展组织发布的《科学、技术和生产发展报告》中，该文件将知识经济诠释为"以知识为基础的经济"，即一种以知识（智力）资源的占有、配置、生产和使用（消费）为最重要因素的经济。在知识经济时代，创造性的脑力劳动成为主要的劳动方式，经济增长的质量和速度取决于知识和发明创造等智力因素。与此相适应，在经济发展形态中，科技知识密集程度较高的高技术产业、金融保险业、商业与服务业等第三产业也应占据较高的发展比例。因此，当前我国应转变经济发展方式，实现经济结构转型升级，由原来的工业主导型经济向服务主导型经济转变，大力发展第三产业，特别是信息消费、文化创意、设计服务等，这将是我国当前及下阶段经济增长的新潜力、新空间。

现代科学技术的迅速发展，也推动着世界各国经济的联系与协作，经济全球化进程日益加深。以信息技术为中心的新技术革命的发展，缩短了世界的时空距离，更新了经济的联系方式，技术的、信息的、资源的、市场的各类要素在全球流动和重新配置，生产要素自由流动的壁垒逐渐消除，各国经济越来越成为一个整体。各国之间的生产协作和分工加强了各国企业间的依赖性，各国间投资的迅速增长促进了资本的全球化，跨国公司的迅速发展也将经济全球化推向新的发展阶段。

>>>>知识链接

科技进步对世界经济的决定作用

21世纪第一年头，世界经济增长速度大大放慢，使人们为新千年而构想的宏伟蓝图黯然失色。对待世界经济当前的形势和未来的走向，乐观论与悲观论兼而有之，要从本质上把握它们，有必要回顾历史，在一个比较宽广的层面上进行分析，以加深对世界经济发展规律的认识。

※ 科技进步决定世界经济的形成

纵观历史，人类社会生产发展到建立资本主义生产方式、形成世界市场、从而形成统一的世界经济体系，无不依靠科技进步的作用。近年来出现的经济全球化这一概念，实际上是世界经济这一概念的延伸，它和世界经济一样，是由科技进步决定的。随着科学技术的发展，信息技术使信息传递更快、更便捷，促进了全球经济协调机制的形成。当前国际分工的资源基础不断削弱。技术基础大大增强，科技进步的水平成为国际分工的主要依据。为了降低生产成本而发挥各有关国家的技术优势,一件产品的零部件可以在许多不同的国家生产,然后在某国组装,这说明当代国际分工与协作使世界各国经济联系空前紧密。受科技进步的作用,当代国际交换的规模、速度和结构都发生了很大变化,各国的生产和消费越来越离不开世界市场。对经济全球化起巨大推动作用的国际投资近年来迅速发展。这也是因为科技进步提高了生产力水平,使国际投资机会大大增加,并使金融、交通、通信等行业空前发展,为国际投资提供了便利条件。

※ 科技进步决定世界经济的增长

世界经济作为一个有机整体形成后,虽然存在发展不平衡的问题,但经济总量是不断增长的。仅从 1958 年算起,全球生产总值由 1.2 万亿美元,增加到 2016 年的 74 万余亿美元,增长了近 62 倍。世界经济总量的增长,是由科技进步推动的。

二战前,科学与技术的结合是不够紧密的,战争期间和战后这种情况发生了根本变化,科学对技术的指导作用越来越大,技术对科学的要求越来越高。如果没有量子物理学就没有现在的电子技术,没有分子生物学也就没有现在的生物技术、基因工程等。科学与技术的紧密结合还体现在从科学发现到技术形成的时间大大缩短,科研机构与技术开发机构相互渗透,有的甚至是完全融合在一起。

随着商业竞争的加剧,企业产品创新速度的快慢和科技含量的大小决定了企业的盛衰成败。科学、技术、生产之间以及各门科学和各项技术之间的关系更加紧密,科技成果转化为生产力的速度空前加快,极大地提高了劳动生产率,促进了世界经济的发展。20 世纪 70 年代初,在西方发达国家,科技进步对经济增长的贡献率为 50%,现在已达到 80%。

※ 科技进步决定世界经济的结构

科技进步对世界经济结构的决定作用,应该从两个方面来看。一方面由于世界上 90% 以上的科技投入、科技人员和科技活动集中在发达国家,发达国家作为一个整体,制造业就业比重不断下降,服务业就业比重不断上升,呈现出由工业经济向服务经济过渡的趋势;另一方面,占世界人口 70% 以上的发展中国家的科技投入较少,大部分国家还处在由农业经济向工业经济过渡的阶段。

科技进步通过影响劳动手段、劳动对象和劳动力等生产力诸要素，推动了经济结构的发展、变化。以现在的美国为例，信息产业对美国GDP的贡献不断增大，已经取代汽车制造业、建筑业而成为经济增长的新支柱。信息技术已渗透到美国各类产业的各个部门，极大地提高了传统产业的劳动生产率，使社会分工发生了很大变化，现在美国的收入和就业人口在第一、二产业中的比重下降，在第三产业中的比重上升。信息技术替代了一部分人的体力和脑力劳动，使劳动方式和劳动力结构发生了很大变化，导致蓝领工人减少，白领阶层扩大。信息技术动摇了美国传统贸易的基础，增加了美国产品的国际竞争力，使世界贸易结构中科技和服务产品的份额增加。信息技术还影响了美国人的消费方式，使娱乐、教育等消费的比例上升。信息技术所起的这些作用，不仅仅是在美国才有，在其他发达国家和新兴工业化国家也程度不同地存在。

科技进步促进资本以过去不可比拟的速度和规模进行积累，使生产规模不断扩大，社会分工越来越细，市场情况日益复杂，市场机制的局限性不断暴露。世界性经济危机的爆发，特别是1929年至1933年深刻而持久的世界经济危机，提出了要保持市场的正常运转，必须借助市场以外力量的要求，即要求国家干预。而科技进步，提高了劳动生产率，为国家干预提供了必要的条件。从罗斯福"新政实验"中可以看出，调整经济结构是国家干预的一项主要内容，国家干预本身也是经济结构变化的具体体现。资本主义之所以至今仍有较强的生命力，与科技进步带来的发达资本主义国家经济结构的变化和国家职能的转变有密切关系。

科技进步使劳动力和资金在整个要素中的比例下降，技术和组织要素的比例不断上升。有研究表明，在研究和开发方面的投资至少能为社会带来30%的收益，而新机器设备等有形资本投资只能带来8%至10%的收益。目前，美国私营和公共部门每年用于研究和开发的支出高达2 000多亿美元，而联邦储备委员会认为这一支出还应该比现在的实际支出高三倍以上。近年来频繁出现的知识经济这一概念，实质上是突出科技和管理在生产要素中的作用。世界上绝大多数国家都在提升科技和管理在生产要素中的地位。

（摘编自唐鑫：《科技进步对世界经济的决定作用》，载《瞭望》2002-01-14，第52-54页。）

【思考题】

面对科技进步决定的世界经济结构,我国科学技术应如何发展?

(四)科学技术改变人们的物质生活方式

科技是改善人们生活的重要因素,人类生活所需的大部分物质条件都是科学技术创造出来的,我们依赖于科学技术的进步才使自己拥有大量丰富的消费资料,从而改善人类的生活条件,提高人类的生活水平。一个社会的科学技术水平越发达,人类生活的富裕性和科学性水平就越高。物质文明在不断进步,人们的生活方式也发生着根本性的变化。

第一,科学技术改善了人们的物质生活条件,促使消费方式和生活方式发生转变。伴随着科学知识的增多和技术条件的改进,人类不断为自己生产出多种多样的消费产品,极大地解放了自己的劳动力并提高了消费水准。现代化科技使许多家务劳动机械化或自动化,人们自由支配的时间增多,从而在工作之余追求更多的精神享受,原来单纯的物质消费已成为物质、旅游、娱乐、健身等全方位消费。人们的消费方式更趋合理,生活丰富多彩。伴随消费方式的转变,人类的生活方式也极大转变。人类生活方式的历史考察表明,人类如何生活、人的生活行为特征是由生产力和科学技术水平决定的。当生产力和科学技术发展到一个新的水平时,一种生活方式将会发展为另一种新的生活方式。纵观人类发展历史,伴随生产力和科学技术水平的发展,人类已经经历了三种占主导地位的生活方式,即渔猎经济时代游动迁徙的生活方式、农业经济时代自给自足的生活方式、工业经济时代商品经济的生活方式。当前科技革命和网络信息技术的发展正在突破性地改变着人类的生活方式,人类开始进入"数字化生存""网络化生存"的时代,人类的购物、就餐、娱乐、学习以至于人际交往都离不开手机、电脑、电视等数字化产品,科学技术的发展和数字化产品不断进行的换代升级,使得数字化技术、网络化技术已经完全融入人类的生活,对人类的生活方式产生巨大渗透性影响。

第二,科学技术改变了人类的劳动方式。科学技术的发展为人类创造了良好的劳动环境,人类社会的劳动方式随着科学技术的进步不断发生变化,从使用石器到使用机器系统,再至现在电脑、机器人的发明及广泛应用,人类的生产工具越来越先进,使人类从艰苦的体力劳动中解放出来,劳动条件大为改善。现代化生产手段不但代替人的体力,而且还代替人的部分智力,生产也由原来的集中化转向集中和分散的多样化,许多人在家里或分散的小办公室工作,欧美正在流行的"SOHO"就是"小办公室"或"家庭办公室"的生产方式。面对劳动条件的改变,有人甚至预言,21世纪由于机器大量取代劳动者,一方面使人免除体力劳动,创造了良好劳动条件,另一方面提高了社会生产力,到那时工作将会成为轻松愉快的事,劳动成为人们自觉、愉快的行为,人类将最终得到解放。

第三,医疗技术发展控制和消灭了许多疾病,提高了人类生活质量。20世纪是世界医学史上的黄金时代,医学获得了前所未有的发展。各种抗生素及疫苗的发明,有效地控制了一些病毒性传染病;人体器官移植技术的成功,使一些病残人变成健康人;特别是近二三十年来,X射线计算机断层摄影仪、超声显像诊断技术、核磁共振计算机断层摄影仪等高新技术在医学的应用,真正使人类实现了对疾病的早期预防、早期诊断、早期治疗、早日康复。当今医疗科学和医疗技术现代化的发展,还提高了人的身体健康和心理健康水平,例如美国科学家已经弄清了细胞衰老的奥秘,并使其寿命延长三分之一,如果研制成功的药物投向市场,可使人的寿命到一百几十岁。随着心理科学的进步和心理咨询事业的发展,人们的心理健康水平也得到了极大提高。

>>>>知识链接

智慧的碰撞:改变人类生活方式的科技有哪些?

※ 大脑扫描头带

我认为当前最具前瞻性的技术是大脑扫描和脑波感知技术。像Muse这样的设备就能感知你的脑波,帮助你检测情绪状态和认知水平等。此外,它还能告诉你何时处于休息状态,何时处于思考状态。这项技术还可以作为一种意念控制输入机制。当前,你可以通过意念控制电脑屏幕上的一个球体。在不远的将来,人们还可以通过意念控制义肢、汽车和计算机。——安德鲁·托马斯

※ 智能城市

一些市民可能从未注意到智能城市,但全球的成百上千座城市已经部署了数百万计的传感器,就是为了使这些城市更加智能化。如今,这些

段"智能城市"几乎可以实时追踪人们的日常生活,并迅速做出反应。这些传感器可以进行自动报警,形成相互连接的交通网络,以及对整个城市进行气候控制等。在未来数十年,城市的人口密度将继续提升,而智能城市将成为改善基础设施、保持城市健康度的重要手段。——多琳·布洛赫

※ 可穿戴翻译器

一种可以挂在脖子上的翻译器。当用户激活后,只要对着它说话,就能把所说的话转换成英语、中文或日语等。随着时间的推移,这种可穿戴翻译器还将支持更多语言。将来,我们还将看到更多的可穿戴设备,如健康追踪设备、能为电子产品供电的太阳能衣服等。——安德鲁·施拉格

※ 虚拟现实

我最近参加了"上善若水"举办的一次活动。活动中,每个人都戴上了 Oculus 虚拟现实头盔。我完全沉浸到一个非洲的小山村,看到了那里的人们在没有清洁水源下的生活条件,以及拥有一口水井后的完全不同的生活状况。这一次我真的被打动了,我已下定决心要进行捐赠,因为它让我意识到这一基金的重要性。当前,虚拟现实(VR)还处于发展的初级阶段。我相信,将来它会成为一项颠覆性技术。——马克·克拉斯纳

※ Cicret Bracelet 智能手环

通过 Cicret Bracelet 智能手环,你可以将智能手机投射到手腕上。Cicret Bracelet 通过蓝牙与智能手机连接,戴在手腕上,它可以把手腕处的皮肤作为屏幕,然后将智能手机界面投射到皮肤上。用户可以直接用手指点击投射在皮肤上的手机界面进行操作,即使在水下也可以操控。你可以打开各种应用,玩游戏,观看视频,事实上你可以做在手机上能做的任何事情,甚至可以直接在手腕上接打电话。Cicret Bracelet 目前尚处于原型阶段,它意味着将来几乎任何物体都可以作为屏幕了(通过投射)。——马赛拉·德维沃

※ 自动驾驶电动汽车

电动汽车将降低人类和环境方面的成本。这种汽车更安全,更高效。其中,自动驾驶的电动汽车还允许人们坐在车中的同时做其他事情。与

227

此同时,自动驾驶汽车还能催生出其他一些服务。例如,自动驾驶车队。另外,自动驾驶功能还允许你在上班时把车租出去接送其他人,让汽车为自己的费用买单。——托德·麦德玛

※ 无人机

无人机将颠覆小包裹的投递方式。将来,你打开窗户可能就会看到一架架无人机朝着不同的方向飞行,这将不再是科幻电影中的场景了。一方面,无人机将在很大程度上降低送货成本,能将包裹以更快的速度送达。这同时也能推动在线销售额的增长。另一方面,随着时间的推移,实体百货商场将变得过时,因为你可以在线购买,通过无人机几分钟之后即可送达。——奥比那·艾克奇

但是,科学技术的发展也像一把"双刃剑",在为人类带来充足物质资源的同时,也带来了诸如生态破坏、环境污染、资源枯竭等问题,这些问题不同程度地影响着世界上的国家和地区。这些问题的出现,是由于科学技术不恰当地运用于生产过程而引起的,是由于科学技术广泛应用于自然而又失去控制引发的,属于人们在运用科学技术过程中所产生的方式问题和思想问题。为此,应变革社会制度,改变社会管理组织的评价体制,完善科学技术社会认识,为科学技术的良好运行创造社会环境和制度保障。

二、科学技术与政治文明建设

伴随着科学技术的发展,科学技术不仅作为生产力手段推动着社会物质文明的发展,而且还作为一种特殊力量在国家政治文明建设中发挥重要作用,显现其特有的政治功能。正如贝尔纳所说:"我们明白,再没有什么比提倡有用的技术和科学更能促进这样圆满的政治的实现了。通过周密的考察,我们发现有用的技术和科学是文明社会和自由政体的基础。"[①] 科学技术是政治文明进步的标杆,科学技术的政治文明功能主要表现为以下几个方面。

(一)科学技术对政治意识的影响

政治意识是政治主体所具有的政治认知、政治态度和政治信仰。科学技术一方面作为关于自然现象及规律的知识体系,体现着人与自然的关系;另一方面,人

---

① [英]贝尔纳:《科学的社会功能》,陈体芳译,商务印书馆1982年版,第60页。

类探索自然的活动也是一项社会活动，"科学技术在促使作为生物学意义上的人的个体和群体在社会化过程中形成自己稳定的政治态度、政治信念、政治倾向性和判断标准及相关社会行为规范中起重要作用"[1]。

首先，科学技术有助于人们培养理性主义的政治意识和实事求是的执政作风。科学技术及其应用的过程需要历经多次科学实验的考验，这就决定了人们在长期的科学活动中需要积淀和陶冶理性主义的思维方式、不拘一格的创新精神、敢于超越的怀疑精神和追求真理的实证精神。这种科学精神有助于消除人们在政治上的盲从意识和顺服意识，有利于培养干部形成深入实际、勇于探索、开拓创新的工作精神，不迷信盲从，不主观臆断，从而形成理性主义的政治意识，实事求是的执政作风，接受并习惯科学思想对于人们思想现状的含蓄的批判。

其次，科学技术有助于推动人们树立正确科学的政治信仰。个人政治信仰的形成与科学技术有着密切的关系，科学政治信仰的形成是建立在对自然规律、社会规律的正确认识基础上的。科学技术不仅解释和说明自然界的现象、过程与规律，而且也为揭示社会发展规律提供理论基础。恩格斯在分析科学技术的社会作用时指出，科学技术的发展使宗教迷信"在科学的猛攻下，一个又一个部队放下了武器，一个又一个城堡投了降。直到最后，自然界的领域都被科学所征服，而且没有给造物主留下一点立足之地"[2]。科学技术使人们消除了宗教的迷信，科学认识自然奥秘、认识社会发展规律、了解社会主义、共产主义是人类社会发展的必然趋势，只有这样才能帮助人们树立共产主义信仰和坚定共产主义信心。

再次，科学技术有助于推动民主意识的形成与发展。科学与民主是一对双生子，它们是支持现代文明的两大基石。科学技术的发展需要民主的环境，民主意识的形成与进步也离不开科学技术的渗透。一方面，科学技术的进步具有发展民主意识的客观要求，科学技术的发展离不开宽松的学术民主的社会气候，现代科学技术是学术民主和自由创造的产物，如果社会没有宽松的学术民主氛围，科学技术就难以兴旺发达。另一方面，科学技术推动民主意识的产生。科学技术在其发展过程中，反对盲目服从，提倡变革创新，反对迷信愚昧，提倡理性文明，科学技术的昌盛与科学精神的理性不断向政治领域渗透，最终将唤起人们的民主政治意识和意念。科学本身是富有民主性的活动，集中体现为真理面前人人平等，这种平等与自由的精神正是民主思想的来源，民主反映了科学发展的必然要求，科学知识、科学

---

[1]　崔沿江:《浅谈科学技术的政治社会化功能》,载《贵州教育学院学报》1998年第3期。
[2]　恩格斯:《自然辩证法》,人民出版社1971年版,第179页。

精神、科学方法愈进步,民主观念、民主思想、民主意识就愈深入人心。

（二）科学技术推动社会政治制度发展

托夫勒说过,每一次技术革命都将带来整个社会生产、生活方式的变化,也必将引起政治制度的变化。科学技术作为一种"改革力量"对社会政治制度的影响,表现在两个方面:一是科学技术可以导致社会政治制度的根本性变革,二是科学技术可以促进政治制度在"量"的范围内更好地运行及发展。

首先,科学技术通过生产力革命引起生产关系变革,从而要求改变上层建筑以至整个社会制度。在科学技术的政治功能这一问题上,恩格斯曾明确指出,"在马克思看来,科学技术是一种在历史上起推动作用的、革命的力量"①,是推动人类社会发展的"历史的有力的杠杆,是最高意义上的革命力量"②,是比当时法国的著名革命家"更危险万分的革命家"。科学技术的革命力量主要体现在科学技术成为"第一生产力",是生产力发展的决定力量。而社会发展就其一般规律而言,是从生产力的发展引起的,生产力发展到一定阶段,就会产生生产力与生产关系之间的矛盾变化,从而引起生产关系的变革。生产关系的变革,又会引起经济基础和上层建筑之间矛盾的变化,从而推动上层建筑的变化,于是社会制度就会发生变化。正是由于科学技术是生产力,科学技术的发展引起生产力和生产关系的矛盾变化成为社会发展的基本动力,科学技术的发展也终将或迟或早地引起社会经济关系的变化,进而导致社会政治关系的变化。马克思说:"手推磨产生的是封建主为首的社会,蒸汽磨产生的是工业资本家为首的社会。"③人类社会形态的更替,一种新的社会形态的诞生,归根结底是作为科学技术的物化——生产工具为标志的生产力发展的结果。第一次科学技术革命以蒸汽机的发明和应用为主要标志,由此使人类由农业社会步入工业社会,资本主义制度得以确立,社会形成了无产阶级和资产阶级的对立。第二次科学技术革命以电力的发明和应用为主要标志,人类社会生产进入"电气时代",资本主义由自由竞争阶段转变为垄断阶段,社会出现垄断组织。第三次科学技术革命涉及面广泛,计算机技术、航天技术、微电子技术等高科技得到蓬勃发展,高科技、规模化生产强有力地推动着私人垄断资本与国家资本逐步结合,形成国家垄断资本主义。由此可见,科学技术作为生产力,影响着社会政治制度的变迁,促进社会形态的变革。

---

① 《马克思恩格斯选集》第 3 卷,人民出版社 1995 年版,第 777 页。
② 《马克思恩格斯全集》第 19 卷,人民出版社 1982 年版,第 372 页。
③ 《马克思格斯选集》第 1 卷,人民出版社 1995 年版,第 142 页。

其次,科学技术的进步促进政治制度在"量"的范围内更好地运行及发展。在社会政治制度根本性质不发生改变的前提下,科学技术的发展还会使政治制度的运行方式发生改变,从而使得政治制度系统能够健康有序运行。随着科学技术向生产力转化的速度、深度及广度的拓展,要求社会经济体制相应完善发展,经济体制改革的深化,必然要求政治体制改革相应地更加深入完善,同时也必然要求政治体制改革的完善与科学技术的发展相适应,更加符合实事求是、超越创新的科学精神与科学原则,不容许有官僚作风、主观臆断的存在,从而为科学技术的发展创造更加民主宽松的政治环境。改革开放以来,伴随着社会主义科学技术及经济建设的发展,我国在政治体制改革方面做出了不少努力,社会主义政治文明建设也初见成效,人民代表大会制度不断完善,中国共产党与民主党派长期共存、互相监督,公民意识、民主意识、平等意识、公平意识已深入人心,法制建设力度不断加大,充分体现了科学技术与生产力对政治制度发展的深层力量推动。

(三)科学技术为政治管理提供物质和手段保障

科学技术作为一种革命的力量,在促进社会政治制度改革与完善的同时,也为政治管理提供直接的物质保障,为政治的民主化管理与民主化参与创造手段和条件。伴随着科学技术的发展,报纸、网络、电视等大众传播媒介,以及信息技术、计算机技术、数据分析技术等高新技术,在政治管理中起着非同寻常的作用。科学技术的发展促使政治管理中政治信息逐步走向公开化、透明化。政治信息是统治阶级为实现自己根本利益所进行的活动中所具有的观念、倾向、意志等信号。政治信息的发展经历了由封闭到半公开再到开放的过程。在古代社会,由于受到科学技术与传播技术的限制,信息传播处于低水平阶段,使政治管理中的政治信息处于封闭或半封闭状态。在当代"信息社会"中,大众传播媒介迅速发展,电视、广播特别是互联网技术的广泛发展使得信息的传播发生质的飞跃,无论国家的重大战略决策,还是政府的管理行为都不可避免地要公之于众,这就迫使政治信息逐步走向公开化与透明化。

面对信息公开化的趋势,政府要根据社会发展趋势和科技革命发展形势,勇于引进现代科学技术手段和传播手段并运用于政治管理中,促进工作手段科学化、现代化,促使政府管理质量和效率不断提升。例如,随着微信、微博等现代传播工具对人们生活的影响日益加大,政府便可设置官方微博与微信平台,加大与人民群众的信息联系,确保政府发布的信息能够第一时间被"推送"到人民群众中间,以保证政府工作的有效性。同时,科学技术的发展也为政府提供了广听社情民意的渠道,为决策民主化提供了更为有效、便捷的物质手段。当代社会面对的是复杂的大系统问题,社会管理也将越来越错综复杂,以往那种由个别首脑人物独自做决断的主观家长式决策体系已经不能适应新的要求,社会形势的发展要求民主化决策。计算机网络技术使信息得以快速传递与传播,为决策民主化提供了必要的物质手段。现代科学技术的发展有力地促进了生产力发展,提高了劳动生产率,现代化劳动工具的使用将人类从繁琐的劳动中解放出来,从而有时间和精力关心并参与政治。科学技术的发展还为人们行使民主权利、参政议政提供了物质技术手段,人们可以通过政府网络、官方论坛表达诉求,进行舆论监督,推动公民与政府的直接对话,从而实现并推动交互式民主的发展。政府也可以根据网络随时得到民众的反馈,完善施政方针。由此可见,现代科学技术特别是网络信息技术的发展,在为政府管理提供物质和技术保障的同时,也为健全政府民主监督机制,实行公平、公正、公开提供了物质手段。

>>>>知识链接

"六成绍兴人上网,参政议政不可小瞧了网络"

作为一名新委员,我有幸参加了昨天上午召开的市政协七届一次会议各讨论组召集人会议。会上有一位老委员提出:今天报到资料中怎么没有出席大会的签到表?主持会议的市政协秘书长黄文泽笑着解释,发给各位委员的出席证已具有电子签到功能,不必再填写签到表了。昨天下午出席大会预备会议,委员们只要佩戴出席证,随着"嘀"的一声,就可通过大剧院门禁进入庄严的会场,大会秘书处就会实时掌握某委员已签到与会的情况了。这使我越来越深切地体会到电子政务、现代网络在政协工作、参政议政中的便捷和重要作用。

据统计,截至去年年底,我国互联网用户已超过5亿,我市用户也达到360万,占全市常住人口的60%以上。绍兴网每天300多万点击量,有37万多论坛注册者每天发帖6 000余个,这说明网络已越来越多地发挥着畅通民意、表达诉求、舆论监督、参政议政的作用。自绍兴网建立6年多来,每年的市人代会开幕式,绍兴网都作直播。市政协更充分利用绍兴网这一平台,架起了网民与政协之间的桥梁。2009年,市政协把发展全城旅游作为当年的重要调研课题,3月底特邀"小兵甲""笑天下"等4位绍兴网网友列席市政协常委会,就全城旅游作每人5分钟的专题发言。《人民政协报》《浙江联谊报》等媒体给予"古城网友议政一小步、民主政治建设一大步"的高度评价。2010年3月30日,市政协有关部门领导专门来到绍兴网召开社保问题网友座谈会,听取"仁文主意""老三江""外地民工"等7位网友发言,并确定把绍兴网作为市政协的民情联络点。同年7月,市政协又聘请绍兴网网友"山河之声""草地"为社情民意特邀信息员,成为我省政协系统首批特邀网络信息员。

近年的市政协还经常邀请网民代表旁听政协开幕式、委员大会发言及各种有关民生问题的资政会,并要绍兴网作现场直播,一时成为市民关注的焦点。

怎么运用网络发挥好新委员的作用? 近日我通过学习调研,正在起草一份"关于建立绍兴市网络发言人制度"的提案,希望有关部门能通过建立相应的工作制度保证网民在绍兴网等论坛上发表的建议、反映的问题能得到相关部门更快的回应,并创造条件得到解决。同时促进有关政府部门更加重视社情民意、提高办事效率,从而发挥现代网络在参政议政中的更大作用。(资料来源:《绍兴晚报》2012-04-24)

【思考题】

如何运用"互联网+"相关技术开展电子政务建设,以更好实现政府管理方式创新?

三、科学技术与精神文明建设

精神文明建设是人类在改造客观世界和主观世界的过程中所取得的精神成果的总和,是人类智慧、道德的进步状态。科学技术作为知识和技能形态的人类精神产品,本身就是精神文明的重要组成部分。它通过参与人类精神活动,成为建设人类精神文明的重要因素,促进人类思想的进步。

(一)科学技术推动人类思想文化的进步

科学技术在现代社会发展过程中发挥着巨大作用,科学思想也已经成为现代社会思想文化的重要组成部分。科学之所以能够对人类的思想认识产生巨大影响,主要是由于科学技术为人类智力水平、认识能力、思维方式和思想道德水平的提高创造条件与环境。

第一,科学技术促进了人类智力水平的提高,成为精神文明建设的重要内容。科学知识是人类在认识世界和改造世界过程中形成的对整个世界及其发展规律的反映。在社会发展的不同历史时期,借助于技术手段,人们对于世界的认识不断拓宽、深入。从地球、太阳系、银河系到200亿光年的宇宙太空;从分子、原子深入到原子核内部、基本粒子层次,人类揭示了许多事物深层的规律,形成了对世界的一系列真理性认识,并在高度积累的科学知识基础上预见事物的发展趋势和未来,智力水平也随着科学技术的发展而提高。良好的知识和科学素养成为精神文明建设的重要内容。

第二,科学技术是批判迷信和唯心主义的精神武器。自然科学所揭示的自然规律是对自然界本来面目的反映,自然科学转化为技术并应用到生产过程中,经过实践检验,更使人类认识到科学的真理本质,并不断改变着人类观念中的自然图景,形成科学的世界观和方法论。因此,科学到达的地方,宗教迷信及唯心主义就无藏身之地。科学技术的每一步发现和发明,都是对宗教迷信和唯心主义的批判。哥白尼的"日心说"有力地批判了欧洲中世纪封建统治的精神支柱"地心说",引起人类思想上一次大解放;赖尔在地质学上提出的"渐变论"思想对上帝创世说给予了有力打击;现代宇宙学发展更使人类认清茫茫宇宙都是物质世界。

第三,科学技术的不断发展改变了人们的思维方式。思维方式指人类在思维活动中所形成的规范化形式或格式。一定的思维方式总是一定历史时代的产物,是在一定历史实践基础上形成和发展的,特别受到当时科学技术发展状况的影响。在古代,人类的思维方式具有直观性和思辨性。由于科学技术的发展仅限于与农业生产相关的天文学、力学和数学,且只是直观地对现象进行描述,因此,形成了整体的模糊性思维方式。正如马克思所分析:"这些田园风味的农村公社不管看起来怎样祥和无害,却始终是东方专制制度的牢固基础,它们使人的头脑局限在极小的范围内,成为迷信的驯服工具,成为传统规则的奴隶,表现不出任何伟大的作为和历史首创精神。"[①]15世纪后半叶,自然科学发展为分门别类的研究,每一门学科都是彼此孤立的,逐渐形成人类形而上学的思维方式,即用孤立、静止、片面的观点看待世界。19世纪中叶,自然科学从原来搜集材料阶段进入整理材料阶段,自然科学成果更多地揭示了自然界普遍联系和发展变化的实质,人类逐渐形成了现代辩证的思维方式。新思维方式使人类从更广阔、更深入、更全面的角度认识世界,从诸多事物的对比中形成科学化的观念,推动人类社会向前发展。

第四,科学技术发展对思想道德水平的提高有重要影响。自然科学要求如实地反映客观事实,揭示客观规律,它教育人们在实践中要实事求是,形成良好的道

① 《马克思恩格斯选集》第2卷,人民出版社1995年版,第765页。

德行为规范。在中国古代就有关于道德与知识相互联系的思想,《易经》有"穷神知化,德之盛也"的说法,认为探求自然、研究事理变化是道德水平高的表现。列宁也曾经指出,在一个文盲的国家里是不能建成共产主义社会的,只有了解人类创造的一切财富并丰富自己的头脑,才能成为共产主义者。列宁的观点表明,必要的科学技术和文化水平是提升人的道德与觉悟的前提条件,对于人的正确世界观、人生观、价值观的塑造起着重要作用。在近代西方,英国哲学家培根提出"知识就是力量",他竭力倡导"读史使人明智,读诗使人聪慧,演算使人精密,哲理使人深刻,伦理学使人有修养,逻辑修辞使人善辩",他推崇将科学的思想吸纳入人的内心,从而促进人的知识能力的全面发展和良好道德风尚的养成。现代知识经济社会的来临,知识以及创造知识的科技人员成为社会的核心,他们之间的协调合作精神已成为科学研究活动中必要的因素,这必将提高整个社会思想道德的水平。

（二）科学技术促进教育和文化事业发展

教育是现代社会的重要组成部分,它对于培养合格公民、提升全民的科学文化素质和思想道德素质具有重要作用。科学技术是现代教育的重要内容,科学技术的发展影响着教育的水平、质量和方向。概括来讲,科学技术对于教育的促进作用主要表现在以下几个方面。

第一,科学技术促进教育内容的变革。教育就是传播和创造知识的活动,科学技术本身就是教育的基本内容,通过教育可以将科学技术知识传播给下一代,而且在开展教育活动的过程中,也创造着新的知识和技能。如现代大部分的高校不仅将传授知识作为其基本教学职责,而且也将科学技术知识研究与创造作为一项主要任务。伴随着科学技术的发展和科学研究的深化,现代科学技术领域分类不断细化,各学科既高度分化又高度综合,形成日益增多的交叉学科、横断学科、边缘学科与综合学科。面对科学技术发展的新趋势,面对培养新的全面发展的人的需要,教育内容也要做出新的调整与变革:提倡通识教育,注重综合素质培养,使受教育者形成广博的知识结构;重视知识更新,学校教育要能够体现自然科学与社会科学最新的研究成果,丰富学生对学科基础知识和前沿问题的多方面把握;增加实践教育,调动学生认识与实践的主观能动性,促进知识向能力与实践的转化;关注心理健康,提高学生抗压能力及应对挫折的能力,培养身心健康发展的人。

第二,科学技术促进教育手段的完善。随着科学技术的进步和生产力的发展,教育的手段也得到不断更新。以多媒体和网络信息为基础的现代信息技术为教育的发展注入新的活力,电视、计算机多媒体、语音实验室等现代教育技术广泛运用于教育过程,使教学材料能够集音乐、图片、文字、动画于一体,教学过程图文并茂,丰富多彩,不仅调动了学生学习的积极性,而且能够使一些抽象的、难以理解的问题以直观化的形式呈现出来,帮助学生更好地理解与把握知识重点,提高教学的有效性。除此之外,计算机和网络通讯技术的应用,使得教育突破了时间和空间的限制,远程教育日益兴盛,教师通过计算机、电视、网络进行远程教学,学生既可以接受同步学习,也可以根据各自需要选择学习内容。网络技术和远程教育的发展使教育资源公开化和社会化真正成为可能,受教育者的范围也扩展到全社会,公民均可平等享受网络教育资源,在现实意义上促进了教育民主化和全面化的进程,也为终身教育提供了资源与保障。科学技术不仅促进了教育手段的完善,还实现了教育管理的智能化,网络选课、电脑测试、电子档案等现代化教育管理手段的采用,大大提高了教学管理人员的工作效率,促进了校园管理工作方式的重大变革。

第三,科学技术促进了教育结构的发展。在现代科学技术迅速发展的条件下,知识更新的速度大大缩短,技术设备的更新也在加速,这就要求现代社会的劳动人员必须坚持接受新知识、学习新技能、重新受教育。当前我国正处于经济结构转型的关键期,社会职位与岗位也在不断调整变化,劳动者可能要经常变换自己的职业与工作内容,这就对劳动者的技术知识提出了更高的要求。面对科学技术发展趋势与经济社会发展情况,对于劳动者的职业教育、终身教育蓬勃兴起,教育结构开始向着多元化方向发展。除此之外,伴随科学技术的飞速发展,在传统的自然科学和人文社会科学划分的基础上,每个学科门类内部的专业划分更是以前所未有的速度膨胀,新学科、新专业层出不穷,教育的种类与结构越来越复杂,也越来越完善。

四、科学技术、综合国力与创新型国家建设

(一)科学技术与综合国力

综合国力主要由两方面构成,即硬国力和软国力。硬国力包括国土面积、地理环境、自然资源、人口数量等基本条件及国民经济、科技、国防等实力;软国力包括政治外交能力,文化教育水平,国家、民族心理等。综合国力就是以上两个方面的有机融合。综合国力的大小强弱,反映着一个国家的发展水平,决定着它满足国民需求、解决国内问题的能力,同时,也在根本上决定着它在国际上的地位和作用。综合国力不是静态的而是动态的,它表现在,随着历史条件、内外环境的变化,综合国力包括单项实力和综合实力都在不断地发生变化。由于这种变动性,综合国力被看成是相对的。纵向看,相对于国家自身不同的历史时期;横向看,相对于特定时期国际体系中的其他国家。

当今世界,和平与发展是时代主题。在国际竞争中,我们既面临着以和平与发展为主题的历史机遇,又面临着西方国家经济和科技优势的压力。现代国际竞争,是综合国力的竞争,但关键是科学技术的竞争,科技竞争的胜败在于科技创新。现代科技发展一日千里,谁拥有发展的条件,谁抓住了机遇,谁做出了科学的抉择,谁就能获得较快的发展。谁稍有懈怠,谁稍有失误,谁就可能落后。发展与落后是经常发生转化的。而高科技作为以科学技术形态所表现出来的战略实力,已经成为增强综合国力和国际竞争力的核心因素,哪个国家科技上有新突破,国家实力就会进一步提高,也就掌握了竞争优势。这是因为科技创新不断把生产力推进到新阶段,提高了国家整体经济能力;科技创新使武器装备不断更新,促进了国防现代化,提高了国防军事战斗能力;科技创新需要科技人员具有创新意识,通过教育,提高受教育者的综合素质,提高一国整体文化教育能力;科技创新不断拓展人类视野,创造出对人类危害较小或无危害的产品,协调人和自然的关系,提高人类的可持续发展能力。

实现科技创新,关键是建立和完善国家创新体系。要从新世纪中国发展的战略需要出发,瞄准世界科技发展前沿,明确新的科技发展目标,调整现有的运行机制,在实践中积极探索促进科研院所、高等学校与企业结合的有效途径,调动科技创新主体企业研究和开发的积极性,全面增强科技创新能力,形成有利于中国科技快速发展的创新体系。

目前,许多国家尤其是发达国家为了在 21 世纪的国际竞争中取得或保持领先地位,都在加紧调整其科技发展战略。我们国家也提出了"科教兴国"战略,从国家长远发展需要出发,制定中长期科学发展规划,统观全局,突出重点,有所为、有所不为。加强基础性研究和高技术研究,强化应用技术的开发和推广,推进关键技术创新和系统集成,实现技术跨越式发展,加快推进高新技术产业化,走新型工业化道路。

（二）科学技术与创新型国家建设

创新型国家是指以技术创新为经济社会发展核心驱动力的国家。主要表现为:整个社会对创新活动的投入较高,重要产业的国际技术竞争力较强,投入产出的绩效较高,科技进步和技术创新在产业发展和国家的财富增长中起重要作用。作为创新型国家,应具备以下四个特征:创新投入高,国家的研发投入即 R&D（研究与开发）支出占 GDP 的比例一般在 2% 以上;科技进步贡献率达 70% 以上;自主创新能力强的国家对外技术依存度指标通常在 30% 以下;创新产出高,世界上公认的 20 个左右的创新型国家所拥有的发明专利数量占全世界总数的 99%,创新投入和产出的指标可以从一个侧面来衡量国家的创新程度。为了在竞争中赢得主动,依靠科技创新提升国家的综合国力和核心竞争力,我国把推进自主创新、建设创新型国家作为落实科学发展观的一项重大战略决策。

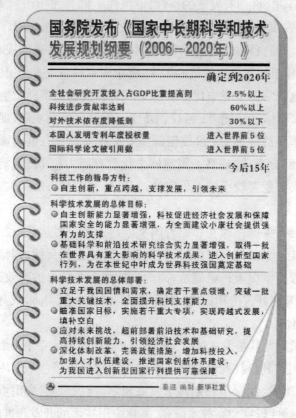

图 12-1　我国的创新型国家建设目标

　　总体来说,创新型国家建设可以采纳如下途径。第一,全面实行"创造力教育"是建设创新型国家的前提。建设创新型国家必须要有一大批符合创新型国家所需要的人才。我国现行的教育模式无法完成这个艰巨任务,所以,要想建设创新型国家首先必须要改革现行的教育模式,尽快建立"创造力教育"模式,培养出符合创新型国家需要的人才。第二,建设创新型国家需要全面提升国民的创新素质。创新型国家的内涵之一就是国民的创新素质如何。从实际情况看,我国多数国民的创新素质无法满足创新型国家的基本要求。要想完成创新型国家的建设,就必须提升国民的创新素质,全面提升国民的创造力素质是建设创新型国家的基础。第三,建设创新型国家,营造良好的创新环境是重点。建设创新型国家,需要有良好的创新环境的土壤。营造良好的创新环境是一个庞大的系统工程。第四,建设创新型国家,建立"创新保护和鼓励机制"是关键。要想保证创新型国家的建设能够顺利完成,就必须要针对我国现实当中的不足以及创新型国家建设的需要,改进和制定出一整套完善的创新成果保护和鼓励政策、制度,并形成一种强有力的促进机制,包括完善知识产权法律的建设,加大对侵犯知识产权案件的执行力度,健全和完善各级创新成果奖励政策和标准,加大对创新成果交流和产业化工作的推进,等等。建立创新成果保护和鼓励机制是建设创新型国家的关键所在,没有良好的保护和鼓励机制,就没有国民的创新积极性,就没有高质量的创新成果。国务院总理李克强 2014 年 9 月在夏季达沃斯论坛上公开发出"大众创业、万众创新"的号召。2015 年 6 月 4 日的国务院常务会议上,开始了"双创"的各种制度建设。这些都体现了在制度和组织上对创新的高度重视。

目前,我国科技创新能力在总体上处于中等水平。在全面建设小康社会步入关键阶段之际,根据特定的国情和需求,我国提出,要把科技进步和创新作为经济社会发展的首要推动力量,把提高自主创新能力作为调整经济结构、转变增长方式、提高国家竞争力的中心环节,把建设创新型国家作为面向未来的重大战略。具体目标是,到 2020 年,使我国的自主创新能力显著增强,科技促进经济社会发展和保障国家安全的能力显著增强,基础科学和前沿技术研究综合实力显著增强,取得一批在世界上具有重大影响的科学技术成果,进入创新型国家行列,为全面建设小康社会提供强有力的支撑。

 【思考题】

如何看待我国的创新型国家建设?

>>>>知识链接

科技创新是提高社会生产力和综合国力的战略支撑
——习近平关于科技创新论述摘编

党的十八大提出实施创新驱动发展战略,强调科技创新是提高社会生产力和综合国力的战略支撑,必须摆在国家发展全局的核心位置。我们要实现全面建成小康社会奋斗目标,实现中华民族伟大复兴,必须集中力量推进科技创新,真正把创新驱动发展战略落到实处。——《在中国

科学院考察工作时的讲话》(2013年7月17日)

科技兴则民族兴,科技强则国家强。重视科技的历史作用,是马克思主义的一个基本观点。恩格斯说:"在马克思看来,科学是一种在历史上起推动作用的、革命的力量。"邓小平同志对科技作用的著名论断大家都很熟悉,就是"科学技术是第一生产力"。近代以来,中国屡屡被经济总量远不如我们的国家打败,为什么?其实,不是输在经济规模上,而是输在科技落后上。新中国成立以来特别是改革开放以来,我们取得了"两弹一星"、载人航天、载人深潜、超级计算等一系列重大科技突破,极大振奋了民族精神,极大提升了我国国际地位。——《在十八届中央政治局第九次集体学习时的讲话》(2013年9月30日)

实施创新驱动发展战略决定着中华民族的前途命运。没有强大的科技,"两个翻番""两个一百年"的奋斗目标难以顺利达成,中国梦这篇大文章难以顺利写下去,我们也难以从大国走向强国。全党全社会都要充分认识科技创新的巨大作用,把创新驱动发展作为面向未来的一项重大战略,常抓不懈。——《在十八届中央政治局第九次集体学习时的讲话》(2013年9月30日)

科技创新是提高社会生产力和综合国力的战略支撑,必须把科技创新摆在国家发展全局的核心位置,坚持走中国特色自主创新道路,敢于走别人没有走过的路,不断在攻坚克难中追求卓越,加快向创新驱动发展转变。——在会见嫦娥三号任务参研参试人员代表时的讲话(《人民日报》2014年1月7日)

当今世界,谁牵住了科技创新这个"牛鼻子",谁走好了科技创新这步先手棋,谁就能占领先机、赢得优势。我国经济总量已跃居世界第二位,同时发展中不平衡、不协调、不可持续问题依然突出,人口、资源、环境压力越来越大,拼投资、拼资源、拼环境的老路已经走不通。老是在产业链条的低端打拼,老是在"微笑曲线"的底端摸爬,总是停留在附加值最低的制造环节而占领不了附加值高的研发和销售这两端,不会有根本出路。块头大不等于强,体重大不等于壮,虚胖不行。我们在国际上腰杆能不能更硬起来,能不能跨越"中等收入陷阱",很大程度取决于科技创新能力的提升。科技创新这件事,等待观望不得,亦步亦趋不行,要有一万年太久、只争朝夕的紧迫感和劲头,快马加鞭予以推进。当然,科学发展是不可能一万年的事情朝夕就办成的。——《在上海考察时的讲话》

（2014年5月23日、24日）

科技是国家强盛之基，创新是民族进步之魂。自古以来，科学技术就以一种不可逆转、不可抗拒的力量推动着人类社会向前发展。16世纪以来，世界发生了多次科技革命，每一次都深刻影响了世界力量格局。从某种意义上说，科技实力决定着世界政治经济力量对比的变化，也决定着各国各民族的前途命运。——《在中国科学院第十七次院士大会、中国工程院第十二次院士大会上的讲话》（2014年6月9日，人民出版社单行本，第3页。）

当前，全党全国各族人民正在为全面建成小康社会、实现中华民族伟大复兴的中国梦而团结奋斗。我们比以往任何时候都更加需要强大的科技创新力量。党的十八大作出了实施创新驱动发展战略的重大部署，强调科技创新是提高社会生产力和综合国力的战略支撑，必须摆在国家发展全局的核心位置。这是党中央综合分析国内外大势、立足我国发展全局作出的重大战略抉择。——《在中国科学院第十七次院士大会、中国工程院第十二次院士大会上的讲话》（2014年6月9日，人民出版社单行本，第5页。）

科学技术是世界性的、时代性的，发展科学技术必须具有全球视野。当前，科技创新的重大突破和加快应用极有可能重塑全球经济结构，使产业和经济竞争的赛场发生转换。在传统国际发展赛场上，规则别人都制定好了，我们可以加入，但必须按照已经设定的规则来赛，没有更多主动权。抓住新一轮科技革命和产业变革的重大机遇，就是要在新赛场建设之初就加入其中，甚至主导一些赛场建设，从而使我们成为新的竞赛规则的重要制定者、新的竞赛场地的重要主导者。如果我们没有一招鲜、几招鲜，没有参与或主导新赛场建设的能力，那我们就缺少了机会。机会总是留给有准备的人的，也总是留给有思路、有志向、有韧劲的人们的。我国能否在未来发展中后来居上、弯道超车，主要就看我们能否在创新驱动发展上迈出实实在在的步伐。——《在中国科学院第十七次院士大会、中国工程院第十二次院士大会上的讲话》（2014年6月9日，人民出版社单行本，第11页。）

在新一轮科技革命和产业变革大势中，科技创新作为提高社会生产力、提升国际竞争力、增强综合国力、保障国家安全的战略支撑，必须摆在国家发展全局的核心位置。——《在〈努力在新一轮科技革命和产业变

革中占领制高点〉上的批示》(2014 年 6 月 23 日)

我们必须认识到,从发展上看,主导国家命运的决定性因素是社会生产力发展和劳动生产率提高,只有不断推进科技创新,不断解放和发展社会生产力,不断提高劳动生产率,才能实现经济社会持续健康发展,避免陷入"中等收入陷阱"。罗马帝国、波斯帝国、阿拉伯帝国、奥斯曼帝国等古代大帝国最终走向衰败和解体,除了政治、军事、地缘上的原因外,创新不足和技术停滞也是重要原因。鸦片战争我们被动挨打,也是这个原因。对历史规律,我们要认真研究和镜鉴。从某种意义上来说,我们能不能实现"两个一百年"奋斗目标、能不能实现中华民族伟大复兴的中国梦,要看我们能不能有效实施创新驱动发展战略。到本世纪中叶建成社会主义现代化国家,科技强国是应有之义,但科技强国不是一句口号,得有内容,得有标志性技术。——《在中央财经领导小组第七次会议上的讲话》(2014 年 8 月 18 日)

走出这次国际金融危机的阴影,最终要靠科技进步。目前,新一轮科技革命和产业变革正在创造历史性机遇,催生智能制造、互联网＋、分享经济等新科技、新经济、新业态,蕴含着巨大商机。——《在中央经济工作会议上的讲话》(2015 年 12 月 18 日)

 【思考题】

结合上述材料,谈谈你如何理解科学技术在综合国力中的地位和作用。

参 考 文 献

[1]《马克思恩格斯全集》第 2 卷，人民出版社 1957 年版。

[2]《马克思恩格斯全集》第 3 卷，人民出版社 2002 年版。

[3]《马克思恩格斯全集》第 19 卷，人民出版社 1982 年版。

[4]《马克思恩格斯全集》第 20 卷，人民出版社 1971 年版。

[5]《马克思恩格斯全集》第 23 卷，人民出版社 1972 年版。

[6]《马克思恩格斯全集》第 25 卷，人民出版社 1974 年版。

[7]《马克思恩格斯全集》第 26 卷，人民出版社 1972 年版。

[8]《马克思恩格斯全集》第 46 卷，人民出版社 1980 年版。

[9]《马克思恩格斯全集》第 49 卷，人民出版社 1982 年版。

[10]《马克思恩格斯文集》第 1 卷，人民出版社 2009 年版。

[11]《马克思恩格斯文集》第 8 卷，人民出版社 2009 年版。

[12]《马克思恩格斯选集》第 1 卷，人民出版社 1995 年版。

[13]《马克思恩格斯选集》第 2 卷，人民出版社 1995 年版。

[14]《马克思恩格斯选集》第 3 卷，人民出版社 1995 年版。

[15]《马克思恩格斯选集》第 4 卷，人民出版社 1995 年版。

[16] 恩格斯:《自然辩证法》，人民出版社 1971 年版。

[17] 马克思:《机器自然力和科学的应用》，人民出版社 1978 年版。

[18] 马克思:《1844 年经济学哲学手稿》，人民出版社 2000 年版。

[19]《列宁选集》第 2 卷，人民出版社 1972 年版。

[20]《习近平谈治国理政》，外文出版社 2014 年版。

[21] 中华人民共和国教育部:《学位论文作假行为处理办法》，2012 年 6 月 12 日。

［22］中华人民共和国科技部和卫生部：《人胚胎干细胞研究伦理指导原则》，载《健康报》2004年1月14日。

［23］中国共产党的十八大报告，http://news.xinhuanet.com/18cpcnc/2012-11/17/c_113711665.htm。

［24］教育部社会科学研究与思想政治工作司组编：《自然辩证法概论》，高等教育出版社2004年版。

［25］《自然辩证法概论》编写组：《硕士研究生思想政治理论课教学大纲：自然辩证法概论》，高等教育出版社2012年版。

［26］龚育之：《自然辩证法在中国》，北京大学出版社1996年版。

［27］谈新敏、安道玉主编：《自然辩证法概论》，郑州大学出版社2007年版。

［28］马得林主编：《自然辩证法概论》，陕西人民出版社2007年版。

［29］黄志斌：《自然辩证法概论新编》，安徽大学出版社2007年版。

［30］许为民主编：《当代自然辩证法》，浙江大学出版社2011年版。

［31］黄华梁、彭文生主编：《创新思维与创造性技法》，高等教育出版社2007年版。

［32］叶继元等：《学术规范通论》，华东师范大学出版社2005年版。

［33］刘晓力、孟伟：《认知科学前沿中的哲学问题：身体、认知与世界》，金城出版社2014年版。

［34］李佩珊：《科学战胜反科学——苏联的李森科事件及李森科主义在中国》，当代世界出版社2004年版。

［35］刘文海：《技术的政治价值》，人民出版社1996年版。

［36］陈昌曙：《技术哲学引论》，科学出版社1999年版。

［37］于光远等：《自然辩证法百科全书》，中国大百科全书出版社1995年版。

［38］陈念文、杨德荣、高达声编：《技术论》，湖南教育出版社1987年版。

［39］王玉平：《科学技术发展的伦理问题研究》，科学技术出版社2008年版。

［40］刘凤瑞主编：《简明科技伦理学》，航空工业出版社1989年版。

［41］那日苏：《科学技术哲学概论》，北京理工大学出版社2006年版。

［42］姜念涛：《科学家的思维方法》，云南人民出版社1984年版。

［43］［德］爱因斯坦：《爱因斯坦文集》（第一卷、第二卷），许良英、范岱年等译，商务印书馆1976年版。

［44］［美］拉兹洛：《用系统论的观点看世界》，闵家胤译，中国社会科学出版社1985年版。

［45］［美］唐纳德·肯尼迪：《学术责任》，阎凤桥等译，新华出版社2002年版。

［46］［德］黑格尔：《哲学史讲演录》第1卷，贺麟、王太庆等译，商务印书馆1981年版。

［47］［日］池田大作：《我的人学》（上），铭九译，北京大学出版社1992年版。

［48］［美］普特南：《理性、真理与历史》，李小兵等译，辽宁教育出版社1988年版。

[49] [法]让·伊夫·戈菲:《技术哲学》,董茂永译,商务印书馆 2000 年版。

[50] [德]拉普:《技术哲学导论》,刘武等译,辽宁科学技术出版社 1986 年版。

[51] [英]贝尔纳:《科学研究的战略》,参见《科学学译文集》,中国社会科学院情报研究所编,科学出版社 1980 年版。

[52] [英]M.戈德史密斯,A.L.马凯:《科学的科学——技术时代的社会》,赵红州、蒋国华译,科学出版社 1985 年版。

[53] [英]贝尔纳:《历史上的科学》,伍况甫等译,科学出版社 1959 年版。

[54] [美]库恩:《必要的张力》,纪树立等译,福建人民出版社 1981 年版。

[55] [美]朱克曼:《科学界的精英》,周叶谦、冯世则译,商务印书馆 1979 年版。

[56] [英]贝尔纳:《科学的社会功能》,陈体芳译,商务印书馆 1982 年版。

[57] 中共中央文献研究室:《习近平关于科技创新论述摘编》,中央文献出版社 2016 年版。

[58] 中共中央宣传部、教育部:《中共中央宣传部、教育部关于高等学校研究生思想政治理论课课程设置调整的意见》,2010。

[59]《自然辩证法概论》教学大纲编写组:《〈自然辩证法概论〉教学大纲的总体思路、基本框架及主要特点和教学重点》,载《思想理论教育导刊》2013 年第 11 期。

[60] 王德彦:《改进自然辩证法教学、加强创造能力的培养》,载《学位与研究生教育》1999 年第 5 期。

[61] 梁立明、祝青山:《综合案例分析教学法在自然辩证法教学中的运用》,载《自然辩证法研究》1998 年第 4 期。

[62] 吴国盛:《论恩格斯〈自然辩证法〉》,http://blog.sina.com.cn/s/blog_51fdc0620100a5a3.html。

[63] 曾国屏、王妍:《自然辩证法:从恩格斯的一本书到马克思主义中国化的一门学科》,载《自然辩证法研究》2014 年第 9 期。

[64] 程海东、陈凡:《解析技术问题的认识论地位和作用》,载《东北大学学报》2012 年第 1 期。

[65] 李醒民:《一九七八年以来的大陆科学哲学》,载《深圳大学学报》1993 年第 1 期。

[66] 马世骏:《生态规律在环境管理中的作用——略论现代环境管理的发展趋势》,载《环境科学学报》1981 年第 1 期。

[67] 刘仁胜:《德国生态治理及其对中国的启示》,载《红旗文稿》2008 年第 20 期。

[68] Benjamin Elman:《为什么 Mr.Science 中文叫"科学"》,载《浙江社会科学》2012 年第 5 期。

[69] 吴国盛:《"科学"一词的由来及其局限性》,载《新华每日电讯》2012 年 11 月 23 日。

[70] 陈朝先:《加强高校研究生科学道德教育的探讨》,载《学位与研究生教育》2001 年第 12 期。

[71] 孟伟:《西方发达国家如何应对科研不端行为?》,载《科技导报》2006 年第 8 期。

[72] 柳树滋:《两位科学巨人的论战及其哲学意义——爱因斯坦和玻尔关于量子力学解释问题

的争论》,载《中国社会科学》1983 年 05 期。

[73] 柯南:《大干旱:玛雅文明的衰落》,载《南方周末》2006-10-7。

[74] 余谋昌:《走出人类中心主义》,载《自然辩证法研究》1994 年第 7 期。

[75] 汪信砚:《人类中心主义与当代的生态环境问题——也为人类中心主义辩护》,载《自然辩证法研究》1996 年第 12 期。

[76] 张田勘:《从另一个角度看韩春雨的研究》,http://blog.ifeng.com/article/46263096.html。

[77] 顾凡及:《颅相学:看头颅就能知道人的好坏吗?》,载《东方早报》2013-08-01。

[78] 邱晨辉:《论文发表催生假论文,研究生导师成新兴"高危职业"》,载《中国青年报》2015-06-05。

[79] 张章:《黄禹锡的"救赎"看丑闻科学家能否华丽转身》,载《中国科学报》2014-01-22。

[80] 邱仁宗:《科学技术伦理学的若干概念问题》,载《自然辩证法研究》1991 年第 11 期。

[81] 薛贵波:《核技术在军事应用中的伦理冲突及生态范式的价值选择》,载《道德与文明》2009 年第 5 期。

[82] 张勇等:《技术共同体透视:一个比较的视角》,载《中国科技论坛》2003 年第 2 期。

[83] 崔沿江:《浅谈科学技术的政治社会化功能》,载《贵州教育学院学报》1998 年第 3 期。

[84] 唐鑫:《科技进步对世界经济的决定作用》,载《瞭望》2002-01-14。

[85] 刘子平:《环境非政府组织在环境治理中的作用研究:基于全民社会的视角》,中国社会科学出版社 2016 年版。

[86] David Pepper, *The Roots of Modern Environmentalism*, London: Routledge, 1984.

[87] Howard University: Policy and Procedures for Handling Allegations of Scientific Misconduct [EB/OL]. http://www.provost.howard.edu/Documents/scimisconduct.htm.

[88] David Cyranoski, Cloning comeback, Nature, 23 January 2014, http://www.nature.com/news/cloning-comeback-1.14504.

[89] Polanyi M. The Logic of Liberty. Chicago: University of Chicago Press, 1951.

[90] Merton Robert K. The Sociology of Science: An Episodic Memoir. Carbondale: Southern Illinois University Press, 1977.

后　记

　　自然辩证法概论是理工科硕士研究生的一门思想政治理论必修课。在为硕士生授课过程中，我们深刻地认识到，自然辩证法概论不仅应当发挥正确的思想政治引导作用，而且应当服务于他们的专业学习和生活，对他们的科学研究工作产生有益的辅助作用。正是本着这样的思想认识，我们编写了这本《自然辩证法概论专题讲义》，以期能够达到理想的教学效果。

　　在为硕士研究生讲授自然辩证法概论课程的同时，我们也围绕课程建设开展了一系列的教学改革研究工作。长期以来，以王昭风教授为负责人的课题组在研究生公共课教学中一直进行着文理交叉教学的探索活动，本书正是这一教学改革传统的拓展和延续。2011年，我们合作的"《自然辩证法概论》课程网络平台建设的研究"被列为聊城大学研究生教育创新计划重点项目；2015年，合作的"《自然辩证法概论》课程内容改革与提升理工科研究生科研创新能力的研究"（SDYY15013）被列为山东省研究生教育创新计划项目。同年，我们讲授的本门课程被评为我校首届研究生精品课程。《自然辩证法概论专题讲义》这本书正是这些课程建设项目的探索成果。

　　本书是合作编写完成的。具体分工如下：前言由王昭风、孟伟编写，第一讲"自然辩证法的创立与发展"、第二讲"辩证唯物主义自然观"、第四讲"科学是什么？"、第七讲"科学家的责任"由孟伟编写，第三讲"现代生态自然观的形成与发展"由徐艳梅、孟伟编写，第五讲"科研选题与科研方法论"由唐明贵编写，第六讲"科学技术的社会运行"、第十二讲"科学技术的社会功能"由刘晋编写，第八讲"研究生的学术道德"由马晓辉、黄富峰、宗传军、孟伟编写，第九讲"技术是什么？"、第十讲"技术选题与技术方法论"、第十一讲"技术伦理与技术共同体的责任"由赵磊编写。此外,在每一讲中,作者在相关内容的后面设计了一些思考题,以期引起学生的开放性思考。

在本书的编写过程中,我们参考和引用了大量国内外研究文献,有的列出有的可能没有列出,在此一并表示衷心的感谢。书中部分内容在《齐鲁师范学院学报》发表,在此也对郑强教授和田丽编辑的认可表示衷心感谢。此外,本书的出版得到了我校研究生处的支持,衷心感谢巨荣良处长和梁妍科长的帮助。限于我们的能力和知识,本书编写中一定还会存在着一些错误和不足之处,也请各位专家和读者不吝赐教,以便我们继续完善(E-mail: matthewmw@163.com)。最后,感谢东南大学出版社责任编辑唐允女士的付出,她的专业精神是本书得以更好呈现的保障。